电化学研究方法

主　编　张义永　张英杰

西南交通大学出版社
·成　都·

图书在版编目（CIP）数据

电化学研究方法 /张义永，张英杰主编. —成都：西南交通大学出版社，2022.1

ISBN 978-7-5643-8352-7

Ⅰ. ①电… Ⅱ. ①张… ②张… Ⅲ. ①电化学 – 研究方法 – 高等学校 – 教材 Ⅳ. ①O646

中国版本图书馆 CIP 数据核字（2021）第 231489 号

Dianhuaxue Yanjiu Fangfa

电化学研究方法

主编 张义永　张英杰

责任编辑	牛　君
封面设计	GT 工作室
出版发行	西南交通大学出版社 （四川省成都市金牛区二环路北一段 111 号 西南交通大学创新大厦 21 楼）
发行部电话	028-87600564　028-87600533
邮政编码	610031
网　　址	http://www.xnjdcbs.com
印　　刷	成都蜀通印务有限责任公司
成品尺寸	185 mm × 260 mm
印　　张	12.75
字　　数	279 千
版　　次	2022 年 1 月第 1 版
印　　次	2022 年 1 月第 1 次
书　　号	ISBN 978-7-5643-8352-7
定　　价	45.00 元

课件咨询电话：028-81435775

图书如有印装质量问题　本社负责退换

前言 Preface

当前，我国科技实力正处于从量的积累向质的飞跃、从点的突破向系统能力提升的重要时期，坚决贯彻落实党中央决策部署，聚焦国家重大战略，着力提升科技创新能力，早日实现科技自立自强，具有重要的战略意义。《中共中央关于制定国民经济和社会发展第十四个五年规划和二〇三五年远景目标的建议》提出2030年前实现碳达峰，2060年前实现碳中和，碳达峰和碳中和的提出是加快推动经济社会发展全面绿色转型的高度共识，以清洁电能为主的能源革命正在急速推进。《新能源汽车产业发展规划（2021—2035年）》提出，到2025年，新能源汽车新车销售量达到汽车新车销售总量的20%左右；到2035年，纯电动汽车成为新售车辆的主流。不久，新能源汽车将逐渐取代燃油汽车，而电化学储能技术是关键。目前，新能源材料与器件成为电化学领域的研究热点。因此，新能源材料与器件专业应运而生。以前，电化学应用领域有大量相关的论著和教材，然而，用于电化学体系研究的通用的研究方法却论述不多，或者只在各电化学技术的专著中给予简单的介绍，或者只关注电化学研究的理论而较少论及研究方法的实现手段和实验细节。尤其是缺少针对新兴的新能源材料与器件专业的电化学研究方法相关的教材。

昆明理工大学是国内最早创建新能源材料与器件专业的高校之一，在核心专业课“电化学研究方法”课程教学方面有较深厚的基础。我们在这门课的讲授过程中，潜心研究教学方法，有机植入课程思政元素和文化育人理念，通过对学生的认知规律和常见的疑点、难点进行总结归纳，结合专业特色和培养目标，对教学内容进行了有目的的筛选。而国内教材更新较慢，目前没有一本完全适合本课程的教材。因此，有必要编写一本内容新颖、严谨易学的电化学研究方法教材，这是本书编写的初衷。

本书在大量参考国内外相关教材、专著的基础上，根据实际教学经验，采取更有利于学生掌握的章节编排结构，由浅入深，系统地介绍了电化学研究方法的基本原理、实现手段、数据分析方法和应用范围等，力求做到论述严谨、条理清晰、内容新颖和复合专业发展。并且本书旨在体现习近平总书记在中国科学院第二十次院士大会上讲话精神“塑造科技向善的文化理念，让科技更好增进人类福祉，让中国科技为推动构建人类命运共同体作出更大贡献”。考虑到电化学、热力学的研究方法在物理化学、电化学原理教材中已有较多介绍，本书不再赘述。为了帮助读者较好地设计并实现电化学研究，本书力图阐明各种不同研究方法的原理、注意事项和适用范围，并选择具有代表性的应用实例，同时，尽可能介绍研究方法的实验细节，包括测量仪器、测量技术、电解池的设计原则及电解池各组成部分的选用标准、预处理方法等。我们真诚地希望本书能够对电化学领域，尤其是新能源材料与器件专业的学生和科研工作者开展电化学研究有所裨益，引导青年学生不忘科学报初心，牢记科技强国使命，把个人命运融入新时代国家发展的历史洪流中，争做新时代的奋斗者、追梦人。

全书共分 10 章。其中，第 1 章电化学研究方法概述主要介绍电化学研究方法的发展历史、基本原则和主要步骤；第 2 章主要介绍电化学研究方法的基础，主要包括电极电势的准确测量和电化学测量体系（三电极体系）的设计及注意事项；第 3 章介绍电化学研究方法中的几种稳态研究方法的原理、特点等；第 4 章介绍电化学研究方法中暂态过程的特点；第 5 ~ 8 章分别介绍几种常用的暂态研究方法，包括电势阶跃法、电流阶跃法、伏安法和电化学阻抗谱法；第 9 章主要介绍一些在新能源材料与器件中特有的电化学研究方法；第 10 章介绍电化学研究方法在新能源材料与器件专业领域的综合应用实例。

本书是在参考了国内外大量教材、专著、论文的基础上，结合新能源材料与器件相关领域的发展需求整理、编写而成的。由于编者能力所限，书中不足、疏漏之处在所难免，敬请广大读者批评指正。

编　者

2021 年 8 月

目录 Contents

1 **电化学研究方法概述** ………… 001

1.1 导　论 ………… 001
1.2 新能源材料与器件专业的发展 ………… 001
1.3 电化学研究方法及其发展历史 ………… 002
1.4 电化学研究方法基本原则 ………… 004
1.5 电化学研究方法的主要步骤 ………… 005
1.6 本书的结构与学习方法 ………… 006
习　题 ………… 007

2 **电化学研究方法基础** ………… 008

2.1 电极电势的测量 ………… 008
2.2 极化条件下电极电势的准确测量 ………… 010
2.3 电流的测量和控制 ………… 014
2.4 电解池 ………… 015
2.5 研究电极 ………… 018
2.6 辅助电极 ………… 029
2.7 参比电极 ………… 029
2.8 盐　桥 ………… 038
2.9 电化学研究中的注意事项 ………… 041
习　题 ………… 045

3 **稳态研究方法** ………… 046

3.1 稳态过程 ………… 046
3.2 各种类型的极化及其影响因素 ………… 048
3.3 控制电流法和控制电势法的选择 ………… 053
3.4 稳态极化曲线的测定 ………… 054
3.5 根据稳态极化曲线测定电极反应动力学参数的方法 ………… 055
3.6 稳态研究方法的应用 ………… 060
3.7 流体动力学方法 ………… 061
3.8 稳态电化学研究方法在新能源材料及器件专业领域的应用 ………… 068
习　题 ………… 071

4 暂态电化学研究方法总论 073

4.1 暂态过程 073
4.2 暂态过程的等效电路 076
4.3 等效电路的简化 079
4.4 时间常数 083
4.5 电荷传递电阻 086
4.6 暂态研究方法 088
习 题 089

5 电势阶跃法 090

5.1 电势阶跃法概述 090
5.2 小幅度电势阶跃 093
5.3 大幅度电势阶跃 097
5.4 任意幅度电势阶跃 106
5.5 电势阶跃法在新能源材料与器件专业领域的应用 109
习 题 110

6 电流阶跃法 111

6.1 电流阶跃法概述 111
6.2 传荷过程控制下的小幅度电流阶跃暂态测量方法 114
6.3 大幅度电流阶跃 121
6.4 电流阶跃法的应用 127
6.5 电极反应动力学参数研究方法小结 129
习 题 130

7 伏安法 131

7.1 线性电势扫描伏安法概述 131
7.2 单程线性电势扫描伏安法 133
7.3 循环伏安法 139
7.4 吸脱附体系的循环伏安曲线 144
7.5 循环伏安法可调节的参数和条件 145
7.6 伏安法的作用及应用 145
习 题 149

8　**电化学阻抗谱法**……150

8.1　电化学阻抗谱法基本原理……150
8.2　电化学体系的等效电路与阻抗谱……156
8.3　弥散效应与常相位角元件……160
8.4　阻抗谱的拟合与解析……161
8.5　电化学阻抗谱在新能源材料与器件专业领域的应用……164
习　题……167

9　**化学电源中的特殊电化学研究方法**……169

9.1　化学电源的基本原理及结构……169
9.2　化学电源研究、表征的一般方法和步骤……171
9.3　主要电化学研究方法概述……171
9.4　原位电化学研究方法……177
习　题……179

10　**电化学研究方法综合应用**……180

10.1　基于微电极的电化学研究方法……180
10.2　GITT 和充放电曲线分析锂离子扩散对石墨负极性能的影响……185
10.3　基于充放电曲线和电化学阻抗谱判断电池状态……186
10.4　电化学研究方法制备电极材料……187

参考文献……189

附录　电化学研究中常用的符号及其意义……192

1 电化学研究方法概述

1.1 导 论

电化学是研究电的作用和化学作用相互关系的化学分支，是研究电能和化学能相互转化规律的科学。电能和化学能之间的相互转换，是通过电极/电解质溶液表界面的结构变化和电荷转移反应来实现的。以电化学能源器件为例，其中超级电容器的能量存储和释放主要通过界面双电层的表界面结构变化来实现；而化学电源的能量存储和释放主要通过电极活性物质的表界面化学反应来实现。此领域大部分工作涉及通过电流导致的化学变化以及通过化学反应来产生电能方面的研究。事实上，电化学领域包括大量的不同现象（如电泳和腐蚀）、各类器件（如电致变色显示器、电分析传感器、各种电池和燃料电池）和各种技术（如金属电镀、大规模生产铝和氯气）等。本书所讨论的电化学研究方法适用于上述各方面，但本书的重点是电化学研究方法在新能源材料与器件方面的应用。

基于种种原因，科学家们要对某些化学体系进行电化学测量。他们的兴趣可能是得到一个反应的热力学数据；或产生一种不稳定的中间体（如自由基离子），并研究它的衰变速率或光谱性质；也可能是寻求分析溶液中痕量金属离子或有机物。在这些例子中，与常用的光谱方法一样，电化学研究方法被用作研究化学体系的工具。另外一些研究则侧重于体系自身的电化学特性，例如，设计一种新的能源或电合成某些产品。现在已经发展出许多电化学研究方法。应用这些方法，就需要了解其基本原理、特性和应用范围等。

本章将介绍描述新能源材料与器件专业的发展及电化学研究方法的发展历史、基本原则和主要步骤。最后介绍本书的结构与学习方法。

1.2 新能源材料与器件专业的发展

电化学是物理化学学科的一个分支，顾名思义，电化学就是从电学现象与化学现象的联系去寻找化学变化规律的学科。经典电化学的主要理论支柱是电化学热力学、界面双电层和电极过程动力学。电化学热力学适用于平衡电化学体系，电极过程动力学适用于非平衡电化学体系，双电层则为二者变化的桥梁。现代电化学又将统计力学和量子力学引入电化学的理论体系，开辟了在微观水平研究电化学的新领域。

因为电化学最早的研究对象是电池、电解、电镀过程，所以最初把电化学看作研究电能与化学能相互转换的科学。而其中电池是把化学能转换成电能的装置，也就是通常所说的化学电源，如锌锰电池、铅酸蓄电池、镉镍蓄电池、氢镍蓄电池、金属锂电池、锂离子电池、燃料电池、空气电池、液流电池，以及介于传统静电电容和电池之间的新型储能器件——电化学超级电容器等。随着电器、信息、运输、通信、电力、军事等领域的发展，对电池的需求量不断增长，电池工业发展迅速，其中新能源动力电池的发展引人注目。为了满足国家和社会对新能源材料与器件专业人才的需求，使我国经济社会快速发展，以科技创新筑牢强国之基，2017 年 7 月教育部批准设置新能源材料与器件专业，该专业是与战略性新兴产业相关的一门本科专业，而且是各学科交叉的一门学科，与物理学、化学、电子技术等方面都有所关联，并与新材料和新能源产业等息息相关。高校以立德树人为根本，负责确定相应的人才培养目标、建立正确的培养模式、实践教学体系及课程体系等，培养出满足国家需求的新能源材料与器件专业人才，实现为党育人，为国育才的人才培养目标。

为了更好地设计开发满足社会发展所需要的新能源材料与器件，了解电极的界面结构、界面上的电荷和电势分布以及在这些界面上进行的电化学过程的规律极其重要，因此，需要对其进行详细的电化学研究。

1.3 电化学研究方法及其发展历史

电极是一种特殊的多相化学体系，这种多相化学体系不仅在自然界中广泛存在，如金属的腐蚀过程，而且人们还在大量的生产实践活动中广泛地应用这种多相化学体系，如电合成、电冶金、电镀、电池和燃料电池、电分析传感器、微纳米器件的构建等，以解决人们关注的能源、交通、材料、环保、生命奥秘等重大问题。对于这些不同领域中形形色色的电极体系的了解，包括对电极界面的结构、界面上的电荷和电势分布，以及在这些界面上进行的电化学过程规律的了解，是非常重要的，而这也正是电化学研究所要完成的任务。从广义的角度来讲，进行电化学研究的目的可能是获取体系的一般性信息，如进行溶液中痕量金属离子或有机物浓度的分析，测定一个反应的热力学数据；也可能是获取体系的特定电化学性质，以便对实际应用的电化学系统进行改进和完善。

进行电化学研究必须遵循一定的规则和方法，大量的电化学科研工作者（如我国现代化电化学重要奠基人查全性，电化学专家田召武、杨裕生等）通过长期的研究工作，积累了丰富的电化学研究规律、手段和技术，形成了指导电化学领域研究的一整套方法论（Methodology）。一般而言，电极体系的热力学和动力学的性能，既可方便地通过电极电势和极化电流反映出来，又很容易受外加电势或电流的影响而改变。电位学研究主要是通过在不同的测试条件下，对电极电势和电流分别进行控制和测量，并对其相互关系进行分析而实现的。对一些重要的测试条件的控制和变化，形成了不同的电化学研究方法。例如，控制单向极化持续时间的不同，可进行稳态法研究或暂态法研究；控制电极电势按照不同的波形规律变化，可进行电势阶跃、线性电势扫描、脉冲电势扫描等测量；使用宏观静止电极、旋转圆盘电极或超微电极，可明显改变电化学测量体系的动力学规律，获取不同的测量信息。

对应于出现的时间顺序，电化学研究方法可大致分为三类：第一类是电化学热力学性质的研究方法，基于 Nernst 方程、电势-pH 图、法拉第定律等热力学规律进行；第二类是单纯依靠电极电势、极化电流控制和测量进行的动力学性质的研究方法，研究电极过程的反应机理，测定电极过程的动力学参数；第三类是在电极电势、极化电流的控制和测量的同时，结合光谱波谱技术、扫描探针显微技术，引入光学信号等其他参量的测量，研究体系电化学性质的研究方法。本书主要介绍后两类测量方法。

在电化学研究方法的发展历程中，一些重要研究方法的出现对于电化学的发展起到了巨大的推动作用，至今仍然被广泛使用，如早期建立的稳态极化曲线的研究方法、20 世纪 50 年代 Gerischer 等人创建的各种快速暂态研究方法。20 世纪 60 年代以后出现的线性电势扫描方法和电化学阻抗谱方法现在已经成为电化学实验室中的标准测试手段；近十几年来，扫描电化学显微镜和现场光谱电化学方法对电化学研究的影响也越来越显著。

电化学测量仪器也获得了飞跃性的发展，有力地促进了电化学各领域的发展。从早期的高压大电阻的恒电流测量电路，到以恒电势仪为核心组成的模拟仪器电路，再到计算机控制的电化学综合测试系统，仪器功能、可实现的研究方法的种类更加丰富，控制和测量精度大大提高，操作更加方便快捷，实验数据的输出管理和分析处理能力更加强大。

新结构、新材料电极的采用也赋予了电化学研究更强大的实验研究能力，拓宽了电化学研究方法的应用领域，加深了对电极过程动力学规律、电极界面结构更深层次的认识。例如，超微电极、超微阵列电极、纳米阵列电极具有更高的扩散传质能力和更快的响应速率，更高的定量分析灵敏度和更低的检测限，可实现高度空间分辨的能力，单晶电极和电化学扫描探针显微技术相结合，可获得伴随电化学反应的微观，甚至是原子、分子级分辨的变化的显微图像，用于研究电化学反应的微观机理；高定向热解石墨电极、碳纳米管电极和硼掺杂金刚石电极等碳电极，或者具有高度的电催化活性，或者具有更宽的电化学窗口范围，更经久耐用，成为电化学研究中极具潜力的电极材料。

现代计算技术，包括曲线拟合、数值模拟技术，极大地增强了分析处理复杂电极过程的能力，可方便快捷地得到大量有用的电化学信息。

正如习近平总书记提出的“科学技术从来没有像今天这样深刻影响着国家前途命

运，从来没有像今天这样深刻影响着人民生活福祉”，电化学研究方法的进步促进了电化学领域的进步，从而带动科技社会的飞速发展，深刻影响着国家科技竞争力和人民生活福祉。

1.4 电化学研究方法基本原则

我们知道，电极过程是一个复杂的过程，往往是由大量串联或并联的电极基本过程（或称单元步骤）组成。最简单的电极过程通常包括以下四个基本过程：

（1）电荷传递过程（Charge Transfer Process），简称为传荷过程，也称为电化学步骤；

（2）扩散传质过程（Diffusion Process 或 Mass Transfer Process），主要是指反应物和产物在电极界面静止液层中的扩散过程；

（3）电极界面双电层的充电过程（Charging Process of Electric Double Layer），也称为非法拉第过程（Non-faradaic Process）；

（4）电荷的电迁移过程（Migration Process），主要是溶液中离子的电迁移过程，也称为离子导电过程。

另外，还可能有电极表面的吸脱附过程、电结晶过程、伴随电化学反应的均相化学反应过程等。这些电极基本过程在整个电极过程中的地位随具体条件而变化，而整个电极过程总是表现出占据主导地位的电极基本过程的特征。在进行电化学测量时，往往要研究某一个电极基本过程，测量某一个基本过程中的参量，比如，我们最常测量的是传荷过程中的一些动力学参量，如交换电流密度、反应速率常数、传递系数等。因此，要进行电化学研究，研究某一个基本过程，就必须控制实验条件，突出主要矛盾，使该过程在电极总过程中占据主导地位，降低或消除其他基本过程的影响，通过研究总的电极过程研究这一基本过程。这就是进行电化学研究的基本原则。

例如，要测量双电层电容，就必须突出双电层的充电过程，而降低其他过程的地位。可以采用小幅度恒电势阶跃极化，极化时间非常短，这样消除扩散过程的影响；选择适当的溶液和电势范围，使电极处于理想极化状态，从而消除传荷过程的影响；溶液中加入支持电解质，消除离子电迁移导电过程的影响，使得双电层充电过程占据主导地位，这样就可测出该过程的参数——双电层电容。

再比如，为了测量溶液的电阻或电导，必须创造条件使离子导电过程占据主导地位，采用的办法是把电导池的铂电极镀上铂黑，以增大电极面积，从而加快电荷传递过程的速率和加大双电层电容，同时提高交流电频率，使传荷、传质、双电层充电过程都退居次要地位。相反，如果要测量的是传荷过程的速率，那么必须创造条件使离子导电过程退居次要地位，采取的办法是使用 Luggin 毛细管以及加入支持电解质。

再比如，各种暂态研究方法的共同特点在于缩短单向极化持续时间，使扩散传质过程的重要性退居于传荷过程的重要性之下，以便测量电荷传递速率，使测量的上限提高上千倍，标准反应速率常数从 10^{-2} cm·s^{-1} 提高到 10 cm·s^{-1}。同样，旋转圆盘电极和超微电极的使用也具有提高扩散传质速率的作用，使扩散传质过程的重要性退居于传荷过程的重要性之下，以便研究电荷传递过程。

1.5 电化学研究方法的主要步骤

进行电化学研究包含三个主要步骤：实验条件的控制、实验结果的测量和实验结果的解析。

1. 实验条件的控制

实验条件的控制必须根据研究的目的来确定，具体的控制条件包括对电化学系统的设计及极化条件的选择和安排。一方面，可以针对研究目的设计电化学系统。例如采用大面积的辅助电极或采用 Luggin 毛细管，使所研究的工作电极占据突出的地位；又如，采用超微电极或旋转圆盘电极等，以控制扩散传质过程；还可以选择支持电解质或改变反应物浓度等。另一方面，可以针对研究目的控制极化的程度和单向极化持续的时间。例如，缩短单向极化持续的时间可使扩散过程退居到可忽略的地位，从而研究传荷过程。在极化程度的选择上，可做如下几种安排。

（1）采用大幅度的极化条件。不论传荷过程进行的快慢，即不论电极的可逆性如何，原则上只要施加足够大的极化，就可使反应物的表面浓度下降至零，电极处于极限扩散状态，传荷过程动力学不再影响电流，电流与控制的电极电势无关，仅取决于扩散传质的速率。实际上，在这种条件下，由于传荷过程的速率随极化超电势呈指数规律增长，所以只要极化足够大，传荷过程就进行得足够快，不再影响动力学规律，从而处于极限扩散控制状态。当然，这是理论上的，因为极化的幅度不可能无限地增大，去加快传荷速率。当极化增大到一定程度时，会引起其他电化学反应的发生，比如，可能会引起介质（即溶剂和支持电解质）的电化学反应。

（2）采用小幅度的极化条件，同时采用短的单向极化持续时间，消除浓差极化的影响，电流-电势关系可简化为线性关系，即

$$-\eta = \frac{RTi}{nFi^{\ominus}}$$

（3）采用较大幅度的极化条件，浓差极化不可忽略。对于很快的传荷速率，即电极处于可逆状态，电流-电势关系转化为 Nernst 方程：

$$E = E^{\ominus\prime} + \frac{RT}{nF}\ln\frac{C_{\mathrm{O}}(0,t)}{C_{\mathrm{R}}(0,t)}$$

对于非常慢的传荷过程速率，即电极处于完全不可逆状态，施加较大的极化时，正向反应的速率远远大于逆向反应，逆向反应的电流可以忽略，净的反应电流就等于正向反应的电流。

对于传荷速率并非很快也非很慢的情况，即电极处于准可逆状态时，正向、逆向反应的速率都必须考虑，电流电势关系符合 Butler-Volmer 公式：

$$i = nFAk^{\ominus}\left\{C_{\mathrm{O}}(0,t)\exp\left[-\frac{\alpha RT}{nF}(E-E^{\ominus'})\right]-C_{\mathrm{R}}(0,t)\exp\left[-\frac{\beta RT}{nF}(E-E^{\ominus'})\right]\right\}$$

2. 实验结果的测量

实验结果的测量包括电极电势、极化电流、电量、阻抗、频率、非电信号（如光学信号）等物理量的测量。测量要保证足够的精度和足够快的测量速度，现代测量仪器，如电化学综合测试系统可方便、准确地完成测量工作。

3. 实验结果的解析

实验结果的解析是电化学研究的重要步骤。每一种电化学研究方法都有各自特定的数据处理方法，经过适当的解析才能从实验结果中得到感兴趣的信息，尤其是当电极过程的动力学规律同时受几种基本过程的影响时。

实验结果的解析可采用极限简化法、方程解析法或曲线拟合法。这三种实验结果的解析方法都必须建立在理论推导出来的电极过程的物理模型和数学模型（数学方程）的基础之上。① 极限简化法应用某些极限条件，对物理模型或数学模型进行简化，得到电极过程的相关信息。② 方程解析法直接应用数学方程，配合作图等方法对实验结果进行解析。例如，利用呈线性关系的物理量作图得到直线，由直线的斜率和截距，计算相关电化学参数。或者，由某些特征的曲线参量，经计算得到电化学参数或判断反应的机理。③ 曲线拟合法通过调整物理模型或数学模型中的待定电化学参数，使得该模型的理论曲线可以最佳地逼近实验测量的结果。曲线拟合的过程可以通过计算机程序来方便地进行，有一些专用于某种电化学研究方法的商业化程序可以使用，如电化学交流阻抗谱的拟合程序和循环伏安曲线的拟合程序。

1.6 本书的结构与学习方法

本书以讲授在新能源材料与器件领域常用的电化学研究方法为主，电化学研究方法是电化学领域的基础理论课程，是学习新能源材料与器件专业或者电化学领域相关课程的基础。

初学者往往感到电化学研究方法的理论太抽象，难以捉摸。下面所建议的方法可供读者学习时参考。

（1）在学习本课程时，应注意将电化学研究方法与电化学原理、物理化学基本原理联系起来，比如电化学体系基本知识、电化学反应热力学/动力学原理和公式、双电层结构和性质等，有利于理解电化学研究方法的一些条件假设和推导。

（2）在电化学研究方法条件假设和数据处理时，一定要注意数据的物理意义。

（3）在分析各种数据时，头脑中要有反应物和产物粒子如何在电极表面液层中运动的清晰图像，比如完全浓度极化时反应物粒子源源不断地往电极表面传递，但一到电极表面就立刻参与反应，所以表面浓度为零。

总的来说，就是要在头脑中建立物理图像，联系实际体系的物理意义进行思考，并努力学会运用所学理论解释实际问题。

习 题

1. 查阅相关文献，了解电化学发展历史。
2. 查阅相关文献，了解电化学研究方法发展历史。
3. 学习电化学研究方法对于新能源材料与器件专业领域的意义是什么?
4. 电化学研究方法的基本原则是什么?
5. 电化学研究方法的基本步骤是什么?

2 电化学研究方法基础

电化学是研究电能和化学能相互转化的规律的科学。电能和化学能之间的相互转换，是通过电极/电解质溶液表界面的结构变化和电荷转移反应来实现的。所以，研究一个电化学体系时，主要关注两个问题，即表界面结构和表界面电荷转移反应。而表界面结构直接影响表界面电荷转移反应的性质，因此，从电化学实验的角度，表界面的构筑是至关重要的，包括电极的制备和表征、电极修饰材料的制备及组装、溶剂和支持电解质的选择和优化、电化学实验环境等。电极电势、通过电极的电流是表征总的、复杂的微观电极过程特点的宏观物理量。电化学研究的主要任务就是通过测量包含电极过程各种动力学信息的电势、电流两个物理量，研究它们在各种极化信号激励下的变化关系，从而研究电极过程的各个基本过程。正确和准确测量电极电势、电流是电化学研究的基础。同时，电化学研究体系的结构和各个部件的正确设计、安装及制备对于电化学测量的成败也是至关重要的。本章将对这些电化学研究方法基本知识逐一进行介绍。旨在向广大电化学初学者讲述电化学研究的准备工作以及对实验现场数据的基本判断，帮助大家在实验中及时发现问题，及早采取措施，高效率地获取可信的实验数据。

2.1 电极电势的测量

2.1.1 电极电势

在电极体系中，电极、溶液两相的剩余电荷集中在相界面的极小区间内，因此相界面上存在着一个巨大的电场，电场强度高达 10^7 V/cm。而电化学反应中的界面过程，包括电化学步骤，即电荷传递过程就直接发生在这个“电极/溶液”界面。所以，界面的电场强度对于发生在界面上的电荷传递过程，乃至整个电化学反应的动力学性质有很大的影响。为了研究电化学反应，人们希望了解界面电场的电势差的大小，即电极、溶液两相间的电势差的大小。

但是，单一的电极溶液界面电势差是不可测量的，这是因为要想测量溶液的电性质，必须至少再引入另一个电极溶液界面。测量电势差的仪器只能够测量具有相同组成的两相间的电势差，如两个铜表笔之间的电势差。其中一个铜表笔和电极 I 接触，另一个铜表笔和溶液 S 接触，这样两个铜表笔之间的电势差必然还包括了一个“铜/溶液”界面电势差。

为了描述电极溶液界面电场的性质，人们引入了相对电极电势的概念，或者通常简称为电极电势，用 E 来表示。

（相对）电极电势 E 的定义为：把待测电极 I 与标准氢电极（Standard Hydrogen Electrode，SHE）组成无液接界电势的电池，则待测电极 I 的电极电势 E 即为此电池的开路电压。标准氢电极是待测电极 I 的电极电势的比较基准，为参比电极（Reference Electrode，RE），规定在任何温度下，标准氢电极的电极电势均为零。

2.1.2 电极电势的测量

当用电势差计接在研究电极和参比电极之间测量电极电势时，测量电路中没有电流流过，所测得的电压为电池的开路电压，即为研究电极的电极电势 E：

$$V = V_{开} = E \tag{2-1-1}$$

但是，通常测量电极电势时，使用的电压表作为测量仪器，电路中不可能完全没有电流，实际上测得的电压是路端电压，并不等于研究电极的电极电势 E：

$$V = V_{开} - i_{测}R_{池} = i_{测}R_{仪器} \neq E \tag{2-1-2}$$

式中 V——仪器测得的电压；

$V_{开}$——测量电池的开路电压；

$i_{测}$——测量电路中流过的电流；

$R_{池}$——测量电池的内阻；

$R_{仪器}$——测量仪器的内阻（输入阻抗）。

2.1.3 对测量和控制电极电势的仪器的要求

（1）要求有足够高的输入阻抗。

进行电极电势的测量或控制时，实际上仪器测量或控制的电压如式（2-1-2）所示，整理后得

$$E = V_{开} = V + i_{测}R_{池} = i_{测}(R_{仪器} + R_{池}) \tag{2-1-3}$$

从而得到测量电流为

$$i_{测} = \frac{E}{R_{仪器} + R_{池}} \tag{2-1-4}$$

将式（2-1-4）代入式（2-1-3）中，得到

$$E - V = \frac{ER_{池}}{R_{仪器} + R_{池}} \tag{2-1-5}$$

式中，E-V 即为仪器测量或控制的误差。

如果要保证仪器测量或控制的误差不超过 1 mV，则有

$$E-V=\frac{ER_{池}}{R_{仪器}+R_{池}}\leqslant 10^{-3}\,\text{V} \tag{2-1-6}$$

整理得

$$R_{仪器}\geqslant(1\,000E-1)R_{池} \tag{2-1-7}$$

对于水溶液体系，电池的开路电压在 1 V 左右，即 $E=1\text{V}$，则要求仪器的输入阻抗不小于于电解池内阻的 1 000 倍

$$R_{仪器}\geqslant 1\,000R_{池} \tag{2-1-8}$$

一般由金属电极构成的电池，其内阻不是很大，最大不超过 $10^3\sim10^4\ \Omega$，所以保证 $R_{仪器}\geqslant10^6\sim10^7\ \Omega$ 即可，很多仪器均可满足这样的要求。

但是，当电池内存在高阻电极体系时，如玻璃电极、离子选择性电极、有钝化膜的电极等，电池内阻就大得多了。例如，玻璃电极的内阻 $\geqslant10^8\ \Omega$，所以要求 $R_{仪器}\geqslant10^{11}\ \Omega$，这是多数的电压测量仪器都不能满足的，这也就是用玻璃电极测量溶液 pH 时，必须使用 pH 计，而不能用普通的电压表的原因。

表 2-1-1 和表 2-1-2 分别给出了几种电池部件的内阻和电压测量仪器的输入阻抗。

表 2-1-1　几种电池部件的内阻

电池部件	固体膜电极	PVC 膜电极	玻璃膜电极	部分盐桥
内阻/Ω	$10^4\sim10^6$	$10^5\sim10^8$	$10^6\sim10^9$	$\geqslant10^4$

表 2-1-2　几种电压测量仪器的输入阻抗

仪器	指针式万用表电压挡	数字电压表	pH 计	示波器	X-Y 记录仪	调平衡的电势差计
输入阻抗/Ω	$10^4\sim10^5$	$10^7\sim10^8$	$>10^{12}$	$\leqslant10^4$	$10^4\sim10^6$	∞

足够高的输入阻抗实质上保证测量电路中的电流足够小，使得电池的开路电压绝大部分都分配在仪器上。同时，测量电路中的电流小还不会导致被测电池发生极化，干扰研究电极的电极电势和参比电极的稳定性。

（2）要求有适当的精度、量程。

一般要求能准确测量或控制到 1 mV。

（3）对暂态测量，要求仪器有足够快的响应速度。

具体测量时，对上述指标的要求并不相同，也各有侧重，需要具体问题具体分析。

2.2　极化条件下电极电势的准确测量

2.2.1　三电极体系

由于电极通过电流时会发生极化，因此，在对电极进行通电极化时，为了能准确

测量或者控制电极电势，不能使用辅助电极作为参比电极，因为它本身也会发生极化，不能作为电势参照的标准。而且，极化电流在工作、辅助电极之间大段溶液上引起的欧姆压降也将附加到被测的电极电势中，造成测量误差。因此，除研究、辅助电极用于通过极化电流外，还必须引入第三个电极作为参比电极，构成三电极体系，如图 2-2-1 所示。

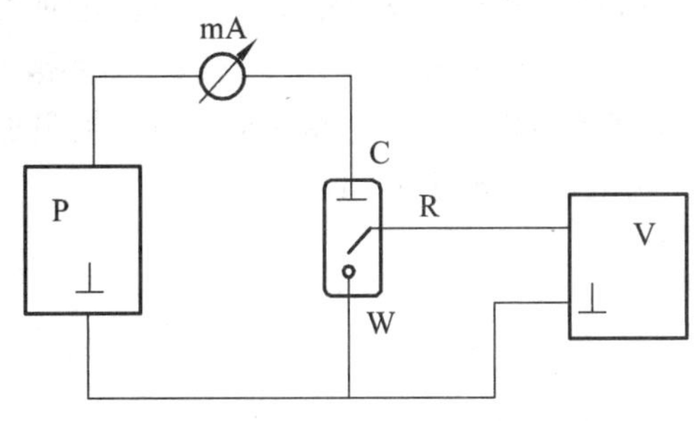

图 2-2-1　三电极体系电路示意图

由图可见，电解池由三个电极组成。W 代表工作电极（Working Electrode，WE），也称为研究电极（Indicator Electrode）。研究电极的电极过程是实验研究的对象。

R 代表参比电极（Reference Electrode，RE），是电极电势的参照标准，用来确定研究电极的电势。

C 代表辅助电极（Auxiliary Electrode），也称为对电极（Counter Electrode，CE），用来通过极化电流，实现对研究电极的极化。

P 代表极化电源，为研究电极提供极化电流；mA 代表电流表，用于测量电流；V 为测量或控制电极电势的仪器。

P、mA 和辅助电极、研究电极构成了左侧的回路，称为极化回路。在极化回路中有极化电流流过，可对极化电流进行测量和控制。

V、参比电极和研究电极构成了右侧的回路，称为测量/控制回路。在测量/控制回路中，对研究电极的电势进行测量和控制，由于回路中没有极化电流流过，只有极小的测量电流，所以不会对研究电极的极化状态、参比电极的稳定性造成干扰。

可见，在电化学测量中采用三电极体系，既可使研究电极的界面上通过极化电流，又不妨碍研究电极的电极电势的控制和测量，可以同时实现对电流和电势的控制和测量。因此在绝大多数情况下，总是要采用三电极体系进行测量。

但是，在某些情况下，可以采用两电极体系。例如，使用微电极作为研究电极的情况。由于微电极的表面积很小，只要通过很小的极化电流，就可产生足够大的电流密度，使电极实现一定程度的极化。而辅助电极的表面积要大得多，同样的极化电流在辅助电极上只能产生极小的电流密度，因而辅助电极几乎不发生极化，可同时作为参比电极使用。同时，由于极化电流很小，辅助电极和研究电极之间的溶液欧姆压降也非常小，不会导致电极电势的测量和控制误差。因此，在使用微电极作为研究电极时，可采用两电极体系。

2.2.2　极化时电极电势测量和控制的主要误差来源

由图 2-2-1 可见，在三电极体系电路中同时属于极化回路和测量/控制回路的公共部分除研究电极外，还有参比电极的鲁金毛细管管口至研究电极表面之间的溶液，这部分溶液的欧姆电阻用 R_u 表示。在测量回路中，由于 $i_{测}$ 很小（$i_{测} \leqslant 10^{-7}$ A），由测量回路的电流造成的压降 $i_{测} R_u$ 很小，完全可以忽略不计。在极化回路中，极化电流 i 将会在这一溶液电阻 R_u 上产生一个可观的电压降 iR_u，我们称为溶液欧姆压降（有时也写为 iR 降）。由于这一压降位于参比电极和研究电极之间，所以被附加在测量或控制的电极电势上，成为了测量或控制电极电势的主要误差。

$$iR_u = j\frac{l}{k} \tag{2-2-1}$$

式中　j——极化电流密度，$A \cdot cm^{-2}$；

l——鲁金毛细管管口距电极表面的距离，cm；

k——溶液电导率，$\Omega \cdot cm^{-1}$。

例如，在中等极化电流密度下，$j = 50\ mA \cdot cm^{-2}$，鲁金毛细管管口距电极表面的距离为 l=5 cm，溶液电导率为 k=0.1 $\Omega \cdot cm^{-1}$，则溶液欧姆压降高达 250 mV，可见误差是相当大的，对于电极电势的控制和测量是不能容许的。

图 2-2-2 是金属的阳极钝化曲线，由于溶液欧姆压降的存在引起了极化曲线的歪曲（虚线），可以看出电流越大，偏差越大。所以在精确测量和控制电极电势的实验中，必须尽可能地减小溶液欧姆压降。

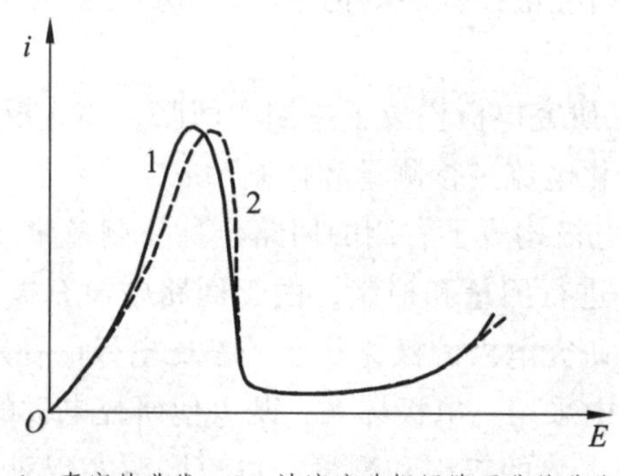

1—真实的曲线；2—被溶液欧姆压降歪曲的曲线

图 2-2-2　金属的阳极钝化曲线

在电化学测量中，可以采取以下几种措施来消除或降低溶液欧姆压降 iR_u，从而提高电极电势测量和控制的精度。

（1）加入支持电解质，以改善溶液的导电性。从式（2-2-1）可知，$iR_u \propto 1/k$，所以 k 增大，iR_u 减小。

（2）使用鲁金（Luggin）毛细管。

Luggin 毛细管通常用玻璃管或塑料管制成，其一端拉得很细，测量电极电势时该端靠近电极表面，管的另一端与参比电极或连接参比电极的盐桥相连。

由式（2-2-1）可知，Luggin 毛细管管口到研究电极表面的距离 l 越短，溶液欧姆压降 iR_u 越小；但是，当 Luggin 毛细管管口过于靠近研究电极表面时，毛细管对于研究电极表面的电力线有屏蔽作用，改变了电极上电流和电势的分布。因此毛细管接近电极表面一端必须非常细（如 0.01 cm），以减小对电极的屏蔽，并且不能完全紧贴在电极表面。溶液电阻使测得的电势极化比真实情况更大，而屏蔽效应则使电极电势的极化更小。综合两方面的因素，管口离电极表面的距离为毛细管外径的 2 倍时，效果最好。

此时，对于平板电极，由于对电力线的屏蔽作用，式（2-2-1）应修正为

$$iR_u = j\frac{\delta}{k} \tag{2-2-2}$$

式中　δ——有效距离，$\delta=\frac{5}{3}d$。

例如，采用很细的 Luggin 毛细管，其外径为 $d = 0.01$ cm，则 Luggin 毛细管可以非常靠近研究电极表面，距离为 l =0.02 cm，相应的有效距离为 $\delta=\frac{5}{3}d$ =0.017 cm，若溶液电导率仍为 $k = 0.1\ \Omega\cdot cm^{-1}$，且仍以中等极化电流密度 $j = 50\ mA\cdot cm^{-2}$ 进行极化，根据式（2-2-2）可算得溶液欧姆压降 iR_u 为 8.5 mV，比 l =0.5 cm 时大大降低。

溶液欧姆压降 iR_u 的校正除依赖于 Luggin 毛细管的外径外，还依赖于电极的形状。使用相同的 Luggin 毛细管，管口距电极表面相同距离时，球形电极的溶液欧姆压降 iR_u 最小，圆柱形电极的其次，平板电极的最大。

球形电极的溶液欧姆压降可由下式确定

$$iR_u = j\frac{\delta}{k}\frac{r_0}{r_0+\delta} \tag{2-2-3}$$

式中　r_0——球形电极的半径。

球形电极的溶液电阻随着距离的减小而减小，随后趋于恒定，此时 Luggin 毛细管管口距电极表面的距离不再重要。所以，为了得到最佳的效果，最好使用小的球形电极，用细的 Luggin 毛细管接近电极表面。

在控制电势阶跃暂态测量时，Luggin 毛细管管口过于接近研究电极表面会造成电流振荡。另外，过细的 Luggin 毛细管会增大参比电极的电阻，还会导致毛细管内外溶液间的杂散电容，从而在暂态测量时降低电解池的响应速率，甚至引起振荡。最佳设计的 Luggin 毛细管应在管口一端足够细并使用薄壁材料以避免对电极的解蔽，而管体加粗并使用粗壁材料。

（1）控制电流极化时，采用桥式补偿电路进行补偿。

（2）采用恒电势仪正反馈补偿法。

（3）采用断电流法消除溶液欧姆压降的影响。

如果研究电极本身导电性差、表面上存在高阻膜或者材料接触不良，极化时也会产欧姆压降，对电极电势的测量和控制造成误差。对于这一类的欧姆压降，只能采用

上述后三种方法，即以电子补偿的方法来加以校正。

进行欧姆电压降补偿时可能出现的问题及相关问题对实验结果造成的误差。相关要点与建议如下：① CHI 系列恒电位仪自动补偿功能中的电势阶跃法测得 R_u 值可能较实际值明显偏低，准确性难以保证，在使用该功能时应参考其他方法的结果或经验值进行检查校正。为规避 CHI 系列恒电位仪中电势阶跃法可能造成的误差，建议使用交流阻抗法测量 R_u，通过手动输入由仪器进行欧姆降补偿。② 电流灵敏度的选择将决定可补偿的上限电阻值，在 CHI 恒电位仪上通过手动输入电阻值进行补偿时，软件总显示已完全补偿手动输入的数值，而实际上仅能补偿上限电阻值以内的部分，这有可能造成对实验结果的错误判断。因此，需综合考虑补偿上限及电流范围再选择灵敏度，切勿选择上限电阻值低于待补偿电阻值的灵敏度。③ R_u 的补偿百分比对于补偿后反应动力学数据存在明显影响，考虑到最佳补偿百分比等实验条件并不具有普适性，建议在测试前先系统检测不同补偿百分比得到的数据可靠性，明确最佳的实验条件再进行实际测量。④ 由不同恒电位仪进行表观相同的欧姆电压降补偿后的测量结果也可能存在差异，在研究同一内容时，建议全程使用同一型号仪器，并严格注明所用仪器型号以及各类补偿参数。

需要注意的是，本书主要针对正反馈补偿中可能出现的问题进行分析讨论而并非对电化学反应或材料性能进行探讨，故而忽略了 R_u 可能存在变化的情况。在实际实验中，进行正反馈补偿的前提是 R_u 在实验中保持恒定，若 R_u 发生显著变化，则更建议使用电流截断法对溶液电阻进行动态测量并对相关的欧姆电压降进行实时动态补偿。希望本书的相关讨论能引起电化学工作者对准确进行欧姆降补偿操作的重视，并能很好规避因欧姆补偿问题导致测量数据不够准确等问题，以及由此导致的对相关反应体系的动力学规律或催化剂的构效关系的误判。

2.3　电流的测量和控制

极化电流的测量和控制主要包括两种不同的方式：

（1）在极化回路中串联电流表，适当选择电流表的量程和精度测量电流。这种方法适用于稳态体系的间断测量，不适合进行快速、连续的测量。

（2）使用电流取样电阻或电流-电压转换电路，将极化电流信号转变成电压信号，然后使用测量、控制电压的仪器进行测量或控制。这种方法适用于极化电流的快速、连续、自动的测量和控制。

另外，还可能对极化电流进行一定的处理后，再进行测量。例如，采用对数转换电路，将电流转换成对数形式再进行测量，这种方式常用于测定半对数极化曲线。再如，采用积分电路，将电流积分后再进行测量，从而直接测得电量。

综上所述可以看出，电极电势的准确测量、控制是比较困难的，需要采用三电极体系。三电极体系主要由电解池、盐桥、研究电极、辅助电极及参比电极等几部分组成，接下来我们将对三电极体系的各个组成部分进行详细介绍。

2.4 电解池

电解池的结构和安装对电化学研究影响较大，尤其在恒电势极化中，电解池构成了恒电势仪中运算放大器的反馈回路。因此，正确设计和安装电解池体系是十分重要的。这里讨论的电解池是指在实验室中进行电化学研究时使用的小型电解池。

2.4.1 材 料

电解池的各个部件需要由具有各种不同性能的材料制成，对于材料的选择要根据具体的使用环境。特别重要的性质是电解池材料的稳定性，要避免使用时材料分解产生杂质，干扰被研究的电极过程。

最常用的电解池材料是玻璃，一般采用硬质玻璃。玻璃具有很宽的使用温度范围，能在火焰中加工成各种形状。玻璃在有机溶液中十分稳定，在大多数无机溶液中也很稳定。但在 HF 溶液、浓碱及碱性熔盐中不稳定。

聚四氟乙烯（Polytetrafluoroethylene，PTFE），也称特氟隆（Teflon），具有极佳的化学稳定性，在王水、浓碱中均不发生变化，也不溶于任何有机溶剂。PTFE 具有较宽的使用温度范围，为−195 ~ +250 °C。PTFE 是较软的固体，在压力下容易发生变形，因此适合于封装固体电极，而且 PTFE 具有强烈的憎水性，电解液不易渗入 PTFE 和电极之间，因而具有良好的密封性。PTFE 也可用作电解池各部件之间的密封材料。

聚三氟氯乙烯（Polychlorotrifluoroethylene，PCTFE）的化学稳定性较 PTFE 稍差，在高温下可与发烟硫酸、NaOH 等作用。使用温度为−200 ~ + 200 °C。聚三氟氯乙烯的硬度比 PTFE 高，便于精密的机械加工，因此常作为电解池的容器外壳和电极的封装材料。

聚乙烯（Polyethylene，PE）能耐一般的酸、碱，但浓硫酸和高氯酸可与之发生作用，它可溶于四氢呋喃中。聚乙烯具有良好的热塑性，可将聚乙烯管一端加热软化后拉细做成 Luggin 毛细管。但因其易软化，使用温度须在 60 °C 以下。

有机玻璃，化学名为聚甲基丙烯酸甲酯（Polymethylmethacrylate，PMMA）。PMMA 具有良好的透光性，易于机械加工。在稀溶液中稳定，浓氧化性酸和浓碱中不稳定，在丙酮、氯仿、二氯乙烷、乙醚、四氯化碳、醋酸乙酯及醋酸等很多有机溶剂中可溶。作为电解池材料，PMMA 只能用于低于 70 °C 的场合。

环氧树脂（Epoxy Resin）是制造电解池和封装电极时常用的黏结剂。由多元胺交联固化的环氧树脂化学稳定性较好，在一般的酸、碱、有机溶液中保持稳定，耐热可达 200 °C。

橡胶（Rubber），尤其是硅橡胶（Silicone Rubber）因具有良好的弹性和稳定性，常用作电解池和电极管的塞子和密封圈，起到密封的作用。

其他常用的电解池材料还有尼龙（Nylon）、聚苯乙烯（Polystyrene）等。

2.4.2 设计要求

（1）电解池体积要适当，同时要选择适当的研究电极面积和溶液体积之比。在多数的电化学测量中，需要保证溶液本体浓度不随反应的进行而改变，这时就要采用小的研究电极面积和溶液体积之比；在某些测量中，如电解分析中，为了在尽可能短的时间内使溶液中的反应物电解反应完毕，则应使用足够大的研究电极面积和溶液体积之比。根据具体情况，确定溶液体积，从而选择适当的电解池体积。

（2）研究电极体系和辅助电极体系之间可用磨口活塞或烧结玻璃隔开，以防止辅助电极产物对被测体系的影响；当研究体系和辅助体系的溶液不同时，也应采用适当的隔离措施。但是，这些措施会增大电解池的电阻，增高电解池的电压。

（3）电化学测量常常需要在一定的气氛中进行，如通入惰性气体以除去溶解在溶液中的氧气，或者氢电极、氧电极的测量需通入氢气和氧气。此时，电解池需设有进气管和出气管。进气管的管口通常设在电解池底部，并可接有烧结玻璃板，使通入的气体易于分散，在溶液中达到饱和；出气管口常可接有水封设置，以防止空气进入。

有时溶液需要充分地搅动，可采用电磁搅拌，也可靠通入的气体进行搅拌。

Luggin 毛细管的位置应选择得当，既尽量接近研究电极表面，又避免对电极造成屏蔽，以保证电极电势的正确测量和控制。

应正确选择辅助电极的形状、大小和位置，以保证研究电极表面的电流分布均匀。

在图 2-4-1 中，辅助电极是一个很小的铂球，放置在大面积铂片研究电极的一端，从而造成了研究电极上电流分布极不均匀。尽管所控制的电极电势是-0.628 V，但研究电极表面不同位置处测得的电极电势均不同，图中还画出了研究电极附近溶液中的等电势线。造成这种现象的根本原因是研究电极表面电力线分布不均匀，各处的溶液欧姆压降不同。这是辅助电极形状、大小、位置的设置极不合理的一个例子。

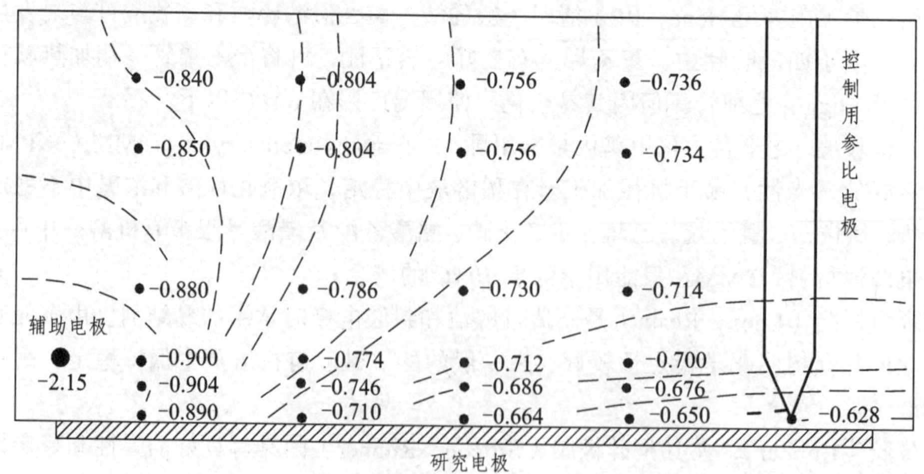

图 2-4-1 不正确的辅助电极设置造成溶液中等电势线的分布

一般来讲，辅助电极的面积应大于研究电极，形状应与研究电极的形状相吻合，放置在与研究电极相对称的位置上。这样才能保证研究电极表面各处电力线均匀分布。

若平板研究电极的两面都暴露出来进行电化学反应，则应在其两侧各放置一个辅助电极，以保证均匀的电流分布；辅助电极离开研究电极表面的距离增大，可以改善电流分布的均匀性；辅助电极与研究电极间用磨口活塞或烧结玻璃隔开，也可获得比较均匀的电流分布。

快速暂态测量时，还应考虑响应速率和稳定性的问题。

对于快速暂态测量的电解池，要求其时间响应速率较快，这时应采用低电阻的盐桥和参比电极，并尽量减小参比电极和研究电极或辅助电极间的杂散电容。Luggin 毛细管的位置也应正确设置。如其管口离研究电极表面太远，会增加电势测量误差；但若靠得太近，则会造成测量不稳定，甚至引起振荡。

2.4.3 几种常见的电解池

图 2-4-2 是一类常用的电解池，称为 H 型电解池。研究电极、辅助电极和参比电极各自处于一个电极管中，所以也称为三池电解池。研究电极和辅助电极间用多孔烧结玻璃板隔开，参比电极通过 Luggin 毛细管同研究体系相连，毛细管管口靠近研究电极表面。三个电极管的位置可做成以研究电极管为中心的直角，这样有利于电流的均匀分布和进行电势测量，并且也可以把电解池稳妥地放置。如果研究电极采用平板状电极，则其背面必须绝缘，这样才能保证表面电流的均匀分布。研究电极和辅助电极的塞子可用磨口玻璃塞[图 2-4-2（a）]或橡胶塞、PTFE 塞[图 2-4-2（b）]。

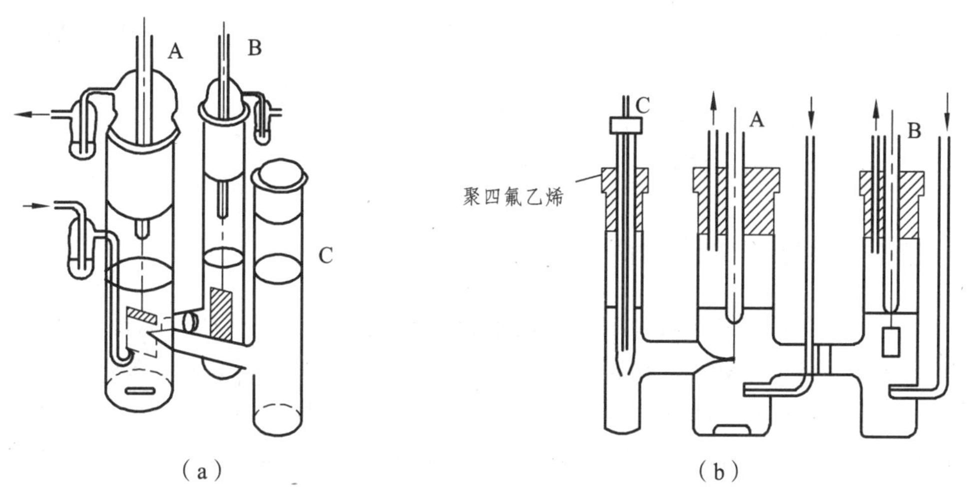

A—研究电极；B—辅助电极；C—参比电极。

图 2-4-2　H 型电解池

图 2-4-3 是一种适用于腐蚀研究的电解池，由美国材料试验协会（ASTM）推荐使用。它是圆瓶状的，有两个对称的辅助电极，以利于电流的均匀分布。电解池配有带

Luggin 毛细管的盐桥，通过它与外部的参比电极相连通。

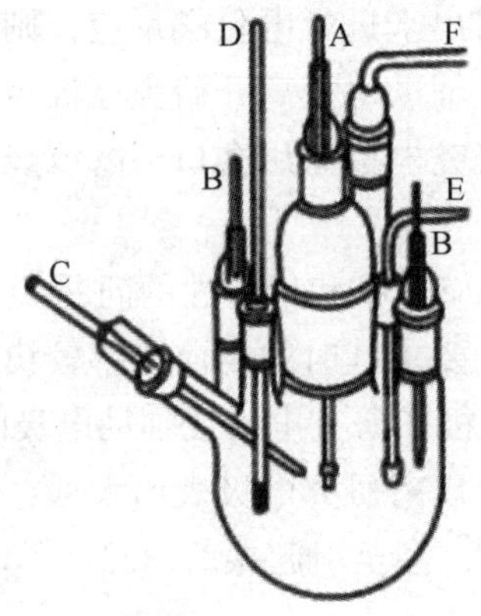

A—研究电极；B—辅助电极，C—盐桥；D—温度计；E—进气管；F—出气管。

图 2-4-3 一种用于金属腐蚀研究的电解池

2.5 研究电极

研究电极作为电化学研究的主体，其选用的材料、结构形式、表面状态对于电极上发生的电化学反应影响很大。这不仅仅是因为不同的电极材料具有不同的热力学电极电势，更为重要的是电极材料、结构形式以及表面状态的变化，有可能改变电极反应的历程和电极过程动力学的特点，从而获得丰富的电化学研究信息。研究电极的种类极为丰富，发展日新月异。为了实现不同的研究目的，选择适当的研究电极，探索新的研究电极十分重要，成为电化学研究体系的一个重要组成部分。本节对于不同种类的研究电极分别加以介绍。

2.5.1 汞电极（液体研究电极）

汞是许多年来电化学研究中常用的电极材料。汞电极包括滴汞电极（Dropping Mercury Electrode，DME）、静汞电极（Static Mercury Drop Electrode，SMDE）、悬汞电极（Hanging Mercury Drop Electrode，HMDE）、汞池电极（Mercury Pool Electrode）、汞齐电极（Amalgam Electrode）、汞膜电极（Mercury Film Electrode）等。其中有代表性的是滴汞电极。

2.5.1.1 滴汞电极的特点

（1）由于滴汞电极是液态金属电极，因此同固体电极相比，其表面均匀、光洁、可重现，可认为真实表面积就是其表观面积。也就是说，滴汞电极具有可重复产生的性质确定的表面状态。

相比之下，绝大多数固体电极的表面状态难以重现，性质较难确定，情况要复杂得多。其原因如下。

① 固体电极的真实表面积不易控制。一般固体电极的真实表面积可比其表观面积大数倍至数十倍。镀了铂黑的铂电极，真实表面积要比其表观面积大几千倍，即使是仔细抛光的电极，真实表面积也要比其表观面积大 2 ~ 4 倍。表面状态最为确定的单晶表面，由于表面缺陷（如台阶、位错等）的存在，在常规电极的宏观尺度（即 mm^2 数量级）上，其真实表面积仍比表观面积大 20% ~ 50%。由此可见，多次制作的同种固体电极，难以保证具有完全相同的真实表面积。当然，也正是因为如此，固体电极可以有意做成高度分散的形式，产生大的比表面积，从而获得高度的电催化活性或大的表面电容，在新能源材料与器件（化学电源、燃料电池、传感器、超级电容器）中得到广泛的应用。但是，在这种电极上获得准确的电极反应机理的信息较为困难。

② 固体电极表面大多是不均一的。对于电极反应来说，这就意味着表面上各点的反应能力不同，在电极表面上往往存在着一些“活化中心”，在这些“活化中心”上电极反应的活化能比其他表面部位低得多。

（2）滴汞电极除了具有一般汞电极的特点外，还具有表面不断更新的特点，因此同固体电极相比，滴汞电极还具有以下一些重要性质。

① 由于吸附污染，绝大多数的固体电极表面是“不清洁”的。简单的计算表明，如果吸附粒子的线性尺度为 5 nm，则只需不到 10^{-9} mol 的表面活性物质即可在 1 cm^2 表面上形成单分子吸附层。如果研究电极的真实表面积为 1 cm^2，溶液体积为 100 mL，那么可在电极表面上形成单分子吸附层的表面活性物质的浓度只需 10^{-8} $mol\cdot L^{-1}$。也就是说，如此低浓度的表面活性物质，即可大大影响电极反应进行的速率。如果考虑到只要少数电极活化中心被掩蔽，即足以严重影响电极反应的进行，那么影响电极反应速率的杂质浓度的下限可能低至 10^{-9} ~ 10^{-8} $mol\cdot L^{-1}$。这意味着，固体电极体系对于清洁条件的要求是很严格的。

相比之下，对于滴汞电极而言，由于每一汞滴的“寿命”不超过几秒钟，因而低浓度的杂质因扩散速率限制不可能在电极表面上大量吸附。计算表明，若汞滴寿命为 10 s，则当杂质浓度低至 10^{-5} $mol\cdot L^{-1}$ 以下时，就不可能在电极上引起可观的吸附覆盖，这就意味着对被研究溶液的纯度要求降低 4 ~ 5 个数量级，因而大大有利于提高实验数据的重现性。

② 当电极反应进行时，固体电极表面及附近溶液中的情况可能不断发生变化，如反应物及产物的浓差极化，电极表面的生长或破坏，膜生成与消失等，就使问题更复杂了。

相比之下，对于滴汞电极而言，由于汞滴不断落下，其表面也不断更新，故不致发生长时间内累积性的表面状况变化，这对提高表面的重现性也是十分有利的。

2.5.1.2 汞电极的应用

（1）滴汞电极属于微小电极（最大表面积不超过百分之几平方厘米），因而具有微小电极的一些特点。通过电解池的极化电流往往很小（一般为 $10^{-4} \sim 10^{-8}$ A），因而除非电解时间特别长，或溶液体积特别小，一般都可以不考虑因电解而引起的电极活性物质总体浓度的改变。此外，由于滴汞电极的表面积往往比辅助电极的表面积小得多，电解时几乎只在滴汞电极上产生极化；同时，若溶液较浓以致溶液浓度降很小时，则可认为槽电压的变化近似等于滴汞电极电势的变化。也就是说，在这种情况下，辅助电极可同时用作参比电极，使用两电极体系的电解池。

（2）汞的化学稳定性较高，在汞电极上氢的超电势也比较高，所以汞可以在较宽的电势范围内当作惰性电极使用，尤其是在较负的电势区间，因此常在汞电极上进行许多阴极还原反应的研究。

由于滴汞电极具有上述种种特点，因此在电化学研究中得到了广泛的应用。早期很多有关电极表面双电层结构及表面吸附的精确数据是在滴汞电极上测出的；许多有关电极反应机理的知识是首先在滴汞电极上得到的。例如，由于汞可以和很多金属形成合金（即汞齐），就可以使用滴汞电极单独研究金属离子的阴极还原过程，而避免随后发生的结晶过程的干扰。此外，滴汞电极还用于普通极谱和示波极谱中，进行溶液成分的定量分析。

滴汞电极的应用也存在着许多局限性。首先，在极谱测量中，被测物质的浓度有一定的限制。若组分浓度太低（$< 10^{-5}$ mol·L^{-1}），就会由于双层充电电流过大的干扰而无法精确测定；若组分浓度太高（> 0.1 mol·L^{-1}），又会由于电流太大而使汞滴不能正常滴落。其次，能够在汞电极上研究的电极过程是有限的，而很多重要的电极过程，如氢的吸附、电结晶过程以及一些在较正电势区域发生的电极过程（在电极电势正于 + 0.5 V vs·SCE 时，汞将发生阳极溶解）就不能用滴汞电极进行研究。更为重要的是，如果汞不是实际电化学过程中所采用的电极材料，就不能用汞电极上得到的实验结论直接指导实际问题。更多的情况是，滴汞电极作为表面状态确定的理想电极，进行理论性的研究。

2.5.2 常规固体研究电极

由于固体电极表面状态的复杂性，因而电极体系的准备过程会极大地影响电化学研究的结果。为了得到有意义的尽可能重现的研究结果，应该高度重视电极体系的准备过程，包括电极材料的选择、电极材料的制备、电极的绝缘封装、电极表面预处理和溶液的净化等。

2.5.2.1 电极材料的选择

按照电极材料来分类，固体电极通常可分为两大类，即惰性和氧化还原电极。常用的惰性电极有铂、金、碳电极等；常用的氧化还原电极有铜、铅、镁等。

电极材料的选择依据包括背景电流、电势窗范围、表面活性、导电性和稳定性以及表面吸附性能等。

几种不同的电极材料在不同溶剂中的电势窗范围如图 2-5-1 所示。

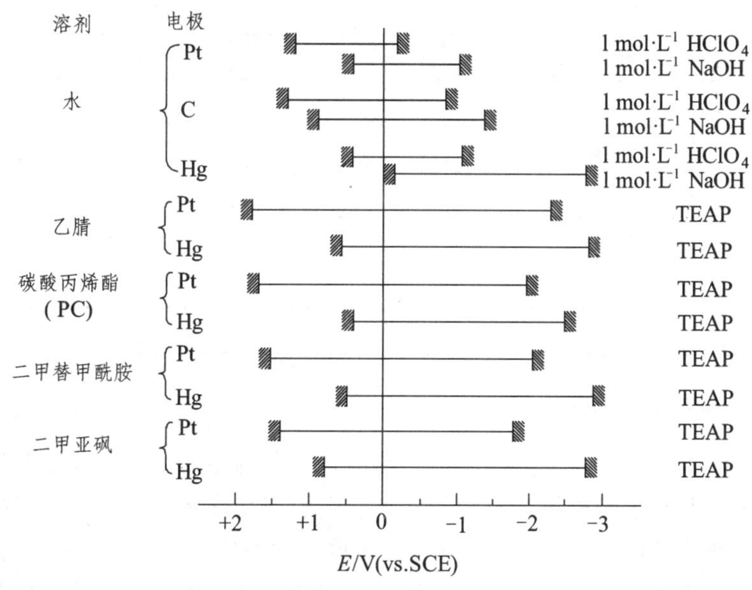

TEAP=四乙基高氯酸

图 2-5-1　几种不同的电极材料在不同溶剂中的电势窗范围

另外，几种碳电极材料在水溶液中的电势窗范围分别列于表 2-5-1 中。表 2-5-2 则给出了电极材料的本体电阻率。

表 2-5-1　几种碳电极材料在水溶液中的电势窗范围

电极	电解液	电势窗范围
热解石墨（基平面）	0.1 $mol \cdot L^{-1}$ HCl	1.0～−0.8
光谱石墨	0.1 $mol \cdot L^{-1}$ HCl	1.19～−0.46
浸蜡石墨	0.1 $mol \cdot L^{-1}$ HCl	1.0～−1.3
	磷酸盐缓冲溶液（pH 7.02）	1.35～−1.38
碳膏电极（医用润滑油）	1 $mol \cdot L^{-1}$ HCl	1.0～−0.9
碳膏电极（液体石蜡）	0.1 $mol \cdot L^{-1}$ HCl	1.7～−0.8
玻碳电极	0.1 $mol \cdot L^{-1}$ HCl	1.05～−0.8
	0.05 $mol \cdot L^{-1}$ H_2SO_4	1.32～−0.8

表 2-5-2　几种电极材料的本体电阻率

电极材料	$\rho/\Omega\cdot cm$
铂	1.1×10^{-5}
铜	1.7×10^{-6}
高定向热解石墨，*a* 轴	4×10^{-5}
高定向热解石墨，*b* 轴	0.17
热解石墨，*a* 轴	2.5×10^{-4}
热解石墨，*c* 轴	0.3
光谱石墨	1×10^{-3}
玻碳	4×10^{-3}
碳纤维	7.5×10^{-4}

2.5.2.2　电极材料的制备

金属材料的电化学性质，随着制造、热处理工艺的不同而有很大的差异。金属材料的成型工艺以及除去表面氧化皮的机械方法会引起冷作硬化，微观上产生不均匀的结晶构造和不同的晶粒取向，因而影响材料的电化学性质，如金属的晶界腐蚀。另外，晶格中还会出现各种不均匀的缺陷和位错，一般在这些缺陷和位错处具有更高的电化学活性，因此还要采用热处理的方法减少晶格缺陷。通常的金属电极材料准备过程是，在经过成型和切削后，用研磨的方法把划痕、标记、覆盖物等除去，然后依次用 220 目、320 目、400 目和 600 目的碳化硅砂纸打磨，以便得到打磨光亮的表面，粗糙度可达 17 μm，然后进行退火处理，以得到标准和重现的原子晶格结构和适当均匀的化学结构。例如，在退火的金属材料中，位错密度仅为 $10^8\ cm^{-2}$；而在冷作的金属材料中，位错可达 $10^{12}\ cm^{-2}$。

2.5.2.3　电极的绝缘封装

固体电极试样必须要和导线连接，才能接通外电路。而简单地将导线和电极试样一同浸入溶液中进行测试是不行的，这是因为导线的导电性较好，会把电流集中在导线上，因而无法保证电流在整个电极上的均匀分布，电极的性质和面积都不确定，而且还会引起两种金属间的接触电偶腐蚀。如果避开导线而只将电极试样的一部分浸入溶液进行测试也是不行的，因为和溶液接触的电极面积决定于表面张力，而表面张力会随着电极电势的变化而变化，当电极发生极化时，表面张力的变化导致毛细作用，参与反应的电极面积就会改变。因此必须对电极进行适当的绝缘封装后才能进入溶液进行测试。

经常使用的 Pt 丝和 Pt 环电极可通过直接封入玻璃管中而制得，封装过程如图 2-5-2 所示。先在铂丝上套上一段软玻璃毛细管，用喷灯加热熔化，在铂丝上形成一个玻璃珠，再嵌入一段玻璃管的管口，使玻璃熔接后即制成铂丝电极，如图 2-5-2（a）所示；

铂环电极的制作与此类似，只是在熔化玻璃珠前先将铂丝弯成环形，如图 2-5-2（b）所示；在制成铂丝电极后，可剪去玻璃管外的铂丝，并将端面磨平，即可制成铂盘电极。

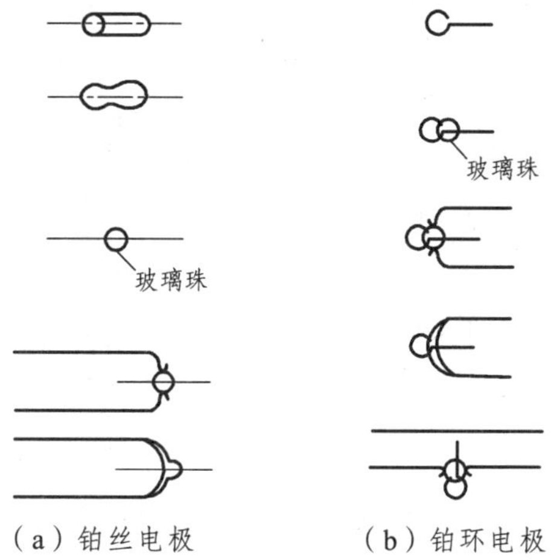

图 2-5-2　在软玻璃管中封装铂电极的技术

另外一种封装技术是在固体圆片状电极试样的背面焊上铜丝作为导线，非工作表面（包括焊接了导线的一面）用环氧树脂密封绝缘，只有片状试样的一个截面暴露出来作为工作面，导线可用环氧树脂封入玻璃管中，如图 2-5-3 所示。由于凝固后的环氧树脂脆性较大，树脂和电极试样之间容易出现微缝隙，在浸入溶液后，尤其是在阳极极化后，会发送缝隙腐蚀，使缝隙变宽，从而带来实验误差。

另一种较好的封装方式是将圆片状电极试样紧紧压入内径略小于试样外径的聚四氟乙烯（PTFE）套管中；或者使用热收缩聚四氟乙烯管，当套入电极试样后，加热使聚四氟乙烯管收缩，紧紧裹住电极试样，如图 2-5-4 所示。由于聚四氟乙烯具有强烈的憎水性，溶液难以进入 PTFE 管和试样之间，不易发生缝隙腐蚀，因而具有良好的封装效果。

图 2-5-3　环氧树脂封装的圆片状电极　　图 2-5-4　聚四氢乙烯套管封装的圆片状电极

还可使用上、下两个 PTFE 管，二者之间用螺纹连接，当螺纹拧紧时可将圆片状电极试样压紧在下部 PTFE 管的管口处，管口处暴露出来的电极表面为工作表面，如图 2-5-5 所示。这种封装方式的好处是可先对电极表面进行机械抛光等预处理后再进行电极装配，从而避免同封装的 PTFE 管一起抛光时抛光下来的 PTFE 材料污染电极表面。

当电极试样的材料过于柔软或易碎时，很难塞入聚四氟乙烯套管中，这时可使用图 2-5-6 中所示的电极封装装置。先将电极试样插入聚四氯乙烯卡头中，再将聚三氟氯乙烯卡盘和聚三氟氯乙烯管之间的螺纹拧紧，从而将聚四氯乙烯卡头塞入聚三氟氯乙烯管的管口内，获得紧密的封装。

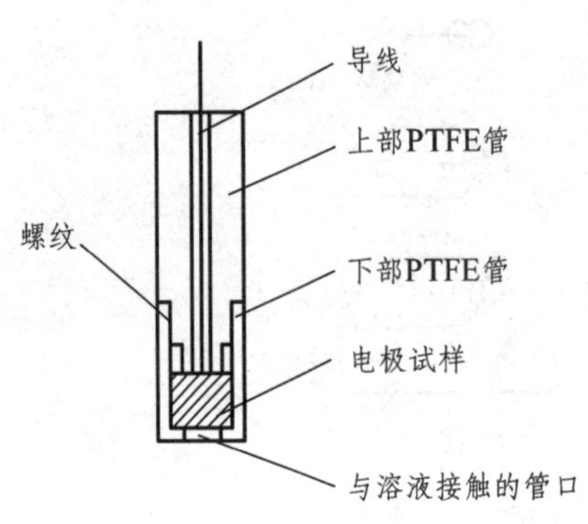

图 2-5-5　使用两部分聚四氟乙烯装置封装的圆片状电极

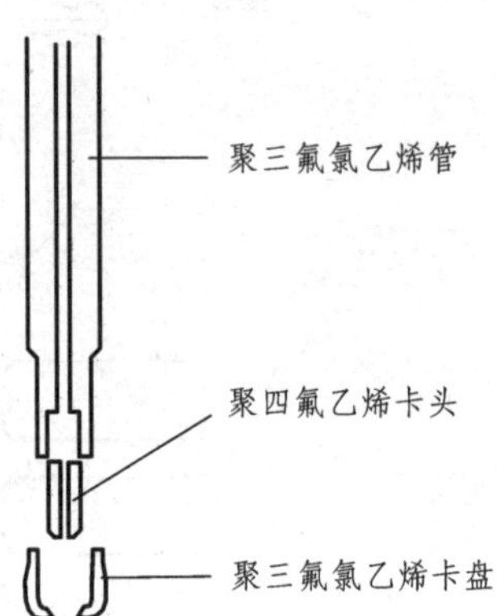

图 2-5-6　柔软或易碎电极试样的绝缘管

1. 电极表面预处理

固体电极表面会有很多杂质的吸附污染，因此在电化学研究前，需要进行表面清洁。同时还要对电极表面进行抛光处理，以便得到光滑平整、尽可能重现的活性电极表面。这些都属于电极表面的预处理。下面分别以铂电极和金电极为例，介绍电极的预处理方法。

许多有机物会在铂电极上吸附，特别是荷电的、不饱和的以及含有氧、硫基团的有机物。在浓的氧化性酸（如硫酸、硝酸）中浸蘸，或在王水中快速浸蘸，可以去除这些吸附有机物。但是在这样的强氧化性环境中，很可能使电极表面形成一层氧化物——PtO_2，若浸泡时间较长，氧化层可能厚达 0.4 μm。而且这种化学方法也不大可能去除一些无机吸附物。

另外一种去除有机吸附物的方法是用喷灯灼烧铂电极表面，这时也会在铂表面形成一层铂氧化物——PtO_2。

这样形成的铂氧化物层 PtO_2 很薄，仅用肉眼观察铂电极表面仍然是光亮的。但是，PtO_2 的存在会带来许多问题。铂氧化物的导电性比铂差，因此伏安曲线可能会表现出不可逆性。另外，伏安曲线中还可能出现 PtO_2 的还原电流峰。

因此，通常采用的铂电极表面预处理方法为以下三种。

（1）浸入有机溶剂，如甲醇中。尽管此法可用于清除有机吸附物，但是效果不理想，而且多数无机吸附物不能溶于有机溶剂中。

（2）机械抛光。例如可用市售的金刚石抛光膏或氧化铝抛光膏，按照粒度由粗到细依次抛光（最常用的粒度为 1 μm、0.3 μm 和 0.05 μm）。在抛光过程中应注意以下几点：抛光路径按照绕“8”字形进行；每次更换不同粒度的抛光膏前须用甲醇淋洗，最后放入纯水中进行超声波清洗；抛光粉的颗粒度为 50 nm ~ 5 μm，可能会粘在电极壁上；当抛光表面的划痕的深度和间距不同时，将导致电极表面积的不同；抛光过程不能用力太大，水量适中，抛光中微微发泡。这样不仅清除了电极表面的有机、无机吸附物质，得到清洁、新鲜的铂金属表面，而且保证了较高的表面光洁度。

（3）电化学抛光。对于难以进行机械抛光的铂电极，如铂丝电极和铂环电极，常常采用电化学抛光。通常将两个铂电极浸入稀酸（如硫酸）之中，进行极化，阳极极化到产生氧的电势，阴极极化到产生氢的电势，产生的原子氢可将表面氧化物还原。为了得到最好的效果，电极极化应反复多个循环，并保证最后一个循环为阴极还原。至于极化波形可有多种选择，如阴、阳极方波极化、线性扫描极化等。电化学抛光也是较常用的铂电极预处理方法，其优点是去除表面氧化层的同时，可将有机、无机吸附物一起清除。

金电极表面不易形成氧化层，其主要的表面污染物是含硫化合物，如硫脲、硫醇，甚至是硫化氢。

金易溶于王水，因此不适合用化学浸蚀的方法进行表面清洁。最佳的方法是机械抛光。具体的机械抛光方法同上述铂电极的机械抛光方法相同。有时也采用灼烧的方法清除有机污染物，这种方法不会形成表面氧化层。

其他一些电极也可以用化学抛光的方法进行表面处理。如 Ag 电极的化学抛光处理。

有时某些表面处理技术可能导致意想不到的结果：如用 SiO_2 或 Al_2O_3 抛光 Fe 合金时，可能在表面生成尖晶石型的表面化合物；如果用铬酸来电抛光电极，可能导致生成成分不确定的表面膜。这些都会影响金属的电化学行为。因此，在进行电极表面处理时要根据电极材料特性选择相应合适的处理技术。

实际应用中的固体电极的有效面积并不是其几何面积，必须考虑电极的粗糙度，一般在 2 左右。实际实验中，通常极限电流决定于电极的表观几何面积而不取决于有效面积。因为在电极表面缝隙中反应物很快被耗尽，而对反应的极限电流没有贡献。然而，双电层充/放电导致的电流则几乎完全由电极的真实（有效）面积决定。因此，电极的真实/有效面积的测定非常重要。其中，Pt 电极一般采用氢吸脱附循环伏安曲线测定（如图 2-5-7 所示）。其测定步骤如下：首先利用待测 Pt 电极测得伏安曲线，计算氢吸附峰对应的电量 Q，然后除以单位面积 Pt 吸附单层氢原子所需要的电量 C，即得到电极的有效面积为 Q/C m^2。

同时，可以通过所得的伏安曲线判断电极的洁净和状态。因为每个电极都有自己的特征曲线，如果存在漏液和导电性不好的电极，都会出现 CV 曲线的变形，有杂质的电极出现杂质峰。

2. 溶液的净化

溶液的纯度应当尽可能提高，以避免污染和毒化电极表面，因此在配制溶液时常常需要使用高纯度的试剂和超纯水，目前常用的超纯水为电阻率不低于 18 MΩ·cm 的纯水。即便如此，溶液中仍有可能存在污染物，吸附在电极表面上后会影响电极的电化学行为。因此，有时还要采用预电解法来净化溶液。为了把溶解在溶液中的氧除掉，常常在溶液中通入纯净的惰性气体（如纯净的氮气、氩气）。

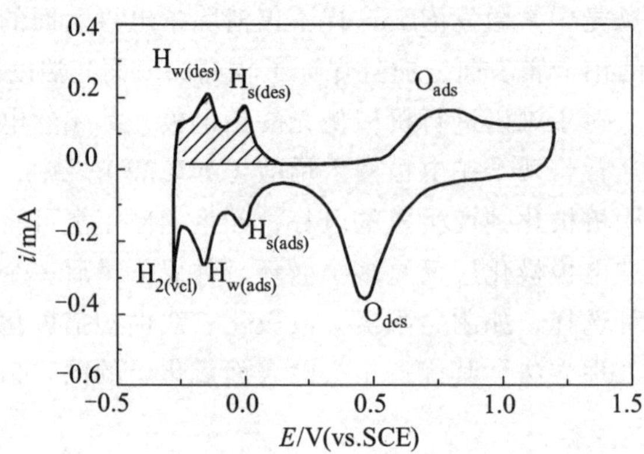

图 2-5-7　Pt 电极在稀硫酸溶液中的循环伏安曲线

2.5.3　微电极

微电极（Microelectrode，ME）的应用是近 20 年来电化学领域最重要的进展之一，它已被广泛应用到生物活体检测、电分析化学、扫描电化学显微镜、电化学扫描隧道显微镜、腐蚀微区测试、电池电极活性材料研究、毛细管电泳和高效液相色谱、流动注射分析的在线检测等许多高新科学技术领域，具有重要的科学价值和广阔的发展前景。

微电极是相对于常规尺寸电极而言的。一般来讲，微电极是指至少一个维度的尺寸达到微米（10^{-4} cm）或纳米（10^{-7} cm）级的电极。这一维度的尺寸被称为临界尺度（Critical Dimension）。通常所考察的微电极的临界尺度在 25 μm ~ 10 nm。

根据微电极的制作材料可将微电极分为铂微电极、金微电极、碳纤维微电极、银微电极、铜微电极、钨微电极、铂铱微电极、粉末微电极等；根据微电极的形状还可将微电极分为球形和半球形微电极、圆盘微电极、圆环微电极、圆柱微电极、带状微电极等。

最常用的微电极是圆盘微电极，其制备方法是把细金属丝或碳纤维封入玻璃毛细管或塑料树脂中，然后抛光其截面作为电极的工作表面。圆盘微电极的临界尺度是圆盘的半径 r_0。最常见的圆盘微电极材料是铂、金和碳纤维。圆柱微电极的制法和圆盘微电极类似，所不同的是露出电极丝的一部分圆柱表面作为电极工作表面。圆柱微电极的临界尺度是其截面的半径 r_0，而圆柱长度则可达到厘米数量级。

球形微电极可由金制成。半球形微电极则可通过铂、铱圆盘超微电极上沉积汞而制得。这两类微电极的临界尺度是其曲率半径 r_0。

带状微电极可由金属箔或镀膜密封在玻璃片或塑料树脂片间制成，抛光露出的界面作为工作表面。通常可用由金、铂、碳等材料。其临界尺度为带状电极的宽度 ω，而其长度 l 可大至厘米数量级。带状微电极的几何面积同其临界尺度 ω 呈线性关系，而圆盘微电极的几何面积则同其临界尺度 r_0 的平方成正比，因此，尽管带状微电极的宽

度 ω 很小，但其面积却可以很大，因而可能产生可观的电流。

同常规电极相比，微电极具有独特的电化学特性。

（1）由于电极面积很小，因而双层电容 C_d 很小，电极时间常数 RC_d 很小。因此，超微电极的响应速率很快，比常规电极更适合于快速、暂态的电化学测量方法，如方波伏安法、脉冲伏安法、电势阶跃法、快速扫描伏安法等。

（2）由于双层电容 C_d 很小，所以双电层充电电流很小，并且由于时间常数小，所以双电层充电电流的衰减速率也很快。这样，法拉第电流同双电层充电电流的比值很大，因此在电分析中，可明显提高分析的灵敏度，降低检测限。微电极适用于微量、痕量物质的测定。

（3）在微电极上，非线性扩散起主导作用，线性扩散只起次要作用，因此扩散电流在短时间内即可达到稳态或准稳态数值，并且其稳态的物质传递系数随临界尺度的减小而增大，因此适合快速电极反应的动力学研究。

（4）尽管微电极上的电流密度很大，但由于电极面积小，电流强度很小，一般只有 $10^{-9}\sim10^{-12}$ A，因此溶液欧姆压降 iR_u 乃至整个电极的欧姆压降 iR_Ω 都很小，不会对电极电势的测量和控制造成影响。所以采用微电极进行电化学测量时，可以采用两电极体系，支持电解质的浓度可以很低，甚至为零，这就对某些检测方法带来很大的方便，如色谱电化学检测、生物活体内的在线检测等。另外，对于有机溶剂电化学、低温电化学、熔盐电化学和固体电解质电化学研究，采用微电极也比常规电极有更大的方便。

（5）由于微电极的小尺寸特性，可用于电化学活性的空间分辨，如扫描电化学显微镜、电化学扫描隧道显微镜、生物活体细胞内外的检测和腐蚀微区分析等。

微阵列电极是指由多个微电极集束在一起所组成的外观单一的电极，其电流是各个单一超微电极电流的总和。这种电极既保持了原来单一微电极的特性，又可以获得较大的电流强度，提高了电分析测量的灵敏度。微电极阵列常用的制备方法包括微蚀刻法和模板法。

粉末微电极的制备方法是先将铂微丝热封在玻璃毛细管中，截断后打磨端面至平滑，形成铂圆盘微电极，然后将电极进入热王水中腐蚀微盘表面，使形成一定深度的微凹坑，再经清洗后即可用于填充待研究的粉末材料。铂丝的半径一般为 30 ~ 250 μm。凹坑的深度大致与微孔直径相近，以便于清洗和牢固地填充粉末。填充粉末时先将少量粉末铺展在平玻璃板上，然后直握具有微凹坑的电极，采用与磨墨大致相同的手法在覆有粉末的表面上反复碾磨，即可使粉末紧实地嵌入微凹坑中。

粉末微电极具有下述特点：

（1）制备方法简单，粉末用量少，一般只需要几微克。

（2）与圆盘微电极相比，粉末微电极具有高得多的反应表面，因此当用作溶液中电活性物质浓度检测的电极时，具有更大的响应电流，可提高检测的灵敏度。

（3）研究粉末材料的电化学性质时，不需使用黏结剂和导电添加剂，也不需要热压和烧结等工艺，因此非常适合多种粉末材料本身电化学性质的筛选。

（4）电极厚度很薄，同时若溶液电导率较高，则在粉层内不易出现溶液欧姆压降引起的不均匀极化，因此可以保证电极内全部粉末材料同等程度地进行电化学反应。故当用于研究电池电极活性材料时，可以采用较高的体积电流密度和较快的充放电制度，可以更加快速地测试电极活性材料的循环寿命。

2.5.4 单晶电极

常规的固体电极使用的是多晶材料，由许许多多不同取向的小晶面组成，而不同的晶面其性质是不同的，所以观测到的多晶电极的电化学行为是这些不同晶面电化学行为的平均结果。即便是电极经过了严格的表面预处理，仍难保电极表面的重现性，也难以建立起表面原子结构同化学性质直接的对应关系。

单晶电极（Single Crystal Electrode）具有确定的晶体结构和表面原子排序方式，因此适合于定量研究电极表面电化学过程，确定不同条件下固/液界面的原子分子行为，明确认识吸附物在电极表面上的位置以及和电极表面的键接关系，研究电极过程的微观机理。特别是适合用于电化学扫描探针显微镜的研究。

从单晶电极的材料划分，包括贵金属单晶电极，如铂、金、银、钯、铑、铱等；活泼金属单晶电极，如铜、铁、镍、钴等；半导体单晶电极，如硅、锗、砷化镓、硫化镉等。

金属单晶主要采用Czochralski生长方式和Bridgman生长方式的区域精炼方法来制备，可购买到市售产品。另外对于贵金属材料，如铂、金等还可以采用火焰熔融金属丝生长晶球的方法来制备，在晶球表面规则地排列着八个明显的（111）小晶面，在X射线或激光束精确定向后可沿晶体的某一特定晶面切割，从而得到该单晶表面。作为电极使用前，只需在空气中重新火焰退火处理即可得到清洁新鲜的单晶表面。这种单晶电极的制备和表面处理方法是由法国电化学家 J. Clavilier 在 20 世纪 80 年代首先引入，现已被许多研究者采用，成为常用单晶电极主要的制备方式，被称为 Clavilier 法。另外一种单晶电极的制备方法是在玻璃、硅片或云母等基体表面采用物理气相沉积或化学沉积法沉积一层金属单晶薄膜，这种单晶电极在使用前也需要进行火焰退火处理。还有，HOPG 的基平面也可看作碳的单晶电极。

单晶电极也只有部分表面具有原子级平整的特性，这部分表面称为平台（Terrace）；平台之间通常由台阶（Step）分隔。平台的尺寸从几十纳米到几百纳米不等。除台阶外，单晶电极上同时还有螺旋位错等各种缺陷，因此单晶电极的真实表面积也较其表观面积更大。为了得到单晶电极的真实表面积，通常的做法是测出循环伏安曲线中典型反应所对应的电量，由此电量除以单位面积对应的电量，即可得到单晶电极的真实面积。这一方法既可纠正尺寸测量的几何误差，又可消除表面缺陷对面积计算的影响，可得到单晶电极的真实表面积。表 2-5-3 列出了部分单晶表面上单位面积的原子数以及氢单层吸附时单位面积对应的电量。

表 2-5-3　部分单晶表面上单位面积的原子数以及氢单层吸附时单位面积对应的电量值

金属单晶电极	单位面积原子数/cm^{-2}	单位面积氢单层吸附电量/$\mu C \cdot cm^{-2}$
Au（111）	1.39×10^{15}	223
Au（110）	0.85×10^{15}	136
Au（100）	1.20×10^{15}	192
Cu（111）	1.76×10^{15}	282
Cu（110）	1.08×10^{15}	173
Cu（100）	1.52×10^{15}	244
Pt（111）	1.51×10^{15}	240
Pt（110）	0.93×10^{15}	147
Pt（100）	1.31×10^{15}	207

不同的单晶电极表面所具有的功函不同，因而其零电荷电势（Potential of Zero Charge，PZC）也不同。表 2-5-4 给出了几种重构和非重构的金单晶电极在高氯酸溶液中的零电荷电势。

表 2-5-4　几种重构和非重构的金单晶电极在高氯酸溶液中的零电荷电势

表面结构	PZC/V（vs.SCE）	表面结构	PZC/V（vs.SCE）
Au（100）-（hex）	+0.3	Au（111）-（1×1）	+0.23
Au（110）-（1×1）	+0.08	Au（110）-（1×2）	≈0.04
Au(111)-($\sqrt{3} \times 22$)	+0.32	Au（110）-（1×1）	-0.02

2.6　辅助电极

辅助电极的作用为与研究电极组成极化回路，使研究电极有电流通过。要求辅助电极本身的电阻小，并且不容易发生极化，辅助电极一侧的反应产物不严重影响研究电极的反应。为了避免干扰，辅助电极和研究电极样品室常用烧结玻璃隔开，采用大面积的电极，使电极上不会有任何特征出现。使用铂或者碳电极做辅助电极，当辅助电极面积比研究电极面积大 100 倍时，辅助电极的极化可以忽略。最常用的辅助电极为铂黑电极，因其活性表面积大。

2.7　参比电极

三电极体系中，将待测电极与精确已知电极电势数值的参比电极构成电池，测定电池电动势数值，就可计算出待测电极的电极电势。因此，参比电极的根本要求是其电极电势稳定和重现性好，即其上进行的电极反应必须是单一的可逆反应，即使通过电流电位也不发生变化——参比电极为理想非极化电极。

参比电极的性能直接影响着电极电势测量或控制的稳定性、重现性和准确性。不同场合对参比电极的要求不尽相同，应根据具体对象合理选择参比电极。但是，参比电极的选择还是存在一些共性的要求。

2.7.1 参比电极的要求

（1）参比电极应为可逆电极，电化学反应处于平衡状态，可用 Nernst 方程计算不同浓度时的电势值。

（2）参比电极应该不易极化，以保证电极电势比较标准的恒定。具体而言，当交换电流密度 j^0 较大，电极面积较大时，不易发生极化。一般要求 j^0 大于 10^{-5} A·cm^{-2}，则当流过电极的电流密度小于 10^{-7} A·cm^{-2}（通常电极电势测量回路的电流均小于 10^{-7} A·cm^{-2}）时，电极不发生极化。例如，在 0.5 mol·L^{-1} H_2SO_4 溶液中，反应 $2H^+ + 2e^- \rightleftharpoons H_2$ 在铂上的交换电流密度为 8×10^{-4} A·cm^{-2}，而在其他金属上的交换电流密度要小得多，因此作为参比电极的氢电极一般选择铂作为电极材料。而且，通常在铂上镀有铂黑，以增加铂电极的真实表面积和活性。一般镀有铂黑后其面积可增加近千倍，当有电流流过电极时，极化可减小很多，使氢电极电势更加稳定。

另外，交换电流密度 j^0 大还可防止体系中存在的杂质对参比电极电势的干扰。如果，电解池体系中存在另外的氧化还原电对能够在参比电极上反应，那么参比电极的电极电势是参比电极主反应电对和该杂质电对共同决定的混合电势。若主反应的交换电流密度远大于杂质电对的交换电流密度，则参比电极的电势就基本决定于主反应，而不受杂质的干扰。

（3）参比电极应具有好的恢复特性。当有电流突然流过，或温度突然变化时，参比电极的电极电势都会随之发生变化。当断电或温度恢复原值后，电极电势应能够很快回复到原电势值，不发生滞后。

（4）参比电极应具有良好的稳定性。具体而言，温度系数要小，电势随时间的变化要小。

（5）参比电极应具有好的重现性。不同次、不同人制作的电极，其电势应相同。例如，银-氯化银电极和甘汞电极的重现性可达到 0.02 mV，它们能适用于热力学体系的研究。不过，参比电极的电势重现性也应视具体情况而定，在一般的动力学测量中，重现性不超过 1 mV 就可以了。

（6）快速的暂态测量时参比电极要具有低电阻，以减少干扰，避免振荡，提高系统的响应速率。

（7）某些参比电极是第二类电极，即由金属和金属难溶盐或金属氧化物组成的电极，如银-氯化银电极和汞-氧化汞电极等。要求这类金属的盐或氧化物在溶液中的溶解度很小，从而保持电极电势的长期稳定性，并减少对被测体系溶液的污染可能性。

（8）在具体选用参比电极时，应考虑使用的溶液体系的影响。例如，是否存在液接电势，是否会引起研究电极体系和参比电极体系间溶液的相互作用和相互污染。一般采用同种离子溶液的参比电极，如在氯离子的溶液中采用甘汞电极，在硫酸根离子的溶液中采用汞-硫酸亚汞电极，在碱性溶液中采用汞-氧化汞电极。

2.7.2 参比电极分类

参比电极一般分为三类，具体如下。

（1）氧化还原电极：将惰性金属置于有氧化还原电对的溶液中，如氢电极。这类参比电极满足如下 Nernst 方程：

$$E = E^{\ominus} + \frac{RT}{nF}\ln\frac{a_{\mathrm{Ox}}}{a_{\mathrm{Red}}} = E^{\ominus'} + \frac{RT}{nF}\ln\frac{[\mathrm{Ox}]}{[\mathrm{Red}]}$$

（2）第一类参比电极：金属/金属离子电极（如 Ag/Ag^+），这类参比电极满足如下 Nernst 方程：

$$E = E^{\ominus} + \frac{RT}{nF}\ln a(\mathrm{M}^{n+}) = E^{\ominus'} + \frac{RT}{nF}\ln[\mathrm{M}^{n+}]$$

（3）第二类参比电极：金属/金属化合物电极（如饱和甘汞电极和 Ag/AgCl 电极），这类参比电极满足如下 Nernst 方程：

$$E = E^{\ominus} - 0.059\lg a(\mathrm{Cl}^-)$$

2.7.3 几种常见参比电极

2.7.3.1 可逆氢电极（Reversible Hydrogen Electrode, RHE），Pt, H_2 | H^+

氢电极的电极反应如下：

酸性溶液：

$$2\mathrm{H}^+ + 2\mathrm{e}^- \rightleftharpoons \mathrm{H}_2 \tag{2-7-1}$$

碱性溶液：

$$2\mathrm{H_2O} + 2\mathrm{e}^- \rightleftharpoons \mathrm{H}_2 + 2\mathrm{OH}^- \tag{2-7-2}$$

任何温度下，氢电极的标准电极电势均为零，即 $E^{\ominus}_{\mathrm{H}_2}=0$。

氢电极的电势同溶液的 pH、氢气压力有关

$$E_{\mathrm{H}_2} = \frac{RT}{F}\ln\frac{a_{\mathrm{H}^+}}{p_{\mathrm{H}_2}^{1/2}} \tag{2-7-3}$$

式中　a_{H^+}——H^+的活度；

p_{H_2}——氢气的压力，p_{H_2}=大气压-水的饱和蒸气压。

如果氢气的压力是 1 标准大气压，在 25 °C 时氢电极的电极电势是

$$E_{H_2}=-0.0591\text{pH}$$

常用的氢电极可做成如图 2-7-1 所示的结构，其中所采用的电极材料通常是铂片。此铂片可剪取适当大小（如 1 cm×1 cm），然后与一根铂丝相焊接，将铂丝严密地封入玻璃管中，再在铂片上镀上铂黑。

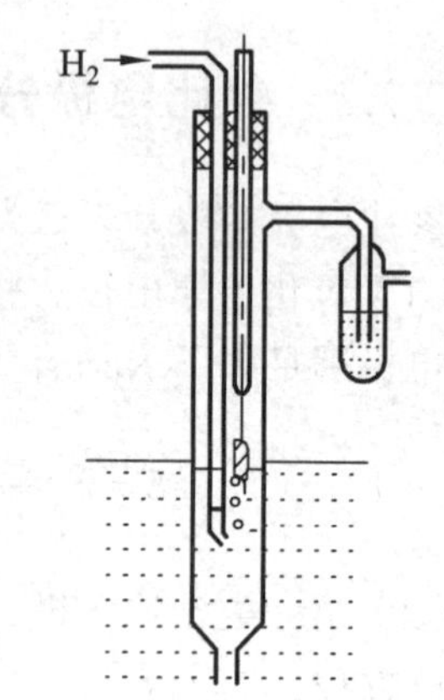

图 2-7-1　氢电极结构示意图

一般在氢电极中铂片的上部需露出液面，处在 H_2 气氛中，从而产生气、液、固三相界面，有利于氢电极迅速达到平衡。溶液中应通过稳定的氢气流，一般每秒 1～2 个气泡。在通气 0.5 h 内电极应达到平衡。而在氢气饱和的溶液中，数分钟内即可与平衡电势相差不大于 1 mV。否则应将铂黑用王水洗去后重镀，并应考虑提高溶液的纯度。

如需长时间连续使用氢电极，应注意由氢气携带水蒸气而使溶液浓度变化的问题，为此，可先将氢气通入与氢电极相同的溶液，将氢气预湿后再通入氢电极。

在使用氢电极时应注意氢电极的中毒问题。中毒后的氢电极电势发生变化，从而影响电极电势的测量。氢电极中毒可有下述三种情况。

（1）溶液中含有氧化性物质，如 Fe^{3+}、CrO_4^{2-} 或氢气中含有的氧等。这些物质能在氢电极上被还原，和氢气的氧化构成共轭反应，从而使电极电势向正方向移动。

（2）溶液中含有易被还原的金属离子，如 Cu^{2+}、Ag^+、Pb^{2+}等。这些离子在金属表面被还原成金属，沉积在铂电极表面，从而使铂黑电极的催化活性下降，使氢电极中毒。

（3）由于铂黑具有强烈的吸附能力，溶液中某些物质被吸附到铂黑表面，使铂的催化活性区被覆盖，从而使氢电极中毒。这类有害物质主要有砷化物、H_2S、其他硫化物以及胶体杂质等。

一个优良的氢电极，其电势应能长时期稳定，不受氢气泡速度增加的影响，能很快达到稳定，且不易极化。

由于铂黑氢电极需要使用高纯氢气，使用维护不甚方便。如果测量时间不长，可以用微型钯-氢电极代替。金属钯吸收氢的能力很强，1 体积的钯可以吸收 30 体积的氢，如果利用吸收了氢气的钯丝做成参比电极，电势可在一段时间内维持不变，因使用时不需通入氢气，故使用方便，并可应用在密封的电解池中。由于金属内的氢活度较低，钯-氢电极的电极电势要比同溶液的铂黑氢电极高出约 50 mV。

2.7.3.2　甘汞电极（Calomel Electrode），Hg | Hg_2Cl_2 (s) | Cl^-

甘汞电极由于方便、耐用，可购得商品电极，因此是最常用的参比电极。其电极反应为

$$Hg_2Cl_2+2e^- \rightleftharpoons 2Hg+2Cl^- \tag{2-7-4}$$

其电极电势为

$$E=E^{\ominus}-\frac{RT}{F}\ln a_{Cl^-} \tag{2-7-5}$$

图 2-7-2 给出了甘汞电极的几种结构形式。图 2-7-2（a）和 2-7-2（b）是两种市售的甘汞电极。在电极（a）的内部有一根小玻璃管，管内的上部放置汞，它通过封在玻璃管内的铂丝与外部的导线相通；汞的下面放汞和甘汞的糊状物。为了防止它们下落，在小玻璃管的下部用脱脂棉花塞住，小玻璃管浸在 KCl 溶液内。这种甘汞电极的下端用多孔性陶瓷封口，以减缓溶液的流出速度。在使用时可把上部的橡皮塞打开，这样可使电极管内的溶液很慢地流出，以阻抑外界溶液渗进电极管内部。由于甘汞电极采用 KCl 溶液，所以它的液接电势较小。电极（b）是由电极（a）增加一根过渡玻璃套管构成的，该玻璃套管作为盐桥使用，测量时该玻璃管中可加注阴、阳离子电导接近，并且对被测溶液无影响的电解液，或注入研究体系的溶液。由于该管下端也有多孔性陶瓷封口，因此流速也很慢，这样就可以减少甘汞电极溶液中的 Cl^-对研究体系溶液的污染。

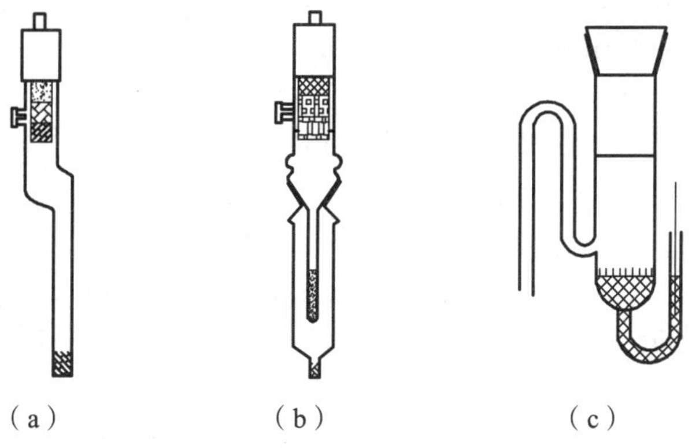

图 2-7-2　甘汞电极的几种结构示意图

制作电极（c）时，先在电极管的底部封一段铂丝，使内外导电。然后在电极管内加一定量的纯汞，再在汞的表面上铺一薄层汞和甘汞的糊状物。该糊状物的制作方法为：在清洁的研钵中放一些 Hg_2Cl_2 细粉，加几滴汞仔细进行干研磨，有时可再加几滴 KCl 溶液进行研磨，最后可研磨成灰色糊状物。应注意电极管内所铺糊状物层不能太厚。待铺好后，在电极管内加注所需的 KCl 溶液。电极的导电采用汞把铂丝和导电铜丝连接的方法。

通常甘汞电极内的溶液采用饱和 KCl 溶液，这种电极称为饱和甘汞电极。其溶液配制较为方便，但它的温度系数较大。此外，温度改变后，KCl 达到新的饱和溶解度需要时间，电势的改变会发生滞后现象。采用 1 $mol \cdot L^{-1}$ 或 0.1 $mol \cdot L^{-1}$ KCl 溶液的甘汞电极也比较常用，它们的温度系数较小，特别是 0.1 $mol \cdot L^{-1}$ KCl 的最小。由于 Hg_2Cl_2 在高温时不稳定，所以甘汞电极一般适用于 70 °C 以下的测量。在 25 °C 下，饱和甘汞电极的电极电势为 0.2412 V，1 $mol \cdot L^{-1}$ KCl 的甘汞电极的电极电势为 0.2801 V，而

0.1 mol·L^{-1} KCl 的甘汞电极的电极电势为 0.3337 V。

2.7.3.3 汞-氧化汞电极，Hg | Hg O (s)|OH$^-$

汞-氧化汞电极是碱性溶液体系中常用的参比电极。其电极反应为

$$HgO+H_2O+2e^- \rightleftharpoons Hg+2OH^- \tag{2-7-6}$$

汞-氧化汞电极的电极电势为

$$E=E^\ominus-\frac{RT}{F}\ln a_{OH^-} \tag{2-7-7}$$

在 25 °C 下，汞-氧化汞电极的标准电极电势为 $E^\ominus$ =0.098 V。

汞-氧化汞电极可采用图 2-7-2（c）所示的甘汞电极的结构形式，并且其制作方法也与甘汞电极完全相同，只不过将甘汞糊换成氧化汞糊。

除此之外，也可制作一种简易形式的汞-氧化汞电极，如图 2-7-3 所示。它使用一根聚乙烯管，其一头加热后用钳子把它封死，或使用一根玻璃管，在其中铺上一层汞，汞上放一层汞-氧化汞糊状物。氧化汞有红色和黄色氧化汞两种，制作汞-氧化汞时应采用红色氧化汞，原因是红色氧化汞制成的电极能较快地达到平衡。汞-氧化汞糊状物的制作方法：在研钵中放一些红色氧化汞，并滴加几滴汞，充分研磨均匀，使其颜色比原氧化汞的颜色更深些，然后加几滴所用的碱液，进一步研磨。注意所加碱液不能太多，磨成后的糊状物应是比较“干”的。然后加到电极管中，铺在汞的表面，在电极管中加 KOH 或 NaOH 溶液后，糊状物能充分吸收碱液。电极用铂丝作为引线也可用封在玻璃管中的铂丝作为导线。在电极管的壁上开两个小孔，并塞上石棉绳，以连通内外溶液。

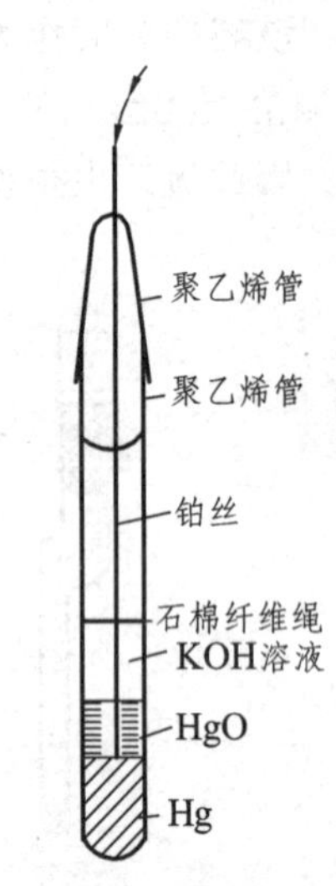

图 2-7-3　一种简易的汞-氧化汞电极的结构示意图

氧化汞电极只适用于碱性溶液，原因是氧化汞能溶于酸性溶液中。另外，在碱性不太强的溶液（pH<8）中会引起以下反应

$$Hg+Hg^{2+} \rightleftharpoons Hg_2^{2+}$$

因而会形成黑色的氧化亚汞并消耗汞。在碱性较强的溶液（pH>8）中反应不会发生。应注意，溶液中有氯离子存在会加速此过程而形成甘汞。当溶液中氯离子浓度等于 10^{-12} mol·L^{-1} 时，此电极只能在 pH>9 的情况下使用；当氯离子浓度为 10^{-1} mol·L^{-1} 时，只能在 pH>11 的条件下使用。

2.7.3.4 汞-硫酸亚汞电极，Hg|Hg$_2$SO$_4$(s)| SO$_4^{2-}$

汞-硫酸亚汞电极常用作硫酸溶液体系中的参比电极，如铅酸蓄电池中、硫酸介质

中的金属腐蚀研究等。其电极反应为

$$Hg_2SO_4+2e^- \rightleftharpoons 2Hg+SO_4^{2-} \tag{2-7-8}$$

汞-硫酸亚汞电极的电极电势为

$$E=E^{\ominus}-\frac{RT}{2F}\ln a_{SO_4^{2-}} \tag{2-7-9}$$

在 25 °C 下，汞-硫酸亚汞电极的标准电极电势为 $E^{\ominus}$ =0.616 V；当使用饱和 K_2SO_4 溶液作为电解液时，汞-硫酸亚汞电极的电极电势为 0.64 V；当使用 0.5 mol·L^{-1} H_2SO_4 溶液作为电解液时，汞-硫酸亚汞电极的电极电势为 0.68 V。

汞-硫酸亚汞电极可采用图 2-7-2（c）所示的甘汞电极的结构形式，并且其制作方法也与甘汞电极完全相同，只不过将甘汞糊换成硫酸亚汞糊。

Hg_2SO_4 在水溶液中容易水解，而且其溶解度也较大（pK_{sp}=6.0），所以其稳定性较差。

2.7.3.5 银-氯化银电极，Ag|AgCl|Cl$^-$

银-氯化银电极具有非常好的电势重现性，是一种常用的参比电极，也有市售商品可得。其电极反应为

$$AgCl+e^- \rightleftharpoons Ag+Cl^- \tag{2-7-10}$$

银-氯化银电极的电极电势为

$$E=E^{\ominus}-\frac{RT}{F}\ln a_{Cl^-} \tag{2-7-11}$$

在 25 °C 下，银-氯化银电极的标准电极电势为 $E^{\ominus}$ =0.222 V；当使用饱和 KCl 溶液作为电解液时，银-氯化银电极的电极电势为 0.197 V。

银-氯化银电极的主要部分是一根覆盖有 AgCl 的银丝浸在含有 Cl$^-$的溶液中。常用的银-氯化银电极结构如图 2-7-4 所示。

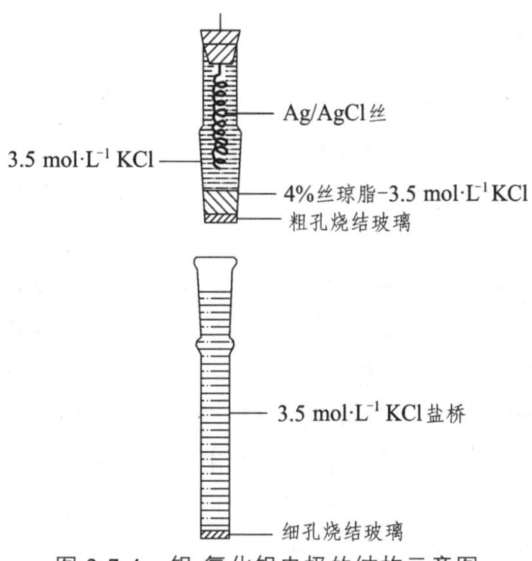

图 2-7-4　银-氯化银电极的结构示意图

AgCl 在水中的溶解度是很小的，但是如果在较浓的 KCl 溶液中，由于 AgCl 和 Cl^- 能生成配离子 $[AgCl_2]^-$，会使 AgCl 的溶解度显著增加。因此，为保持电极电势的稳定，所用 KCl 溶液需预先用 AgCl 饱和，特别是在饱和 KCl 溶液中。此外如果把 Ag|AgCl|饱和 KCl 电极插放在稀溶液中，在液接界处，KCl 溶液将被稀释。这时一部分原先溶解的 $[AgCl_2]^-$ 将会分解，而析出 AgCl 沉淀，这些 AgCl 沉淀容易堵塞参比电极管的多孔性封口。

另外，AgCl 见光会发生分解，因此应尽量避免电极直接受到阳光的照射。

各类参比电极的电极电势如表 2-7-1 所示。可以看出，各类参比电极的电极电势不同，因此，提到电极电势时必须标明相对于何种参比电极。

表 2-7-1　各类参比电极的电极电势

电极类型	溶液组成	电位/V（vs.SHE）	T 系数/ $mV \cdot C^{-1}$
SHE	$E^\ominus - 0.059pH$	0.00	
Pd/H	$E^\ominus - 0.059pH$	+0.050	
氯化银	$E^\ominus - 0.059pH\lg a_{Cl^-}$	0.2224	−0.6
	1.0 mol/L KCl	0.235	
	饱和 mol/L KCl	0.199	
甘汞	$E^\ominus - 0.059pH\lg a_{Cl^-}$	0.268	
	0.1 mol/L KCl	0.337	−0.06
	1.0 mol/L KCl	0.280	−0.24
SCE	饱和 KCl	0.241	−0.65
硫酸亚汞	饱和	0.6151	
硫酸铜	饱和	0.318	

2.7.4　双参比电极

在暂态研究方法中，常常需要电极电势在很短的时间内发生变化，要求体系有很短的响应时间。在精确的测量中，希望能测定在几微秒中电极电势和电流的变化情况。首先要求恒电势仪本身有良好的响应时间，同时参比电极的阻抗特性对测量的响应时间也有明显的影响。

常用参比电极具有良好的电极电势稳定性，但是有一些参比电极由于存在多孔烧结陶瓷或烧结玻璃封口，它们的电阻较大。与恒电势仪配合使用时，往往使测量的响应时间变慢，而且增加了 50 周市电的干扰，甚至引起振荡，严重影响实验的进行。

采用金属丝直接插到研究体系的溶液中可以制得低电阻的参比电极。为了避免金属的溶解，常采用铂丝作参比电极。但是铂丝电极电势的具体数值不很确定，依赖于溶液的组成，而且也不很稳定。为了得到电极电势同时又不影响实验响应时间的参比电极，可把普通参比电极与铂丝电极按图 2-7-5 相连接，组成一只双参比电极。这种双参比电极的电势由普通参比电极所决定，它能保持良好的电极电势稳定性；而且使用双参比电极时，50 周市电干扰可由电容 C 滤去，从而减少了干扰。并且这种双参比电极能改善时间响应性能。图 2-7-6 给出了采用双参比电极后，进行电势阶跃时，阶跃速度的改善情况。图中曲线 A、B 分别为单独使用普通参比电极和铂丝时的情况，显然单独用普通参比电极时电极电势的响应时间较长。曲线 C 是由这两种电极组成双参比电极后的使用情况，其响应时间明显地缩短了。

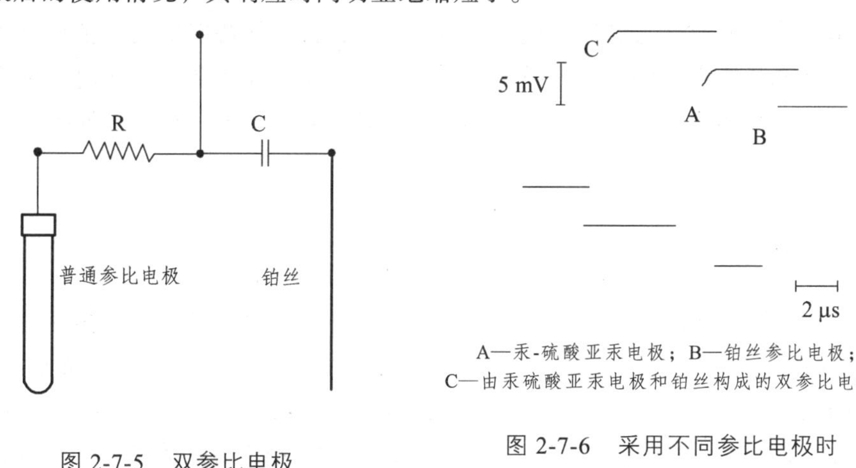

图 2-7-5　双参比电极

图 2-7-6　采用不同参比电极时电势阶跃的响应情况

2.7.5　准参比电极

在进行电池电极的极化测量时，有时可以采用和电池负极相同材质的金属电极直接插入电池溶液中作为参比电极来使用，例如锂离子电池中的半电池。这种参比电极被称为准参比电极（Quasi-reference Electrode）。这种准参比电极的使用具有如下特点。

（1）不需要测得研究电极准确的电极电势值，而只需要知道其极化值即可。如果研究电极是电池的负极，由于研究电极和准参比电极是相同材质的同种金属，并且处于同一溶液之中，因此它们的开路电势是相同的。在极化后，研究电极相对于准参比电极的电极电势就是其极化值；如果研究电极是电池的正极，那么极化前后其电极电势之差也可反映出其极化值的大小。

（2）由于准参比电极是和负极相同材质的金属，因此不会存在液接电势和溶液污染的问题。

（3）由于准参比电极是金属电极，具有低的电阻，因此保证了电极电势测量的准确性和稳定性，并具有快的响应速率。

（4）由于常常选用可逆性好的金属作为电池的负极材料，因此采用同种金属的准参比电极也具有好的可逆性，能够满足参比电极的一般性要求，具有比较稳定的电极电势值，如锌、锂等材料。

另外一种准参比电极应用在电化学扫描探针显微镜的微电解池中，由于空间所限，往往使用铂丝或银丝作为准参比电极。这种准参比电极的电极电势不够稳定和确定，往往要在实验前后用常规参比电极（如饱和甘汞电极或银-氯化银电极）进行标定。

2.8 盐　桥

当被测电极体系的溶液与参比电极的溶液不同时，常用盐桥把参比电极和研究电极连接起来。在测量电极电势时，盐桥连接了研究、参比电极体系，使它们之间形成离子导电通路。盐桥的作用有两个：一是减小液接界电势；二是防止或减少研究、参比溶液之间的相互污染。

2.8.1　液接电势

当两种不同溶液相互接触时，在它们之间会产生一个液接界面。在液接界面的两侧，溶液的组成或浓度不同，造成离子相对方向扩散。例如，参比电极内的溶液是 0.1 mol·L^{-1} KCl，被测体系溶液是 0.1 mol·L^{-1} NaOH 溶液。在 KCl 溶液和 NaOH 溶液的接界面上，K^+、Cl^-向 NaOH 溶液扩散，而 Na^+、OH^-则向 KCl 溶液扩散。各种离子在溶液中的扩散能力是不同的。K^+和 Cl^-的离子淌度相差不大，而 OH^-比 Na^+的离子淌度要大得多。因此 OH^-比 Na^+向 KCl 溶液的扩散速率大。这使得液接界面的 KCl 溶液一侧带负电荷，NaOH 溶液一侧带正电荷，在液接界面产生了电势差。但是 Na^+和 OH^-扩散速率的差异不会一直保持下去，因为液接界面的电势差将抑制 OH^-向 KCl 溶液的扩散，而加快 Na^+向 KCl 溶液的扩散。最后达到稳定，在液接界面上产生一稳定的电势差，即液接电势（图 2-8-1）。

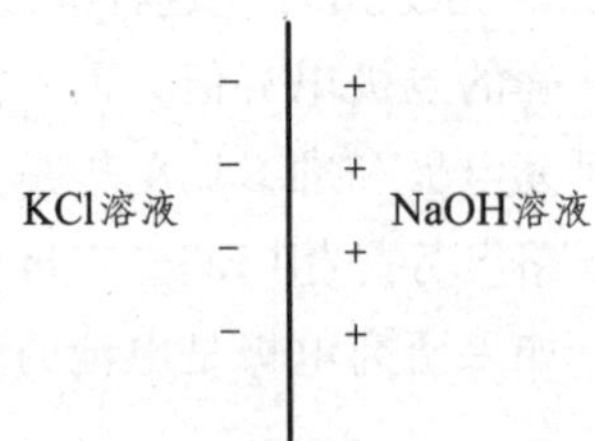

图 2-8-1　液接电势

液接电势至今尚无法精确测量和计算。但在稀溶液中使用 Henderson 公式，可符合一般的要求。Henderson 公式为

$$E_j = \frac{RT}{F}\frac{(u_1 - V_1) - (u_2 - V_2)}{(u_1' + V_1') - (u_2' + V_2')}\ln\frac{u_1' + V_1'}{u_2' + V_2'} \tag{2-8-1}$$

式中　$u = \sum C_+\lambda_+$；

$V = \sum C_-\lambda_-$；

$u' = \sum C_+\lambda_+ z_+$；

$V' = \sum C_- \lambda_- z_-$；

C_+ 和 C_-——阳、阴离子的浓度，mol·L^{-1}；

λ_+ 和 λ_-——阳、阴离子的当量电导；

z_+ 和 z_-——阳、阴离子的价数；

下标“1”和“2”——相互接触的溶液 1 和 2。

式（2-8-1）中 E_j 的正负号即为溶液 2 表面所带电荷的正负号。

从式（2-8-1）可知，若溶液 1 和 2 均有 $\sum C_+ \lambda_+ = \sum C_- \lambda_-$，则 E_j=0。例如，在 25 °C，K^+ 的 λ_+ 为 73.50，NO_3^- 的 λ_- 为 71.42，Cl^- 的 λ_- 为 76.3，它们的 λ 相近。因此，如将 KNO_3 溶液与 KCl 溶液相接触，可推测 E_j 是较小的。若这两种溶液浓度相同，则按式（2-8-1）可得其 E_j 为 8.5×10^{-4} V。

因 H^+ 和 OH^- 的扩散系数和当量电导均要比其他离子大得多，故酸（或碱）与盐溶液间的 E_j 往往要比盐溶液间的大。

在水溶液体系中，两种不同溶液的 E_j 一般小于 50 mV。例如 1 mol·L^{-1} NaOH 与 0.1 mol·L^{-1} KCl 溶液间的 E_j 按式（2-8-1）计算为 45 mV。但如果是电解质水溶液和有机溶剂电解质溶液相接界，它的液接电势要大得多。例如，饱和甘汞电极所用饱和 KCl 水溶液和以乙腈做溶剂的有机电解质稀溶液（如含 0.01 mol·L^{-1} Ag^+）间的液接电势竟达 0.25 V。因此，在测量电极电势时必须注意尽量减小液接电势。通常采取的方法是在研究、参比溶液间使用盐桥。

2.8.2 盐桥的设计

常见的“盐桥”是一种充满盐溶液的玻璃管，管的两端分别与两种溶液相连接。通常盐桥做成“U”形状，充满盐溶液后把它倒置于两溶液间，使两溶液间离子导通。为了减缓盐桥两边的溶液通过盐桥的流动，通常需要采用一定的盐桥封结方式。

最简单的一种盐桥封结方式是在盐桥内充满凝胶状电解液，从而抑制两边溶液的流动。所用的凝胶物质有琼脂、硅胶等，一般常用琼脂。制作时先在热水中加 4% 琼脂，待其溶解后加入所需数量的盐。趁热把溶液注入盐桥玻璃管内，冷却后管内电解液即呈冻胶状。这种盐桥电阻较小，但琼脂在水中有一定的溶解度，若琼脂扩散到电极表面，有时对电极过程会有一定的影响。此外，琼脂遇到强酸或强碱后不稳定，因此若研究溶液为强酸或强碱，则不宜用琼脂的盐桥。在有机电解液中，由于琼脂能溶解，因此也不宜用它作为盐桥物质。

另一种常用的盐桥封结方式是用多孔烧结陶瓷、多孔烧结玻璃或石棉纤维封住盐桥管口，它们可以直接烧结在玻璃管内。这要求多孔性物质的孔径很小，通常孔径不超过几个微米。连接时可采用直接火上熔接，或用聚四氟乙烯或聚乙烯管套接。图 2-8-2 给出了两种盐桥和盐桥管口的封结形式。

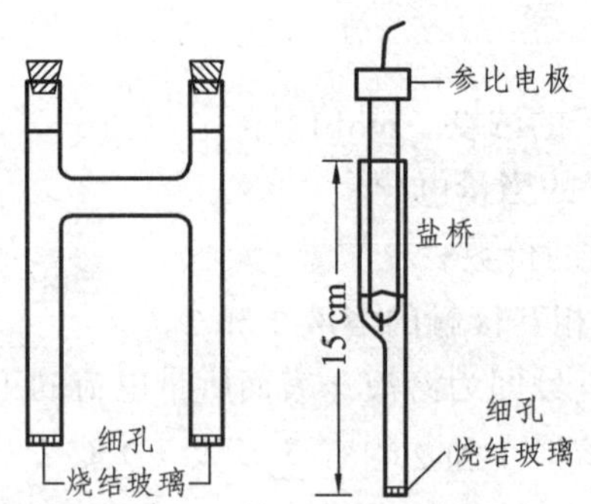

图 2-8-2　盐桥和盐桥管口的封结形式

制作盐桥时应注意盐桥的内阻，如果内阻太大，则容易造成测量误差。在应用恒电势仪时还容易引起振荡，增加 50 周市电干扰和增加响应时间。

选择盐桥内的溶液应注意下述几点：

溶液内阴、阳离子的当量电导应尽量接近，并且尽量使用高浓度溶液。采用盐桥后，原来的一个液接界面变为由盐桥溶液与两边溶液组成的两个液接界面，而两个界面上的扩散情况都由高浓度的盐桥溶液决定。因盐桥溶液的阴、阳离子当量电导十分接近，两个液接界面的液接界电势都很小，而且盐桥两端液接界电势符号恰好相反，使得两个液接界电势可以抵消一部分，这样进一步减小了液接电势。

在水溶液体系中，盐桥溶液通常采用 KCl 或在有机电解质溶液中则可采用苦味酸四乙基胺溶液，在很多溶剂中其正负离子的迁移数几乎相同。如果 KCl、NH_4NO_3 在该有机溶剂中能溶解，则也可采用 KCl、NH_4NO_3 溶液。也常使用高氯酸季铵盐溶液。

盐桥溶液内的离子必须不与两端的溶液相互作用，也不应干扰被测电极过程。如对于 $AgNO_3$ 溶液体系就不能采用 KCl 盐桥溶液，因为 Cl^- 会与 Ag^+ 生成 AgCl 沉淀，这时一般可采用 NH_4NO_3 盐桥溶液。又如在研究金属腐蚀的电化学过程中，微量的 Cl^- 对某些金属的阳极过程会有明显的影响，这时应避免使用 KCl 盐桥溶液，或尽量设法避免 Cl^- 扩散进入研究体系。

利用液位差使电解液朝一定方向流动，可以减缓盐桥溶液扩散进入研究体系溶液或参比电极的溶液内。图 2-8-3（a）是在有机电化学中利用银参比电极（Ag^+/Ag）测量电极电势时，参比电极、盐桥和研究体系液面的相对关系示意图。其中盐桥采用 0.1 $mol\cdot L^{-1}$ $(C_2H_5)_4NClO_4$ 溶液，由于研究体系的液面略高于参比电极，所以液流方向是从研究电极到参比电极，减缓了 Ag^+ 通过盐桥进入研究体系。但由于烧结玻璃的作用，研究体系溶液向参比电极流动的速度很慢，而且研究体系溶液内并不含 Ag^+，这对银参比电极的电极电势影响较小。有时为了避免研究电极体系的溶液向参比电极的流动，可按图 2-8-3（b）设置液面。由于研究电极体系和参比电极内的液面均比盐桥液面高，两者都向盐桥内流动（如图中箭头方向所示），从而抑制了研究体系和参比电极体系溶液间的相互污染。

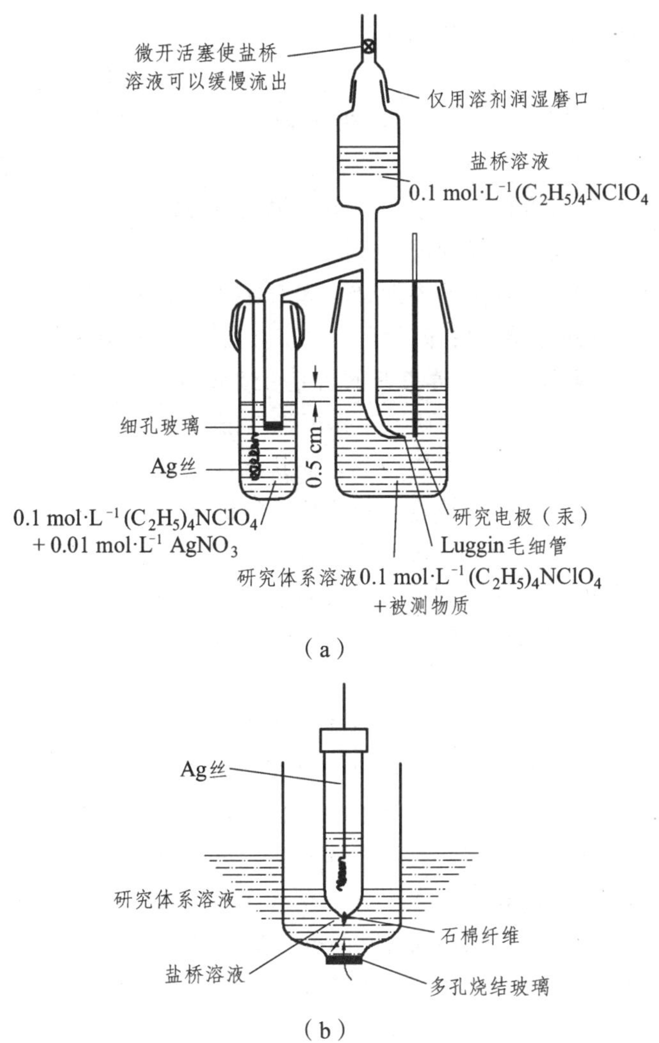

图 2-8-3　利用液位差减缓盐桥对研究体系溶液或参比电极溶液的污染

2.9　电化学研究中的注意事项

根据上述电化学研究方法基础知识简介和前人的一些总结，在利用电化学研究方法进行电化学研究时应注意以下几点。

2.9.1　实验准备工作

著名化学家卢嘉锡先生曾指出化学家的元素组成是“C3H3”：Clear Head（清晰的头脑），Clever Hand（灵巧的双手）和 Clean Habit（清洁的习惯），每一个电化学工作者都必须具备这三种素质。在开始电化学研究之前，一定要静下心来，认真地构思研究方案，并以书面形式做好以下几件事：

（1）列出研究中所需要的化学试剂名称、分子式、摩尔质量和基本理化性质，尤其要注意研究中可能出现的风险，并制订出相应的防护和处置措施。

（2）列出研究中所需要的玻璃器皿和装置清单，找齐之后清洗干净。

（3）列出研究中所需要的科学仪器清单，根据研究的实际需求选择合适的仪器型号，详细了解仪器的性能和正确的操作方法。

（4）把研究对象按研究体系、参照体系和对比体系分类，列出具体方案和实施流程，和老师讨论，修订并完善之后即可开始研究。初学者可能会认为很烦琐，但是，“好记性不如烂笔头”，更重要的是培养良好的研究习惯和缜密的思维方法。养成良好的研究习惯，谋定而后动，将使我们的研究工作事半功倍。

电化学体系非常复杂，电极材料及其表面状态、电解质溶液的介电环境和离子强度、溶液组分的特性吸附、偶联或竞争化学反应等因素，都会对电化学反应性质产生决定性的影响。为了获得重现的可靠的研究数据，电化学研究对体系和环境的洁净程度几乎到了苛刻的程度。上述的铂电极在硫酸溶液中的经典伏安图，也是前辈先贤经历了长期探索，在解决了体系的洁净度之后才最终得到的。因此，在既定方案实施之前，还必须做好以下工作：

（1）溶剂提纯。现在一般都是使用高纯去离子水，但要注意设施的维护，在取用的时候要先检查仪器显示的电导率是否符合要求。如果使用二次或三次蒸馏水，一次蒸馏器中必须加入并及时补充适量的高锰酸钾，以除去自来水中的有机杂质。有机溶剂的提纯在有机化学实验手册中都有详尽的方法。有机溶剂纯化之后，在保存、使用和实验的过程中，要尽可能避免引入水分，有条件的实验室可在干燥箱里进行。如果有机溶剂含水，在实验中将很难得到正常的电化学窗口。

（2）试剂提纯。比较廉价且用量大的支持电解质，比如水溶液中常用的氯化钾或者非水溶剂中常用的高氯酸四丁基铵等，可以采用重结晶的方法进行纯化。价格昂贵的高纯支持电解质，只能在配制的过程中尽可能避免引入杂质。在电催化研究实验中经常用到的硫酸和高氯酸等，可以采用精馏的方法纯化。

（3）气路搭设。对于水体系，使用高纯气体时，通过盛有高纯水的孟氏洗瓶即可导入电解池；精密实验或者气体纯度不高时，气体一般要连续通过盛有浓 NaOH 溶液（除去 CO_2）、浓硫酸溶液（除去水和还原性杂质）和高纯水的孟氏洗瓶，然后导入电解池。对于非水体系，除撤去盛有高纯水的孟氏洗瓶外，在气体导入电解池之前，必须让气体通过盛满无水 $CaCl_2$ 或其他干燥剂的孟氏洗瓶。气体的流量必须合适，若液体被剧烈扰动，反而会导致除氧不彻底。

（4）玻璃仪器和电解池净化。玻璃仪器、玻璃电解池和聚四氟乙烯电解池，用去污粉清洗之后，需经过强氧化性洗液浸泡过夜，然后用超纯水清洗干净，在专用的真空干燥箱内烘干待用，或者浸泡在更大的超纯水容器中待用。高锰酸钾洗液、重铬酸钾洗液、浓硫酸/浓硝酸洗液和硫酸/双氧水洗液的氧化性和腐蚀性非常强，配制和使用时必须正确操作，废液必须回收，严禁随意倾倒。配制高锰酸钾（或重铬酸钾）洗液时，应将高锰酸钾（或重铬酸钾）粉末加入浓硫酸中，搅拌直至高锰酸钾（或重铬酸钾）饱和为止。硫酸/双氧水洗液必须现配现用，一旦硫酸和双氧水反应完毕，硫酸/双氧水洗液就失效了。特别要注意的是，配制时一定要将浓硫酸缓慢倒入双氧水中。二者反应生成氧自由基和氧气，并释放大量的热，切忌将之装入密闭容器中，以免发生破裂或爆裂。上述洗液都具有超强的腐蚀性，做这些研究实验时，必须心无旁骛地严格防护，按照正确的操作程序进行。

2.9.2 电极的处理

上述准备工作可以保证电解质溶液和电解池装置的洁净度，本节讨论电化学研究实验中电极的处理和表征。电极是构筑电化学表界面体系的关键，其表面状态直接决定了电化学信号的准确性和重现性，因此，电极的处理是电化学研究实验的关键环节。电化学研究实验中常采用三电极体系，即工作电极、辅助电极和参比电极，下面分别予以论述其在处理过程中的注意事项。

通过上述介绍可知，工作电极和辅助电极通常是铂、金和碳等化学惰性但导电性好的材料。只有封装完好的平面电极（盘状或其他）才能很方便地机械打磨。由于电极出厂时已经打磨平整了，可直接按照上述机械抛光方法进行抛光。抛光时不要太用力，要让电极在金相砂纸或抛光垫上轻轻地滑动，其感觉就像沾满了肥皂水的手指之间的滑动。用力过大，不仅不能达到抛光的效果，反而会破坏电极面。打磨好的电极可采用丙酮（或无水乙醇）和超纯水多次交替超声清洗，用超纯水冲洗后移入电解池。铂电极和金电极表面对污染物敏感，打磨之后，先用硫酸/双氧水洗液或者浓硫酸/浓硝酸洗液浸泡，除去表面有机污染物，然后再超声清洗。超声清洗时，应采用一个支架使电极处于悬空状态，切勿将电极直接放在烧杯之中，以免损害电极和封装层之间的物理接触，造成电极漏液，导致实验失败。

参比电极一般由交换电流密度大的电极体系构成，即使有微小的电流流经参比电极，也不至于引起较大的电势变化，即理想不极化电极。常用的参比电极有标准氢电极、常规氢电极、动态氢电极、甘汞电极、Hg/Hg_2SO_4 电极和银/氯化银电极等。参比电极要经常校对、维护和保养，维护主要是保持电解质溶液的组分和浓度稳定，比如向甘汞电极内注入饱和氯化钾溶液后，再加几颗氯化钾晶粒；保养是要把参比电极放置在相应的电解液环境中保存，比如将甘汞电极保存在饱和氯化钾溶液中。研究实验中要使用盐桥，不要将参比电极直接放入电解池中，否则，研究体系和参比电极都会被污染，导致研究实验数据失真。

2.9.3 工作电极的表征

做电化学研究实验之前，必须仔细打磨清洗工作电极，并对工作电极进行电化学活化，确保工作电极的表面状态，才能得到稳定且重现的实验数据。在研究实验过程中，不仅要求电极的特征图谱要正确，而且特征峰的电势区域和电流大小都要对。建议读者根据电极过程动力学的基本定量公式，在 Excel 中做一个小程序，根据常用的热力学参数、电极尺寸和电化学活性物种浓度等，对研究实验中的电流电势响应等研究实验结果的正误做出初步的判断。例如，如果根据循环伏安研究实验的电流响应计算出来的电极尺寸与实际不符，就要果断地终止研究实验，重新处理电极，仔细检查研究实验中可能存在的问题。

铂电极和金电极都有自己的循环伏安标准图谱，使用时必须先做出他们的标准图谱，尤其是在相关的电催化研究实验时。要得到标准图谱，必须对电极进行电化学活化，此时的电势范围要设置得稍微宽些，使工作电极上发生一定程度的析氢和析氧反应，并以较快的扫描速率进行。在这个过程中，工作电极表面会发生重组并均一化，从而得到稳定的伏安响应。多晶铂/硫酸体系的标准伏安图谱可参照经典电化学教材，如图 2-5-7 所示，有标准的氢吸脱附和水解离吸脱附的电流峰。这类研究实验的关键在于除氧，如果电解质溶液中的溶解氧没有清除干净，标准图谱就会发生不同程度的畸变，在双电层和氢吸脱附的电势区域的伏安响应会发生下沉。除氧完全后得到标准的伏安图谱，电流基线正好处于双电层的中间位置。只有在标准的伏安图谱中，氢的吸附电量和脱附电量才正好相等，才能得到准确的真实面积（活性面积）和粗糙因子。铂电极和金电极的催化活性好，对溶液中的杂质非常敏感，尤其是能够发生表面吸附的物种。当溶液中有杂质时，是不可能得到标准图谱的。例如，如果将饱和甘汞电极或者银/氯化银参比电极直接放置在电解池中，氯离子会扩散到电解质溶液中，会在铂电极和金电极上发生特异性吸附，使氢、氧的吸附过电势增大，在氧区会使电极表面发生溶解。如果电极表面或电解质溶液中有有机杂质，其在电极表面的吸附会导致研究实验失败。一旦在实验中观察到这些现象，要马上处理电极并更换电解质溶液。开展化学修饰电极研究的电化学工作者尤其要注意，没有处理好、不能呈现标准图谱的金电极和铂电极，在电极表面不可能形成高质量的修饰层。

每一种电极在自己特定的电化学体系中都有标准的循环伏安图谱，电化学研究实验的第一步就是要得到它。不仅要求该标准图谱上所有的特征峰电势的位置正确，而且要所有的特征峰电流的大小正确。铂电极上水的解离吸脱附过程，其氢区和氧区的吸脱附电量可以用来计算铂电极的“真实”面积，亦即电催化活性面积。金电极的真实面积亦可根据氧区的吸脱附电量来确定。但是，和铂电极一样，在氧区的回扫电势非常重要，通常选择形成满单层氢氧吸附物种（—OH）的电势。这种基于 Faraday 吸脱附原理的方法比较准确。除了前述水的解离吸附，还有金属电极上的欠电势沉积以及铂电极上一氧化碳的氧化脱附等。用双电层电容来计算真实面积，一般适用于碳电极。

总之，要想得到高质量的电化学研究实验数据，研究者必须首先确保研究实验体系和环境的洁净度。比如，非电化学活性的杂质会改变电极/溶液界面结构和电化学反应的介电性质，而电化学活性的杂质显然会干扰电极/溶液界面反应。通过试剂纯化、装置搭建、体系设计、电极处理和表征等，确保电化学反应正确地进行，是研究者探索电化学世界的第一步。这一步非常关键。唯有严格训练，走好这一步，方可打开电化学世界的大门。

习　题

1. 电化学研究对象。
2. 对测量和控制电极电势的仪器的要求。
3. 对测量和控制电极电势仪器的要求。
4. 为什么要提出相对电极电势的概念？
5. 电化学研究中为什么需要采用三电极体系？什么时候可以采用两电极体系？
6. 电极电势测量或控制的主要误差来源。
7. 电解池的设计要求。
8. 滴汞电极的特点。
9. 固体研究电极为什么需要绝缘封装？
10. 研究电极的抛光方法及注意事项。
11. 如何验证电极的洁净和状态？
12. 微电极的电极特性，及粉末微电极的特点。
13. 参比电极的一般性要求。
14. 参比电极的分类。
15. 什么是氢标准电极？什么是氢标准电极电势？
16. 准参比电极的特点。
17. 参比电极的保存方法。
18. 参比电极使用中的注意事项。
19. 辅助电极的作用和要求。
20. 什么是液接电势？怎么才能消除或尽量降低？
21. 盐桥的作用和要求。
22. 电化学体系的纯化方法。
23. 实验噪声问题的减小或消除方法。

3 稳态研究方法

电化学研究方法在总体上可以分为两大类：一类是电极过程处于稳态时进行的测量，称为稳态研究方法；另一类是电极过程处于暂态时进行的测量，称为暂态研究方法，在此首先介绍稳态研究法。

3.1 稳态过程

3.1.1 稳态（Steady State）

在指定的时间范围内，如果电化学系统的参量（如电极电势、电流密度、电极界面附近液层中粒子的浓度分布、电极界面状态等）变化甚微或基本不变，那么这种状称为电化学稳态。

关于稳态的理解应注意以下三个方面。

（1）稳态不等于平衡态，平衡态可看作稳态的一个特例。例如，当 Li^+/Li 电极达到平衡时，$Li \longrightarrow Li^+ + e^-$ 和 $Li^+ + e^- \longrightarrow Li$ 正逆反应的速率相等，没有净的物质转移，也没有净的电流流过，这时的电极状态为平衡态。一般情况下稳态不是平衡态，例如 Li^+/Li 电极的阳极溶解过程，达到稳态时 $Li \longrightarrow Li^+ + e^-$ 和 $Li^+ + e^- \longrightarrow Li$ 正逆反应的速率相差一个稳定的数值，表现为稳定的阳极电流。净结果是 Li 以一定的速率溶解到电极界面区的溶液中成为 Li^+，然后 Li^+ 又通过扩散、电迁移和对流作用转移到溶液内部。此时，传质的速率恰好等于溶解的速率，界面区的 Li^+ 浓度分布维持不变，所以表现为电流不变，电势也不变，达到了稳态。可见稳态并不等于平衡态，平衡态是稳态的特例。

（2）绝对不变的电极状态是不存在的。在上述 Li^+/Li 电极阳极溶解的例子中，达到稳态时，锂电极表面还是在不断溶解，溶液中 Li^+ 的总体浓度还是有所增加的，只不过这些变化比较不显著而已。如果采用小的电极面积和溶液体积之比，并使用小的电流密度进行极化，那么体系的变化就更不显著，电极状态更易处于稳态。

（3）稳态和暂态是相对而言的，从暂态到稳态是逐步过渡的，稳态和暂态的划分是以参量的变化显著与否为标准的，而这个标准也是相对的。例如，进行上述 Li^+/Li

电极的阳极溶解时，起初，电极界面处 Li^+ 的转移速率小于阳极溶解速率，净结果是电极界面处 Li^+ 浓度逐步增加，电极电势也随之向正方向移动。经过一定时间后，电极界面区 Li^+ 浓度上升到较高值，扩散传质速率更大，当扩散速率等于溶解速率时，电极界面区 Li^+ 浓度就基本不再上升，电极电势基本不再移动，此时达到了稳态。达到稳态前所经历的过渡态则称为暂态。不过，用较不灵敏的仪表看不出的变化，用较灵敏的仪表可能看出显著的变化；在一秒钟内看不出的变化，在一分钟内可能看到显著变化。这就是说稳态与暂态的划分与所用仪表的灵敏度和观察变化的时间长短有关。所以，在确定的实验条件下，在一定时间内的变化不超过一定值的状态就可以称为稳态。一般情况下，只要电极界面处的反应物浓度发生变化或电极的表面状态发生变化都要引起电极电势和电流二者的变化，或二者之一发生变化。所以，当电极电势和电流同时稳定不变（实际上是变化速率不超过某一值）时就可认为达到稳态，按稳态系统进行处理。

不过，稳态和暂态系统服从不同的规律，分成两种情况进行讨论，有利于问题的简化，因此，明确稳态的概念是十分重要的。

3.1.2 稳态系统的特点

稳态系统的特点是由达到稳态的条件所决定的。稳态的前提条件是电极电势、电流密度、电极界面状态和电极界面区的浓度分布等参数基本不变。

首先，电极界面状态不变意味着界面双电层的荷电状态不变，所以用于改变界面荷电状态的双电层充电电流为零。其次，电极界面状态不变意味着电极界面的吸附覆盖状态也不变，所以吸脱附引起的双电层充电电流也为零。稳态系统既然没有上述两种充电电流，那么稳态电流就全部用于电化学反应，极化电流密度就对应着电化学反应的速率，这是稳态的第一个特点。如果电极上只有一个电极反应发生，那么稳态电流就代表这一电极反应的进行速率；如果电极上有多个反应发生，那么稳态电流就对应着多个电极反应总的进行速率。

稳态系统的另一个特点是在电极界面上的扩散层范围不再发展，扩散层厚度 δ 恒定，扩散层内反应物和产物粒子的浓度只是空间位置的函数，而和时间无关。这时，在没有对流和电子迁移影响下的扩散层内，反应物和产物的粒子处于稳态扩散状态，扩散层内各处的粒子浓度均不随时间改变，即 $\frac{\partial C}{\partial t}=0$，这时电极上的扩散电流 i 也为恒定值

$$i = nFAD_{\mathrm{O}}\left(\frac{\mathrm{d}C_{\mathrm{O}}}{\mathrm{d}x}\right)_{x=0} = nFAD_{\mathrm{O}}\frac{C_{\mathrm{O}}^{*}-C_{\mathrm{O}}^{\mathrm{S}}}{\delta} \tag{3-1-1}$$

式中　δ——扩散层的有效厚度。

若反应物的表面浓度 $C_{\mathrm{O}}^{\mathrm{S}}$ 下降至零，电流达到极限，称为极限扩散电流 i_{d}。在稳态条件下，稳态极限扩散电流也为恒定值

$$i_{\mathrm{d}} = nFAD_{\mathrm{O}}\frac{C_{\mathrm{O}}^{*}}{\delta} \tag{3-1-2}$$

3.2 各种类型的极化及其影响因素

3.2.1 极化的种类

众所周知，电极过程往往是复杂的、多步骤的过程，而构成电极过程的各个单元步骤所起的作用是不同的，其中占据主导地位的控制步骤主要决定了电极过程的动力学特征和极化类型。

对于具有四个电极基本过程的简单电极反应 $O+ne^- \rightleftharpoons R$ 而言，共有三种类型的极化：欧姆极化（也称电阻极化）、电化学极化（也称电荷传递极化或活化极化）和浓差极化（也称浓度极化）。当然，如果电极过程中还包含其他电极基本过程，如均相或多相化学反应过程、电结晶过程，那么就可能存在化学反应极化、电结晶极化等。极化造成的电极电势偏离平衡电势的电极电势称为过电势。

当界面过程进行缓慢时，界面上的电荷分布状态就会发生变化，引起界面电势差的改变，从而建立起“极化”。

由电荷传递过程迟缓造成的界面电荷分布状态的改变则称为电化学极化，电化学极化过电势用 η_e 来表示；由扩散过程迟缓造成的界面电荷分布状态的改变则为浓差极化，浓差极化过电势用 η_C 来表示。当这两个过程都进行迟缓时，则同时存在电化学极化和浓差极化，此时两种极化过电势之和称为界面过电势 $\eta_{界}$：

$$\eta_{界} = \eta_e + \eta_C \tag{3-2-1}$$

电流流过电极体系上的欧姆电阻时，会在电阻上引起欧姆压降，称为欧姆极化。导电性好的金属电极，其欧姆电阻常可忽略；从参比电极的 Luggin 毛细管管口到研究电极表面之间的溶液欧姆压降被附加到所测量的电极电势中，构成了电极电势的一部分，这一溶液欧姆压降是欧姆极化的主要部分。当三种极化同时存在时，总的过电势为三种极化过电势之和，即

$$\eta = \eta_{界} + \eta_R = \eta_e + \eta_C + \eta_R \tag{3-2-2}$$

3.2.2 各类极化的动力学规律

考虑具有四个电极基本过程的简单电极反应 $O+ne^- \rightleftharpoons R$，实验前反应物 O、产物 R 同时存在。因为稳态电流全部由电极反应所产生，所以 i 与反应速率 v 成正比，即

$$\begin{aligned} i &= nFv = nF(\vec{v} - \overleftarrow{v}) = \vec{i} - \overleftarrow{i} \\ &= nFAk_f C_O^* - nFAk_b C_R^* = i^{\ominus}\left[\exp\left(-\frac{\alpha nF}{RT}\eta\right) - \exp\left(\frac{\beta nF}{RT}\eta\right)\right] \end{aligned} \tag{3-2-3}$$

式中 η——过电势，规定过电势 $\eta \equiv E - E_{eq}$，因此阴极极化过电势为负值；

α, β——正向阴极反应和逆向阳极反应的表观传递系数（Apparent Transfer Coefficient），其具体数值决定于 n 个电荷传递过程的动力学机构；

k_f 和 k_b——正向阴极反应和逆向阳极反应的速率常数。

式（3-2-3）只考虑了电化学极化，而尚未考虑浓差极化。考虑浓差极化时 $\vec{v}$ 和 $\overleftarrow{v}$ 应该分别乘以校正因子 C_O^S/C_O^* 和 C_R^S/C_R^*。C_O^S/C_O^* 可由式（3-1-1）和式（3-1-2）得到

$$\frac{C_O^S}{C_O^*}=1-\frac{i}{i_{dO}} \tag{3-2-4}$$

对于产物 R，有

$$i=nFAD_R\frac{C_R^S-C_R^*}{\delta} \tag{3-2-5}$$

$$i_{dR}=-nFAD_R\frac{C_R^*}{\delta} \tag{3-2-6}$$

式中　i_{dR}——初始浓度为 C_R^* 的产物 R 发生 $R \longrightarrow O+ne^-$ 反应时的极限扩散电流。因为规定阴极电流为正，而 i_{dR} 是阳极反应时的极限扩散电流，所以是负值。

C_R^S/C_R^* 可由式（3-2-5）和式（3-2-6）得到

$$\frac{C_R^S}{C_R^*}=1-\frac{i}{i_{dR}} \tag{3-2-7}$$

将式（3-2-4）和式（3-2-7）代入式（3-2-3），可得

$$i=i^{\ominus}\left[\left(1-\frac{i}{i_{dO}}\right)\exp\left(-\frac{anF}{RT}\eta\right)-\left(1-\frac{i}{i_{dR}}\right)\exp\left(\frac{\beta nF}{RT}\eta\right)\right] \tag{3-2-8}$$

式中　$i^{\ominus}$，i_d——代表电化学极化和浓差极化的参量。

式（3-2-8）是同时包括电化学极化和浓差极化的 i-η 关系，既适用于可逆电极，也适用于不可逆电极，对各种程度极化（平衡电势→弱极化→强极化→极限扩散电流）均适用。

当 $C_O=C_R=C$ 时，有

$$i^{\ominus}=nFAk^{\ominus}C \tag{3-2-9}$$

式中　$k^{\ominus}$——标准反应速率常数，是表征电荷传递过程快慢的参量。

同时

$$i_d=\frac{nFADC}{\delta}=nFAmC \tag{3-2-10}$$

式中　m——物质传递系数（Mass Transfer Coefficient），表征扩散传质过程快慢的参量，$m=\dfrac{D}{\delta}$。

由式（3-2-9）和式（3-2-10）可得

$$i^{\ominus}:i_d=\frac{k^{\ominus}\delta}{D}=\frac{k^{\ominus}}{m} \tag{3-2-11}$$

因此 $i^{\ominus}:i_d$ 这个比值体现了传荷过程和传质过程进行快慢的对比，同电极体系的

可逆性密切相关。

（1）当 $i^{\ominus}$ ：$i_{\mathrm{d}} \gg 1$ 时，即 $k^{\ominus} \gg \dfrac{D}{\delta}=m$ 时，浓差极化比电化学极化更容易出现，电化学反应的平衡不容易被打破，电极表现为可逆体系。

此时，$i^{\ominus} \gg i_{\mathrm{d}} > i$ ，则 $\dfrac{i}{i^{\ominus}}=0$，所以式（3-2-8）的中括号内为零，即

$$\left(1-\frac{i}{i_{\mathrm{dO}}}\right)\exp\left(-\frac{anF}{RT}\eta\right)-\left(1-\frac{i}{i_{\mathrm{dR}}}\right)\exp\left(\frac{\beta nF}{RT}\eta\right)=0 \tag{3-2-12}$$

整理后得

$$-\eta=\frac{RT}{nF}\ln\left(1-\frac{i}{i_{\mathrm{dR}}}\right)-\frac{RT}{nF}\ln\left(1-\frac{i}{i_{\mathrm{dO}}}\right)=-\eta C \tag{3-2-13}$$

由式（3-2-13）可见，过电势完全由浓差极化引起，表现为可逆电极。这种电极，扩散过程总是占主导地位，要想从稳态极化曲线研究电化学极化或电化学反应速率是不可能的。在自然对流情况下，稳态的扩散层厚度 $\delta=10^{-3} \sim 10^{-2}$ cm，$D = 10^{-5}\ \mathrm{cm^2{\cdot}s^{-1}}$，所以稳态极化曲线不适合于研究 $k^{\ominus}>10^{-2}\ \mathrm{cm{\cdot}s^{-1}}$ 的电化学反应。

（2）当 $i^{\ominus}$ ：$i_{\mathrm{d}} \ll 1$时，即 $k^{\ominus} \ll \dfrac{D}{\delta}=m$ 时，电化学极化比浓差极化更容易出现，电化学反应的平衡易于被打破，电极容易处于不可逆状态。这样的电极在不同的过电势范围表现出不同的极化程度。

① 当 $-\eta > \dfrac{RT}{anF}$ 时，即电极电势处于阴极极化的强极化区，电极处于完全不可逆状态。式（3-2-8）中括号内的第 2 项可忽略，因此

$$i=i^{\ominus}\left(1-\frac{i}{i_{\mathrm{dO}}}\right)\exp\left(-\frac{anF}{RT}\eta\right) \tag{3-2-14}$$

整理后得

$$-\eta=\frac{RT}{anF}\ln\frac{i}{i^{\ominus}}+\frac{RT}{anF}\ln\frac{i_{\mathrm{dO}}}{i_{\mathrm{dO}-i}} \tag{3-2-15}$$

由式（3-2-15）可得两项分别表示电化学极化过电势和浓差极化过电势，即

$$-\eta_{\mathrm{e}}=\frac{RT}{anF}\ln\frac{i}{i^{\ominus}} \tag{3-2-16}$$

$$-\eta_{\mathrm{C}}=\frac{RT}{anF}\ln\frac{i_{\mathrm{dO}}}{i_{\mathrm{dO}-i}} \tag{3-2-17}$$

若 $i \ll i_{\mathrm{dO}}$，则 $\eta_{\mathrm{C}}=0$，$\eta=\eta_{\mathrm{e}}$，在 $\lg i$-$(-\eta)$ 图上可以得到 Tafel（塔费尔）直线。

式（3-2-16）和（3-2-17）所描述的电化学极化过电势 $-\eta_{\mathrm{e}}$ 和浓差极化过电势 $-\eta_{\mathrm{C}}$ 的

极化曲线示意于图 3-2-1 中。由图可见，$-\eta_e$ 和 $-\eta_C$ 具有完全不同的动力学特征，从直线的斜率和截距分别可以算得 an 和 $i^\ominus$。

② 当 $-\eta \ll \frac{RT}{anF}$ 时，即电势处于平衡电势附近时，电极处于阴极极化的线性极化区。式（3-2-8）中括号内的指数项可以展开为级数，只保留级数的前两项，并略去 $i(-\eta)$ 各项[原因是 i 小，$-\eta$ 也小，$i(-\eta)$ 更小，可忽略]，整理后得

$$-\frac{\eta}{i}=\frac{RT}{nF}\left[\frac{1}{i^\ominus}+\frac{1}{i_{dO}}+\left(-\frac{1}{i_{dR}}\right)\right] \tag{3-2-18}$$

由式（3-2-18）可见，在平衡电势附近，$(-\eta)$-i 曲线出现直线性，直线的斜率 $\frac{d(-\eta)}{di}=\frac{-\eta}{i}$ 称为极化电阻 R_p，R_p 可视为三个电阻 $\frac{RT}{nF}\frac{1}{i^\ominus}$、$\frac{RT}{nF}\frac{1}{i_{dO}}$ 和 $\frac{RT}{nF}\left(\frac{1}{-i_{dR}}\right)$ 的串联。对于可逆电极，$i^\ominus$ 远大于 i_{dO} 和（$-i_{dR}$），R_p 决定于后两项稳态浓差极化电阻；相反，在 $i^\ominus$：$i_d \ll 1$ 时，可以略去后两项，得到

$$R_p=-\frac{\eta}{i}=\frac{RT}{nF}\frac{1}{i^\ominus} \tag{3-2-19}$$

式（3-2-19）经整理后得到

$$i^\ominus=\frac{RT}{nF}\left(\frac{i}{-\eta}\right)=\frac{RT}{nF}\frac{1}{R_p} \tag{3-2-20}$$

利用式（3-2-20）可以从稳态极化曲线在平衡电势附近的斜率 R_p 计算交换电流密度 $i^\ominus$。

除了电化学极化和浓差极化外，还有欧姆极化。电极/溶液界面的两侧分别为电子导体（通常为金属）和离子导体（电解质溶液），它们都有电阻，电流通过时会产生欧姆压降，称为欧姆（电阻）极化过电势 η_R，它与电流 i 的关系符合欧姆定律，如图 3-2-1 所示。在一般情况下，溶液电阻远大于金属电阻，因此

$$\eta_R=-iR_u \tag{3-2-21}$$

式中　R_u——未补偿溶液电阻，指参比电极的 Luggin 毛细管管口到研究电极表面之间的溶液欧姆电阻，它可由溶液的电导率及液层的截面和厚度计算得到。式中取负值是因为规定阴极电流为正，而阴极极化过电势为负。

由于 η_R 的存在，电极/溶液界面的真实过电势比测量得到的过电势 η 要小 η_R，所以电极/溶液界面的真实过电势应为 $\eta+iR_u$。考虑欧姆极化时，式（3-2-8）、式（3-2-15）和式（3-2-18）分别修正如下

$$i=i^\ominus\left\{\left(1-\frac{i}{i_{dO}}\right)\exp\left[-\frac{anF}{RT}(\eta+iR_u)\right]-\left(1-\frac{i}{i_{dR}}\right)\exp\left[\frac{\beta nF}{RT}(\eta+iR_u)\right]\right\} \tag{3-2-22}$$

$$-\eta = -\eta_e - \eta_C - \eta_R = \frac{RT}{anF}\ln\frac{i}{i^{\ominus}} + \frac{RT}{anF}\ln\frac{i_{dO}}{i_{dO-i}} + iR_u \qquad (3\text{-}2\text{-}23)$$

$$-\frac{\eta}{i} = \frac{RT}{nF}\left[\frac{i}{i^{\ominus}} + \frac{1}{i_{dO}} + \left(-\frac{1}{i_{dR}}\right)\right] + R_u \qquad (3\text{-}2\text{-}24)$$

当三种极化同时存在，并且电极处于强阴极极化区时，$(-\eta)$-i 关系曲线也绘制在图 3-2-1 中。

如果反应物质 R（或 O）是不溶性的物质（如金属）或溶剂（如 H_2O），可将（ $-i_{dR}$ ）（或 i_{dO} ）看成无穷大。

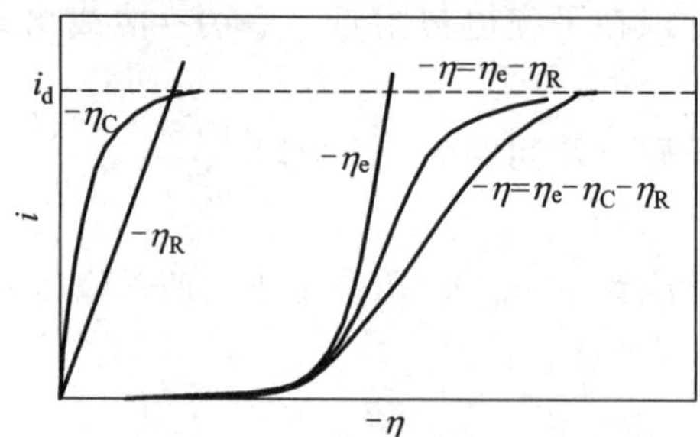

图 3-2-1　不可逆电极的阴极极化曲线

3.2.3　各种极化的特点和影响因素

从上述讨论可知，稳态电极极化是一个复杂的过程，存在着多种矛盾，表现为多种极化，其中占主要地位的极化决定着整个电极的总极化。为了改变极化状况使之有利于生产，必须进一步弄清各种极化的特点及其影响因素。

电化学极化的大小是由电化学反应速率决定的，它与电化学反应本质有关。化学反应的活化能比较高，且各种反应的活化能相差比较悬殊，因此反应速率的差别是以数量级计。温度对反应速率的影响较大。提高温度、提高催化剂的活性、增大电极真实表面积（如采用多孔电极）等都能提高电化学反应速率，降低电化学极化。表面活性物质在电极溶液界面的吸附或成相覆盖层（如钝化膜）的出现可能大幅度地降低电化学反应速率而提高电化学极化。界面电场也影响电化学反应速率，不仅电极电势有较大影响，ψ_1 电势也有影响。因为 $-\eta_e = \frac{RT}{anF}\ln\frac{i}{i^{\ominus}}$，所以对于 $i^{\ominus}$ 很小的不可逆电极来说，很小的 i 值就可以引起较大的 $-\eta_e$，而通常当 i 值较小时，$-\eta_C$、$-\eta_R$ 是很小的，这时，$-\eta_e$ 决定了总过电势 $-\eta$。另外，搅拌基本上对电化学极化无影响。

浓差极化是由扩散速率决定的，气相扩散很自由，主要决定于分子量和分子直径。液相扩散比较不自由，但扩散的活化能也很低。因此各种物质在同种介质中的扩散系数大都在同一数量级，例如，在水溶液中一般为 10^{-5} $cm^2 \cdot s^{-1}$ 数量级，在气相中一般在 10^{-1} $cm^2 \cdot s^{-1}$ 数量级，在固体电解质中一般为 10^{-9} $cm^2 \cdot s^{-1}$ 数量级。温度对 D 的影响较小（大约 2% °C^{-1}）。能够大幅度地改变扩散速率的因素是扩散途径，即扩散层的厚度，例如，快速旋转的电极或溶液流速很快的情况下，扩散层厚度可比自然对流的扩散层的厚度低一两个数量级。如果扩散途中有多孔隔膜，则隔膜的厚度、孔率和曲折系数决定了扩散速率。浓差极化还有两个特点：一个是达到稳态的时间较长，一般需几秒至几十秒，甚至几百秒；另一个是可从关系式 $-\eta_C=\dfrac{RT}{anF}\ln\dfrac{i_{dO}}{i_{dO-i}}$ 来看，当 i 接近 i_{dO} 时，$-\eta_C$ 增长很快，极化曲线上表现为电流平阶。

欧姆极化主要是由溶液电阻决定的，它首先与溶液电阻率有关，对于电阻率很高的系统（如高纯水）来说，欧姆极化可达到几伏至几十伏。一般工业系统使用的溶液的电阻率都较低。溶液电阻又与电极间距离有关。在有隔膜的情况下，则与隔膜的厚度、层数、孔率，孔的曲折系数有关，这些都与电解池或电池的结构密切相关。欧姆极化有两个特点：一是 η_R 与 i 成正比；二是在 i 变化瞬间 η_R 紧跟着变化。

由上述可知，三种极化对时间的效应快慢顺序为欧姆极化、电化学极化和浓差极化。

3.3 控制电流法和控制电势法的选择

测量稳态极化曲线时，按照所控制的自变量可分为控制电流法和控制电势法。

控制电流法与控制电势法各有特点，要根据具体情况选用，对于单调函数的极化曲线，即一个电流密度只对应一个电势，或者一个电势只对应一个电流密度的情况，控制电流法与控制电势法可得到同样的稳态极化曲线。

对于极化曲线中有电流极大值时，只能采用恒电势法。例如，测定具有阳极钝化行为的阳极极化曲线时，由于这种极化曲线具有“S”形（如图 3-3-1 所示），对应一个电流有几个电势值。如果用恒电流法只能测得正程 *ABEF* 曲线，返程为 *FEDA* 曲线，不能测得真实完整的极化曲线。只有应用恒电势法才可测得完整的阳极极化曲线。

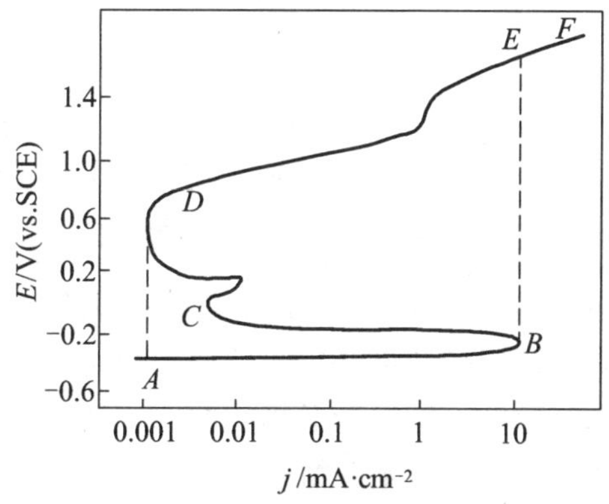

图 3-3-1　采用控制电流法和控制电势法测出的金属阳极钝化曲线

反之，如果极化曲线中有电势极大值，就应选用恒电流法。其实质就是选择自变量，使得在每一个自变量下，只有一个函数值。

3.4　稳态极化曲线的测定

前面已经介绍，稳态极化曲线的测量按控制的自变量可分为控制电流法和控制电势法；如果按照自变量的给定方式划分，又可分为阶跃法和慢扫描法。阶跃法又分为逐点手动法和阶梯波法两种方式。而常用的是慢扫描法，下面对其进行详细介绍。

慢扫描法测定稳态极化曲线就是利用慢速线性扫描信号控制恒电势仪或恒电流仪，使极化测量的自变量连续线性变化，同时自动测绘极化曲线的方法。可分为控制电势法和控制电流法，前者又称为线性电势扫描法（Linear Sweep Voltammetry，LSV），或叫作动电势扫描法，应用更广泛。

电极稳态的建立需要一定的时间，扫描速度不同，得到的结果就不一样。图 3-4-1 给出了不同扫描速度下测得的金属阳极极化曲线。从图中可明显看出，扫描速度不同，测量结果有很大差别。从图中还可看出，当测量速度相同时，慢扫描法与阶梯波法的测量结果是很接近的。

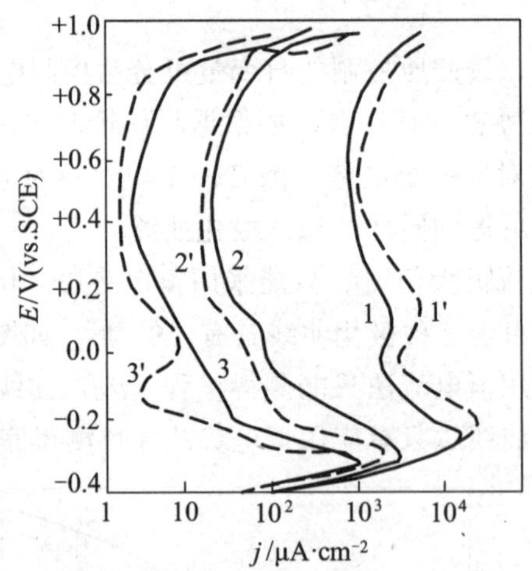

实线（1，2，3）——控制电势慢扫描法；虚线（1'，2'，3'）——控制电势阶梯波法
扫描速度（$V \cdot h^{-1}$）为 1，1'：360；2，2'：6；3，3'：0.4。

图 3-4-1　不同扫描速度下测得的金属阳极极化曲线

原则上，不能根据非稳态的极化曲线按照前面介绍的动力学方程测定动力学参数。为了测得稳态极化曲线，扫描速度必须足够慢。如何判断测得的极化曲线是否达到稳态呢？可依次减小扫描速度，测定数条极化曲线，当继续减小扫描速度而极化曲线不再明显变化时，就可以确定此速度下测得的是稳态极化曲线。

有些情况下，特别是固体电极，测量时间越长，电极表面状态及其真实表面积的变化就越严重。在这种情况下，为了比较不同体系的电化学行为，或者比较各种因素对电极过程的影响，就不一定非测稳态极化曲线不可。可选适当的扫描速度测定准稳态或非稳态极化曲线进行对比。但必须保证每次扫描速度相同。由于线性电势扫描法可自动测绘极化曲线，且扫描速度可以选定，不像手动逐点调节那样费工费时，且“稳态值”的确定因人而异。因此，扫描法具有更好的重现性，特别适用于对比实验。

尽管目前微机控制的智能型电化学工作站很常用，但这里还是要简单介绍传统的采用恒电势仪、信号发生器和 *X-Y* 函数记录仪组成的线性电势扫描实验电路，如图 3-4-2 所示。这个电路有利于大家理解其中的工作原理。

在图 3-4-2 中，恒电势仪是核心部分，它保证研究电极电势随扫描信号作线性变化。信号发生器提供预定规律的慢扫描信号。X-Y 函数记录仪自动记录极化曲线。为了减少干扰，电子仪器必须接地，在同一个电路中有几个电子仪器时，其接地端应彼此相连，而且整个电路必须只有一个公共接地端。

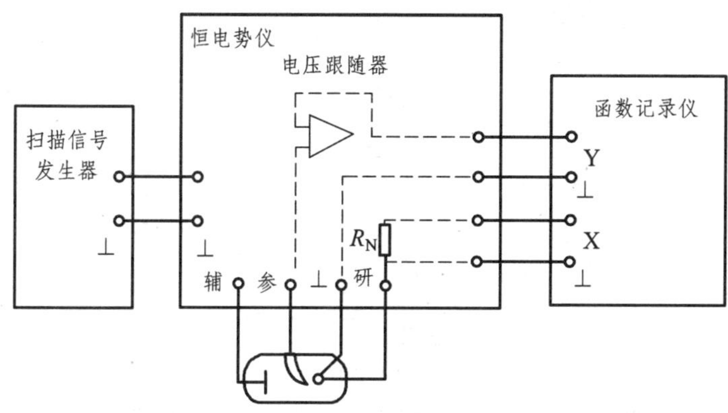

图 3-4-2　单独的模拟仪器组成的线性电势扫描实验电路

3.5　根据稳态极化曲线测定电极反应动力学参数的方法

3.5.1　塔费尔直线外推法测定交换电流（或腐蚀电流）

当不存在浓差极化时，Butler-Volumer 公式可简化为

$$i = i^{\ominus}\left[\exp\left(-\frac{\alpha nF}{RT}\eta\right) - \exp\left(\frac{\beta nF}{RT}\eta\right)\right]$$

当 $i \gg i^{\ominus}$ 时，电化学反应的平衡受到很大的破坏，电极电势远远偏离平衡电势，电极处于强极化区，这时上式可简化为 Tafel 公式

阴极极化：$-\eta = -\dfrac{2.3RT}{\alpha nF}\lg i^{\ominus} + \dfrac{2.3RT}{\alpha nF}\lg i$　　（3-5-1）

阳极极化：$\eta = -\dfrac{2.3RT}{\beta nF}\lg i^{\ominus} + \dfrac{2.3RT}{\beta nF}\lg(-i)$　　（3-5-2）

用 η - $\lg|i|$ 作图，应呈直线关系，即 Tafel 直线。阴极极化、阳极极化 Tafel 直线的

斜率分别为

$$b_c = -\frac{2.3RT}{\alpha nF} \tag{3-5-3}$$

$$b_a = \frac{2.3RT}{\beta nF} \tag{3-5-4}$$

根据阴极、阳极 Tafel 直线的斜率可分别求出表观传递系数 α 和 β。将两条阴极、阳极 Tafel 直线外推到交点，交点的横坐标应为 $\lg i^{\ominus}$，纵坐标应为 $\eta=0$，即对应于平衡电势 E_{eq}。这样，由交点可求出交换电流 $i^{\ominus}$，如图 3-5-1 所示。

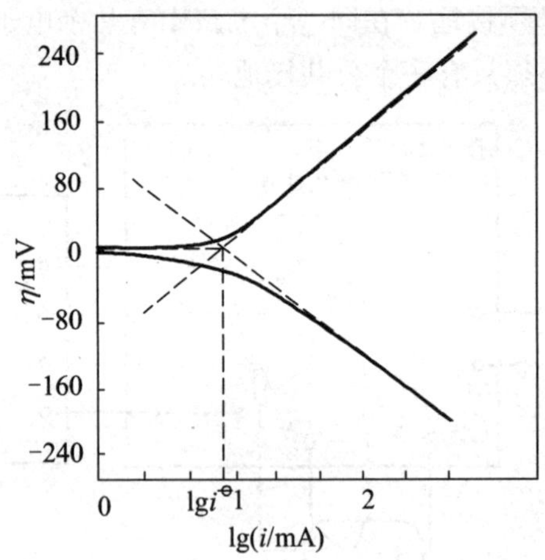

图 3-5-1　Tafel 直线外推法测定交换电流示意图

对于处于腐蚀介质中的腐蚀金属电极，开路时其稳定电势称为腐蚀电势（Corrosion Potential），用符号 E_{corr} 表示。此时，阴阳极反应的速率相等，对应的腐蚀电流（Corrosion Current）用符号 i_{corr} 表示。腐蚀电流 i_{corr} 同只有一对氧化还原反应的电极的交换电流 $i^{\ominus}$ 相当，代表开路状态下金属的阳极溶解反应的进行速率和腐蚀过程的阴极还原的进行速率，因而也就是表征腐蚀速率的参量。腐蚀电流 i_{corr} 的测定是评定电极体系腐蚀快慢的重要手段。

腐蚀电极体系处于强阴极和强阳极极化区时，动力学规律也符合式（3-5-1）和式（3-5-2）中的 Tafel 关系，只不过需将其中的交换电流 $i^{\ominus}$ 换成腐蚀电流 i_{corr}，即

阴极极化：$$-\Delta E = -\frac{2.3RT}{\alpha nF}\lg i_{corr} + \frac{2.3RT}{\alpha nF}\lg i \tag{3-5-5}$$

阳极极化：$$\Delta E = -\frac{2.3RT}{\beta nF}\lg i_{corr} + \frac{2.3RT}{\beta nF}\lg(-i) \tag{3-5-6}$$

式中　ΔE——腐蚀金属电极的极化值，$\Delta E = E - E_{corr}$。

因此，同样可以利用前面述及的 Tafel 直线外推法测定金属电极体系的腐蚀电流 i_{corr}。

这里给出一个计算 $i^{\ominus}$ 的例子。对于某电极体系，已知反应的得失电子数 n 为 1，用控制电流法测得 25 °C 下的稳态极化数据，如表 3-5-1 所示。

表 3-5-1　25 °C 下的阴阳极稳态极化数据

i/mA·cm^{-2}	η_A /mV	η_K /mV	i/mA·cm^{-2}	η_A /mV	η_K /mV
1.5	4	−4	31.1	64	−64
3.3	8	−8	37.5	73	−72
4.5	12	−12	44	81	−79
6.5	16	−16	61	96	−96
9.5	24	−24	100	120	−120
13.1	32	−32	158	144	−144
16.8	40	−40	250	168	−168
21.0	48	−48	395	192	−193
25.5	57	−56	640	216	−217

根据表 3-5-1 给出的极化数据，绘制成半对数极化曲线，如图 3-5-2 所示。

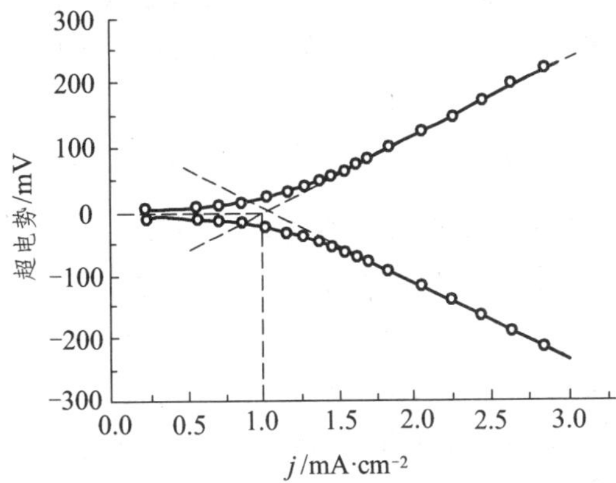

图 3-5-2　电极体系的半对数极化曲线

在图 3-5-2 中，可确定半对数极化曲线的直线部分，即 Tafel 直线的斜率。阴极 Tafel 斜率为 b_c=−120 mV，阳极 Tafel 斜率为 b_a=120 mV。由式（3-5-3）和式（3-5-4）可求出传递系数 $\alpha=\beta=0.5$ 。

将阴极、阳极极化曲线的直线部分外推得到交点，由交点的横坐标可求得交换电流密度 $j^{\ominus}$=10 mA · cm^{-2}（ $j^{\ominus}=i^{\ominus}$ ）。

3.5.2　线性极化法测定极化电阻 *R* 及交换电流

当不存在浓差极化时，且电极处于阴极线性极化区时，Butler-Volumer 公式可简化为式（3-2-19），由式（3-2-19）可见，平衡电势附近的线性极化曲线 $(-\eta)$-i 是一条直线，由直线的斜率可得极化电阻 R_p 。

$$i^{\ominus}=\frac{RT}{nF}\left(\frac{i}{-\eta}\right)=\frac{RT}{nF}\frac{1}{R_{\mathrm{P}}}$$

利用上式，可由极化电阻 R_{P} 计算出交换电流 $i^{\ominus}$。

对于腐蚀金属电极，同样可由腐蚀电势 E_{corr} 附近的线性极化曲线 $(-\Delta E)$-i 的斜率得到极化电阻 R_{P}，然后由下式计算腐蚀电流 i_{corr}

$$i_{\mathrm{corr}}=\frac{B}{R_{\mathrm{P}}} \tag{3-5-7}$$

$$B=\left[\left(\frac{\partial\ln|i_{\mathrm{a}}|}{\partial(\Delta E)}\right)_{\eta=0}-\left(\frac{\partial\ln i_{\mathrm{c}}}{\partial(\Delta E)}\right)_{\eta=0}\right] \tag{3-5-8}$$

式中　i_{a}——腐蚀金属电极的阳极溶解反应电流；

i_{c}——腐蚀过程的阴极还原反应电流之和。

当腐蚀过程只有一个阴极还原反应，且腐蚀金属电极的阳极溶解反应和腐蚀过程的阴极还原反应在强极化区都遵循 Tafel 关系式时，参量 B 可由下式得到

$$B=\frac{b_{\mathrm{a}}b_{\mathrm{c}}}{2.3(b_{\mathrm{a}}+b_{\mathrm{c}})} \tag{3-5-9}$$

式中　b_{a}——腐蚀金属电极阳极溶解反应的 Tafel 斜率；

b_{c}——腐蚀过程的阴极还原反应的 Tafel 斜率。

极化电阻 R_{p} 有多种不同的测定方法：①从平衡电势 E_{eq}（或腐蚀电势 E_{corr}）开始进行阳极极化，利用阳极线性极化曲线测得 R_{p}；②从平衡电势 E_{eq}（或腐蚀电势 E_{corr}）开始进行阴极极化，利用阴极线性极化曲线测得 R_{p}；③从阴极极化过电势（或阴极极化的极化值）为 30 mV 的电势正向扫描，经过平衡电势 E_{eq}（或腐蚀电势 E_{corr}），再阳极极化到阳极极化过电势（或阳极极化极化值）为 30 mV 的电势，利用双向线性极化曲线测得极化电阻 R_{p}。这三种方法测得的结果通常并不完全一致，可选用其中任一方法，但一般认为第三种方法较好。

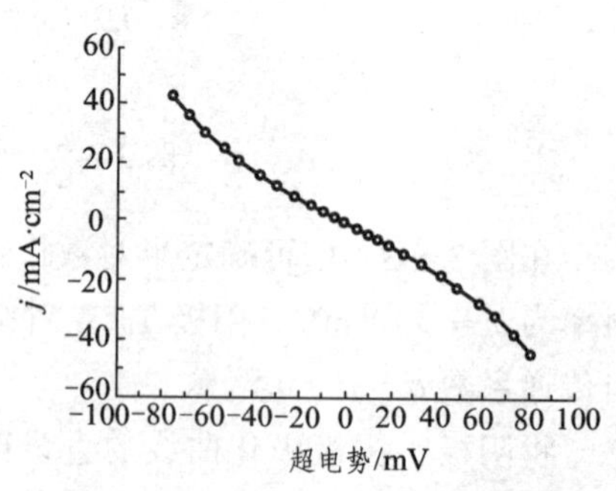

图 3-5-3　E_{eq} 附近的极化曲线

由表 3-5-1 中的极化数据绘制出极化曲线，如图 3-5-3 所示，E_{eq} 附近的极化曲线呈线性关系。

由图 3-5-3 中的线性极化曲线的斜率可得线性极化电阻 R_{P} 为 2.5 Ω·cm²，利用式（3-2-20）可计算出交换电流密度

$$j^{\ominus}=\frac{RT}{nF}\frac{1}{R_{\mathrm{P}}}=10\ \mathrm{mA\cdot cm^{-2}}$$

3.5.3 利用弱极化区测定动力学参数

弱极化区存在于极化曲线的线性极化区与强极化区之间，对应的过电势范围在 $10/n \sim 70/n$ mV。在此范围内，电极上的氧化速率与还原速率既不接近相等，也未相差到可忽略逆反应的程度，因此不能采用 3.5.1 节和 3.5.2 节中的两种近似方法，其动力学关系符合式（3-2-3）给出的 Butler-Volmer 公式。

$$i = i^{\ominus}\left[\exp\left(-\frac{\alpha nF}{RT}\eta\right) - \exp\left(\frac{\beta nF}{RT}\eta\right)\right]$$

利用弱极化区极化数据计算动力学参数的一个经典方法是所谓的“三点法”：在过电势为 $\eta = -|\eta_1|$ 时测量阴极极化电流 i_{-1}，在过电势为 $\eta = |\eta_1|$ 时测量阳极极化电流 i_{+1}，在过电势为 $\eta = -2|\eta_1|$ 时测量阴极极化电流 i_{-2}。

令 $$\mu \equiv \exp\left(\frac{\alpha nF}{RT}|\eta_1|\right), \quad v \equiv \exp\left(\frac{\beta nF}{RT}|\eta_1|\right) \tag{3-5-10}$$

这样根据式（3-2-3）给出的 Butler-Volmer 公式，可以得到三个不同极化过电势下的极化电流

$$i_{-1} = i^{\ominus}(\mu - v^{-1}) \tag{3-5-11}$$

$$|i_{+1}| = i^{\ominus}(v - \mu^{-1}) \tag{3-5-12}$$

$$i_{-2} = i^{\ominus}(\mu^2 - v^{-2}) \tag{3-5-13}$$

令 $r_- \equiv \dfrac{i_{-2}}{i_{-1}}$，根据式（3-5-11）和式（3-5-13）可得

$$r_- = \frac{i_{-2}}{i_{-1}} = \mu + v^{-1} \tag{3-5-14}$$

令 $r \equiv \dfrac{i_{-1}}{|i_{+1}|}$，根据式（3-5-11）和式（3-5-12）可得

$$r_- = \frac{i_{-1}}{|i_{+1}|} = \mu v^{-1} \tag{3-5-15}$$

因此有

$$r_-^2 - 4r = (\mu - v^{-1})^2 \tag{3-5-16}$$

由式（3-5-10）可知 $\mu - v^{-1} > 0$，所以可以令

$$S \equiv \sqrt{r_-^2 - 4r} = \mu - v^{-1} \tag{3-5-17}$$

将式（3-5-17）代入式（3-5-11）可得

$$i_{-1} = i^{\ominus} S \tag{3-5-18}$$

给定一系列不同的 $|\eta_1|$，测定一系列对应于不同 i_{-1} 的 S 值，用 S-i_{-1} 作图，应得一条过原点的直线，由直线的斜率可以求得 $i^{\ominus}$。

$$\mu = \frac{r_- + S}{2} \tag{3-5-19}$$

$$v^{-1} = \frac{r_- - S}{2} \tag{3-5-20}$$

根据式（3-5-10）可得

$$\ln\left(\frac{r_- + S}{2}\right) = \frac{\alpha nF}{RT}|\eta_1| \tag{3-5-21}$$

$$\ln\left(\frac{r_- - S}{2}\right) = -\frac{\beta nF}{RT}|\eta_1| \tag{3-5-22}$$

用 $\ln\left(\frac{r_- + S}{2}\right)$-$|\eta_1|$ 作图和用 $\ln\left(\frac{r_- - S}{2}\right)$-$|\eta_1|$ 作图，分别得到两条过原点的直线，由它们的斜率可以测定 αn 和 βn 。

由于强极化法对电极体系扰动太大，而线性极化法由于近似处理带来一些误差，因此弱极化法具有一定的优势，弱极化法可同时测定 $i^{\ominus}$ 、αn 和 βn 。对于腐蚀电极体系，可用类似的方法测定 i_{corr} 、αn 和 βn ，既可避免强极化法的缺点，又不像线性极化法那样需要另外测得 b_a 和 b_c 值，是测定金属腐蚀速率的精确方法。

利用弱极化区的数据测定动力学参数，还可采用曲线拟合的方法。曲线拟合法的基本原理是根据选定的动力学方程数学模型，由一系列超电势计算出相应的极化电流的计算值，以极化电流的测量值和计算值之差的平方和为目标函数。通过多次迭代运算，求取使目标函数尽可能小的动力学方程的待定参数。在曲线拟合过程中，只需使用计算机程序进行运算，因此该法方便准确。

3.6 稳态研究方法的应用

稳态极化曲线是表示电极的反应速率（即电流密度）与电极电势的关系曲线。对于同样的体系，在稳态下，在同样的电势下，将发生同样的反应，并且以相同的反应速率进行，因此，稳态极化曲线是研究电极过程动力学最重要最基本的方法，它在电化学基础研究、新能源材料与器件、电镀、电冶金、电解和金属腐蚀等领域都有广泛的应用。

在电化学基础研究方面，根据极化曲线可以判断电极过程的反应机理和控制步骤；可以查明给定体系可能发生的电极反应的最大反应速率；可从极化曲线测动力学参数，如交换电流密度、传递系数、标准速率常数和扩散系数等；可以测定 Tafel 斜率；推算反应级数进而研究反应历程；还可以利用极化曲线研究多步骤的复杂反应，研究吸附和表面覆盖度等。

在新能源材料与器件方面，可以分别测定正、负极的单电极极化曲线，判断各电极的极化占总极化的比例，从而研究正、负极对化学电源/电池性能的不同影响。由正、负极的极化曲线还可判断化学电源/电池的寿命是由正极还是由负极决定；由正、负极的极化曲线还可研究不同板栅材料、不同电活性物质对化学电源/电池性能的影响。

在电解、电镀、电冶金方面，研究主反应和副反应（如阴极析氢，阳极析氧）的极化曲线，可以测定电流效率。在合金电沉积中，研究不同成分对极化曲线的影响，可找出适当的电解液配方和工艺参数。为了使阳极正常溶解，可测量阳极的钝化曲线，找出合适的阴阳极面积比。由极化曲线还可估计电解液分散能力和电流分布。采用旋转圆盘电极可以研究电镀添加剂的整平能力。

在金属腐蚀方面，测量极化曲线可得出阴极保护电势，阳极保护的致钝电势、致钝电流、维钝电流、击穿电势和再钝化电势等。测量极化曲线，采用强极化区、线性极化区和弱极化区的方法可快速测量金属的腐蚀速率，从而快速筛选金属材料和缓蚀剂。测量阴极极化曲线和阳极极化曲线，可用于研究局部腐蚀。分别测量两种金属的极化曲线，可以推算这两种金属连接在一起时的电偶腐蚀。测量腐蚀系统的阴阳极极化曲线，可查明腐蚀的控制因素、影响因素、腐蚀机理及缓蚀剂作用类型等。

3.7 流体动力学方法

当电极和溶液之间发生相对运动时，反应物和产物的物质传递过程受到强制对流的影响，这一类电化学测量方法称为流体动力学方法（Hydrodynamic Method），也称为强制对流技术（或者涉及反应物和产物的对流物质传递的电化学方法通常称为流体动力学方法）。在电化学原理中介绍了对流扩散的基本原理，在实际应用中，设计了很多电极相对溶液运的强制对流电化学技术。能够实现强制对流的电化学技术主要包括两类：一类是电极处于运动状态的体系，如旋转圆盘电极、滴汞电极、旋转丝电极、振动电极；另一类是强制溶液流过静止的电极，如溶液在其内部流动的管道电极，如处于流动溶液中的锥状、管状、网状电极和颗粒状电极（流动床电极）。

流体动力学方法的优点是达到稳态快，测量精度高。此外，在稳态下，双电层的充电电流不包括在测量中。此外，流体动力学方法可保证电极表面扩散层厚度均匀分布，并可人为地加以控制，使得液相扩散传质速率在较大范围内调制。这样，一方面可以保证电极表面上的电流密度、电极电势及传质流量比自然对流条件下更均匀、稳定；另一方面，这些方法中电极表面上粒子传递的速度通常比较大，因此，物质传递对电子转移动力学的影响常常较小。

设计流体动力学电极比设计静止电极要困难得多，理论处理也相对较复杂，在对电化学问题进行处理前要先解决流体动力学方面的问题（即确定溶液流速的分布和转速、溶液黏度及密度之间的函数关系），很少能够得到收敛的或精确的解。目前最为方便且广泛应用的是旋转圆盘电极。这种电极具有严格的理论处理，并且容易采用各种材料制造。下面主要介旋转圆盘电极及在其基础上的相关改进电极——旋转环盘电极。

3.7.1 旋转圆盘电极（rotating disk electrode，RDE）

旋转圆盘电极是能够把流体力学方程和液相传质流量方程在稳态时严格解出的少数几种对流电极体系中的一种。

（1）旋转圆盘电极的基本原理。制备这种电极相对简单，它是把电极材料做成圆盘嵌入绝缘材料棒中。通常将金属（如 Pt）嵌入聚四氟乙烯、环氧树脂或其他塑料中，露出的电极底面经抛光后十分平整光滑。电极经电动机带动可按一定速度旋转。电极结构如图 3-7-1 所示。需要注意的是，在电极材料和绝缘套之间不要有溶液渗漏。

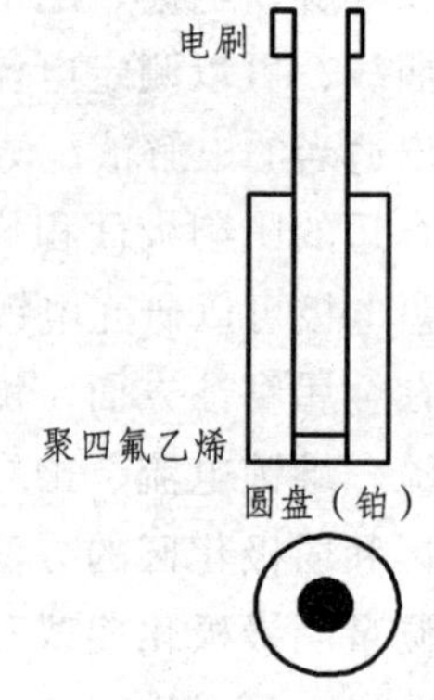

图 3-7-1 旋转圆盘电极

旋转圆盘电极实际使用的电极是金属圆盘的底部表面，而整个电极绕通过其中心并垂直于盘面的轴转动。由于溶液具有黏性，旋转的圆盘拖动其表面上的液体，并在离心力的作用下把溶液由中心沿径向甩出。圆盘表面的液体由垂直流向表面的液流补充，如图 3-7-2 所示。由于体系是对称的，分析这类旋转系统时，最好使用柱极坐标（y，r，Φ）。其三个坐标方向分别为轴向（y）、径向（r）和切向（Φ）。

溶液的流动可分解为三个方向：由于离心力的存在，溶液在径向以流速 v_r 向外流动；由于溶液的黏性，在圆盘旋转时，溶液以切向流速 v_Φ 向切向流动；在电极附近这种向外的溶液流动使得电极中心区溶液的压力下降，于是离电极表面较远的溶液向中心补充，形成轴向流动，流速为 v_y。上述三个方向的流速与电极转速、溶液黏度有关，也与离开电极表面的轴向距离 y 有关，v_r 和 v_Φ 还与径向距离 r 有关，r 越大其值也越大。旋转圆盘附近的液流情况如图 3-7-2 所示。

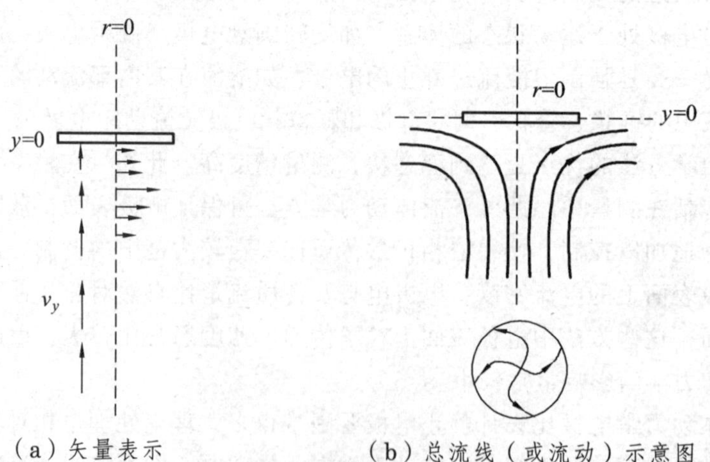

图 3-7-2 旋转圆盘附近的流速

在到电极表面的轴向距离相同的各处，溶液的轴向流动速度是相同的，或者说电极水平表面各处的强制对流状况相同，因此可以在整个电极表面上形成均匀的扩散层厚度，并且这一扩散层厚度可以通过调节转速而人为地控制。

在转速不超过临界值的情况下，溶液流动呈层流方式。假设忽略重力的影响，且在圆盘边缘没有特殊流动的影响，则在圆盘表面（$y=0$），三个方向的速度分别为

$$v_y=0\ ,\quad v_r=0\ ,\quad v_\Phi=\omega r\ （\omega\ 为角速度）$$

这表明在圆盘表面上的溶液以角速度 ω 被拖带。而在本体溶液中（$y\to\infty$）:

$$v_y=-U_0\ ,\quad v_r=0\ ,\quad v_\Phi=0$$

可见远离圆盘处没有径向和切向方向的流动，但是溶液以有限速度 U_0 流向圆盘。

对于电化学研究用的旋转圆盘电极，重要的速度是 v_r 和 v_y。根据流体力学理论可推导出 v_r 和 v_y 的速率方程，图 3-7-3 给出了在靠近圆盘表面（y 较小时）v_r 和 v_y 随 r 和 y 变化的函数示意图（v_y 与 r 无关）。

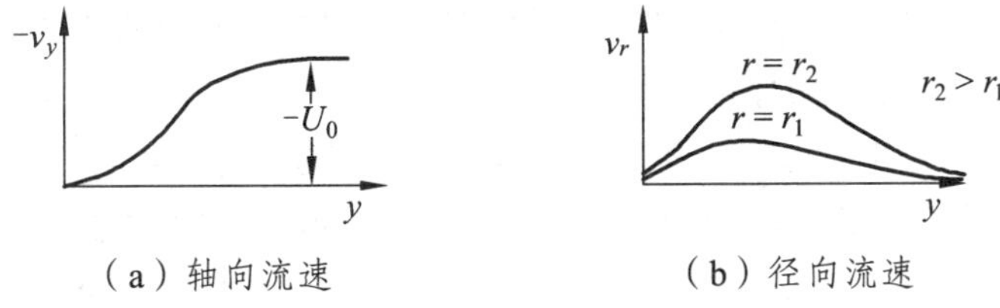

（a）轴向流速　　（b）径向流速

图 3-7-3　旋转圆盘电极的流速

在稳态下，综合考虑三个方向的流速，根据流体动力学理论，可以推导出扩散层的有效厚度为

$$\delta=1.61D_{\mathrm{O}}^{1/3}v^{1/6}\omega^{-1/2} \tag{3-7-1}$$

式中　D_{O}——反应物的扩散系数，$\mathrm{cm^2\cdot s^{-1}}$；

v——溶液的动力黏度，$\mathrm{cm\cdot s^{-1}}$；

ω——旋转圆盘电极的旋转角速度，$\mathrm{rad\cdot s^{-1}}$（$\omega=2\pi n_0$，n_0 为电极每秒转数）。

根据 Fick 第一定律所得的扩散电流密度方程 $j=nFD_{\mathrm{O}}\dfrac{C_{\mathrm{O}}^*-C_{\mathrm{O}}^{\mathrm{S}}}{\delta}$ 可以得到扩散电流密度为

$$j=0.62nFD_{\mathrm{O}}^{2/3}v^{-1/6}(C_{\mathrm{O}}^*-C_{\mathrm{O}}^{\mathrm{S}})\omega^{1/2} \tag{3-7-2}$$

极限扩散电流密度 j_{d} 为

$$j_{\mathrm{d}}=0.62nFD_{\mathrm{O}}^{2/3}v^{-1/6}C_{\mathrm{O}}^*\omega^{1/2} \tag{3-7-3}$$

令 $B\equiv0.62nFAD_{\mathrm{O}}^{2/3}v^{-1/6}$，则式（3-7-2）和式（3-7-3）可写为

$$j=B(C_{\mathrm{O}}^*-C_{\mathrm{O}}^{\mathrm{S}})\omega^{1/2} \tag{3-7-4}$$

$$j_{\mathrm{d}}=BC_{\mathrm{O}}^*\omega^{1/2} \tag{3-7-5}$$

（2）旋转圆盘电极的实验应用条件。严格地讲，上述数学关系式只适用于一个无限薄的薄片电极在无限大的溶液中旋转的情况。但当圆盘的半径比 Prandtl 表层（是指电极表面附近由于电极的拖动，溶液径向流速随着趋近电极表面而逐渐减小的液层）

厚度大得多，而且电解液至少超过圆盘边缘几厘米时，上述数学关系式仍然近似成立。如果电极圆盘被嵌在绝缘物中，而且它们在同一表面上连续平滑，则可以使边缘效应减到最小。

上述数学关系式只适用于溶液流动满足层流条件，且自然对流可以忽略的情况下。为了保证层流条件，圆盘表面的粗糙度与 δ 相比必须很小，即要求电极表面具有高光洁度，表面液流不会出现湍流；在远大于旋转电极半径范围内不得有任何障碍物，而且旋转电极应当没有偏心度，当 Luggin 毛细管很细，轴向地指向电极表面，而且尖端距离表面 1 cm 以上时并不会显著干扰流体动力学性质。如果 Luggin 毛细管离电极表面太近，会引起湍流；离表面太远，则会增大溶液欧姆压降。

为了保证层流条件，并且自然对流可以忽略，必须选择适当的转速范围。当转速在 10 r/min 以下时，自然对流不可忽略；转速太高，高于 10 000 r/min 时，容易引起湍流。

由式（3-7-1）和（3-7-2）可见，旋转圆盘电极的扩散层厚度和电流密度均与 r 无关，其整个表面上的扩散层厚度是均匀的，电流密度的分布也是均匀的，这与一般的固体电极不同（一般固体电极，其表面上各部分扩散层厚度不同，各部分电流密度是不均匀的），这样使数据处理变得方便多了。如果辅助电极的位置放置不当，圆盘电极表面上电流密度的分布就未必均匀。为了使电流密度分布均匀，辅助电极最好也做成圆盘形状，其表面与旋转圆盘电极表面平行，而且在不违背其他条件下尽可能靠近旋转电极表面。

（3）利用旋转圆盘电极求一些参数。旋转圆盘电极性能的优劣可通过一些性质已知的体系进行校验，例如，可使用 $K_3(FeCN)_6/K_4(FeCN)_6$ 体系。从式（3-7-3）可知，在性能良好的旋转圆盘电极上测得的 j_d - $\omega^{1/2}$ 关系曲线应为通过原点的直线。

旋转圆盘电极应用很广。由式（3-7-3）可知，若 n、D_O、v 中任意两个参数已知，就可用旋转圆盘电极法求其余一个参数。为此，通常测定不同转速下的 j_d，然后用 j_d - $\omega^{1/2}$ 作图，应得一条直线，从直线的斜率可求出相应参数。

（4）利用旋转圆盘电极测定动力学参数。对于某些体系，由于浓差极化的影响，在自然对流条件下，无法用稳态极化曲线测定电极动力学参数。但如果采用旋转圆盘电极，随着转速的提高，可使本来为扩散控制或混合控制的电极过程转变为传荷过程控制，这时就可以利用稳态极化曲线测定动力学参数了。

如果提高转速后，电极过程仍然处于混合控制区，则可利用外推法消除浓差极化的影响。在混合控制条件下的强极化区，电极过程动力学关系式为

$$j=\left(1-\frac{j}{j_d}\right)j^{\ominus}\exp\left(-\frac{\alpha nF}{RT}\eta\right) \tag{3-7-6}$$

显然，$j_e=j^{\ominus}\exp\left(-\frac{\alpha nF}{RT}\eta\right)$ 是没有浓差极化存在时的阴极还原电流（j_e 为电化学极化电流），将其代入式（3-7-6）中，得到

$$j=\left(1-\frac{j}{j_{\mathrm{d}}}\right)j_{\mathrm{e}} \tag{3-7-7}$$

进一步改写为

$$\frac{1}{j}=\frac{1}{j_{\mathrm{e}}}+\frac{1}{j_{\mathrm{d}}} \tag{3-7-8}$$

将式（3-7-5）代入式（3-7-8）中，得到

$$\frac{1}{j}=\frac{1}{j_{\mathrm{e}}}+\frac{1}{BC_{\mathrm{O}}^{*}}\omega^{-1/2} \tag{3-7-9}$$

在强阴极极化电势范围内，给定一个过电势η_1，测得不同转速ω下的稳态电流密度j，用$\frac{1}{j}$-$\omega^{-1/2}$作图，得到一条直线，外推至$\omega^{-1/2}=0$（即$\omega\to\infty$）处，可得η_1所对应的电化学极化电流密度j_{e1}，如图 3-7-4 所示；以此类推，可得一系列过电势η_i对应的电化学极化电流密度$j_{\mathrm{e}i}$，用η-j_{e}作图，就得到无浓差极化存在时的强阴极极化区稳态极化曲线，利用 Tafel 直线外推法可求出动力学参数$j^{\ominus}$和α。但是，如果反应可逆或接近可逆，则j_{e}非常大，故截距太小而难以精确计算j_{e}（如图 3-7-4 中曲线 2 所示）。计算结果表明，如果电极的最大转速为 10 000 r/min，则标准速率常数k超过 1 cm/s 的反应难以测量。

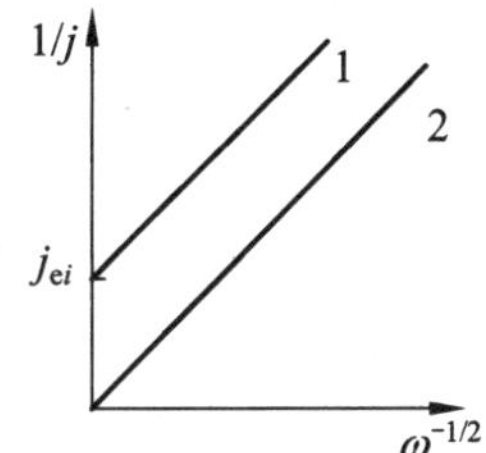

1—电荷传递速率较慢，可计算j_{e}；2—电荷传递速率较快，难以精确计算j_{e}。

图 3-7-4　Koutecky-Levich 曲线

（5）采用旋转圆盘电极还可以判断电极过程的控制步骤。在某一过电势下，若随着旋转圆盘电极转速的增加，电流密度并不随之改变，则说明传质速度不影响反应速率，是电化学步骤控制。若随着转速的增加，电流密度也增加，则说明是液相传质控制或混合控制：用$\frac{1}{j}$-$\omega^{-1/2}$作图，若得到过原点的直线，说明是液相传质控制；若得到不过原点的直线，说明是混合控制。

（6）旋转圆盘电极还可用于测定不可逆电极反应的反应级数。测定时无须改变反应物的浓度，当反应物为气体时，更能体现这一方法的优越之处。在强阴极极化区，阴极电流可写为

$$i=k(C_{\mathrm{O}}^{\mathrm{S}})^{p} \tag{3-7-10}$$

式中　k——阴极反应的速率常数；

C_O^S——反应物的表面浓度；

p——反应级数。

对于旋转圆盘电极，由式（3-7-4）和式（3-7-5）可得

$$C_O^S = \frac{i_d - i}{B\omega^{1/2}} \tag{3-7-11}$$

将式（3-7-11）代入式（3-7-10），并取对数，得

$$\lg i = \lg k - p\lg B + p\lg\left(\frac{i_d - i}{\omega^{1/2}}\right) \tag{3-7-12}$$

在强阴极极化区的某一过电势 η 下，测定不同转速 ω 下的阴极电流 i，用 $\lg i$-$\lg\left(\frac{i_d - i}{\omega^{1/2}}\right)$ 作图，应得一条直线，直线的斜率即为该电极反应的反应级数。

旋转圆盘电极在电结晶过程、添加剂和整平剂作用机理、氧化膜的形成以及金属腐蚀等方面也有广泛的应用。

3.7.2　旋转环盘电极（rotating ring-disk electrode，RRDE）

因为旋转圆盘电极上的反应产物连续地从圆盘表面移除，因此为了获得产物（特别是中间产物）的相关信息，可在圆盘外围加一个独立的圆环电极，把圆环电极的电势维持在一定值并测量环电极的电流，就可以了解在盘电极表面所发生的一些情况。此电极称为旋转环盘电极，将一个同轴共面的圆环电极套在圆盘电极外围，其间用极薄的环形绝缘材料（一般厚 0.1 ~ 0.5 mm）把它们隔开，其结构如图 3-7-5 所示。整个电极可划分为三个区域：中央的圆盘Ⅰ（半径 r_1），盘环之间的绝缘间隙Ⅱ（内半径 r_1，外半径 r_2），环电极Ⅲ（内半径 r_2，外半径 r_3），三个区域均具有光滑表面，且在同一平面。当电极旋转时层流条件被满足，则溶液将从圆盘中心上升，与圆盘接近后沿圆盘径向向外运动，经过绝缘层到达环电极。环电极和盘电极可由不同材料制备，而且在电学上是不相通的，各自的电势可分别控制。

单独的环也可以用作电极，当圆盘保持开路时圆环就是一个单独的电极，称为旋转圆环电极（Rotating Ring Electrode，RRE），旋转圆环电极的理论处理比旋转圆盘电极要复杂，结果表明，对于给定的反应条件（C_O^0 和 ω），环电极比同样面积的盘电极给出的电流大。因此，环电极的分析灵敏度比盘电极要好，尤其是厚度很薄的圆环电极更为明显。

旋转环盘电极中的盘电极的电流-电势特性不因环的存在而受到影响，盘的性质在 3.7.1 节中已讨论过。旋转环盘电极实验需要测定两个电势（盘电势 φ_D 和环电势 φ_R）和两个电流（盘电流 i_D 和环电流 i_R），故通常采用双恒电势仪来进行，它可以独立地调节 φ_D 和 φ_R，见图 3-7-6。

旋转环盘电极上可进行一些不同类型的实验，可在两种工作模式下工作：一种是

收集模式，环电极作为一个就地检测装置，盘上产生的随液流运动的可溶性产物、中间产物可在环上检测到；另一种模式是屏蔽模式，即环电极上的电活性物质流量受到盘反应的干扰。其中最常见的是收集实验。

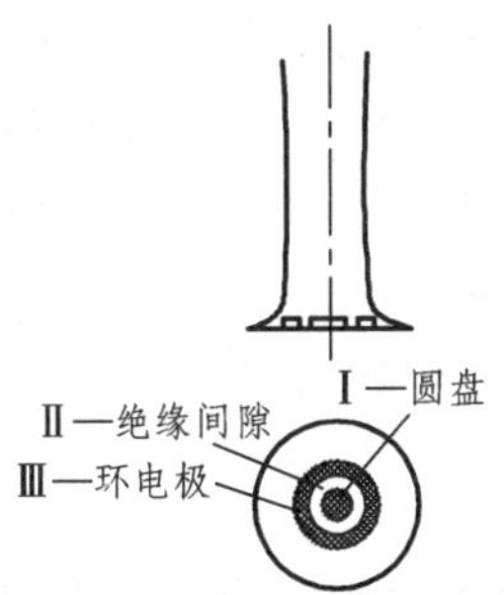

图 3-7-5　旋转圆盘电极的结构示意图

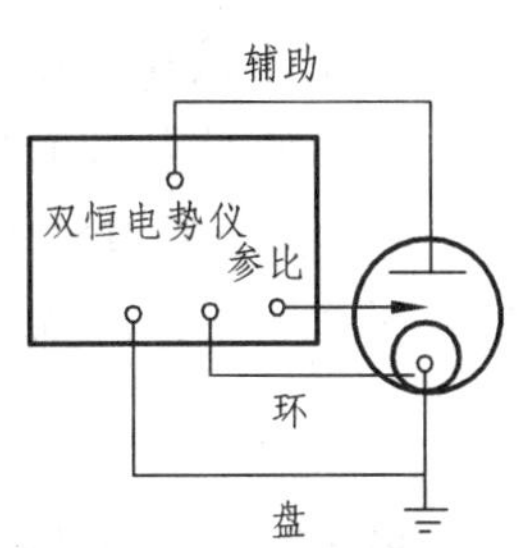

图 3-7-6　RRDE 测试装置示意图

盘电极电势维持在 φ_D，其上发生 $O+ne^- \longrightarrow R$ 的反应，产生阴极电流 i_D；环电极维持足够正的电势 φ_R，使到达环上的任何 R 都能立即被氧化，发生 $R \longrightarrow O+ne^-$的反应，并且在环表面上 R 的浓度完全为零。在此条件下，环电流 $-i_R$ 和盘电流 i_D 的比值代表了在盘上产生的 R 有多少能在环上被收集到，该比值称为收集效率（Collection Efficiency），用符号 N 来表示

$$N=\frac{-i_R}{i_D} \tag{3-7-13}$$

N 仅决定于 r_1、r_2 和 r_3，而与 ω、C_O^*、D_O、D_R 等参数无关，因而可由电极的几何尺寸进行计算。

对于确定的 RRDE 电极，若产物 R 稳定，则可由实验测定 $N=\frac{-i_R}{i_D}$，对于这一电极而言，N 是恒定的。例如对于 r_1=0.187 cm，r_2=0.200 cm 及 r_3=0.332 cm 的 RRDE，N=0.555，即在环上可收集 55.5%的盘上产物。当绝缘层厚度（r_2-r_1）减小，环尺寸（r_3-r_2）增大时，N 值增大。

采用收集实验可以检测中间产物，即在盘电极的表面上进行电化学反应，而在相距很近的环电极上检测中间产物。当电极反应按 $O+z_1e^- \longrightarrow X$，$X+z_2e^- \longrightarrow R$ 进行时，生成的中间价态粒子 X 有几种可能的去向：① 在盘电极上进一步还原；② 到达环电极表面并在环上被氧化；③ 进入溶液本体；④ 通过歧化反应或其他反应生成不能被环检测的粒子。因此在圆盘电极上生成的 X 只有一部分能被环检测。

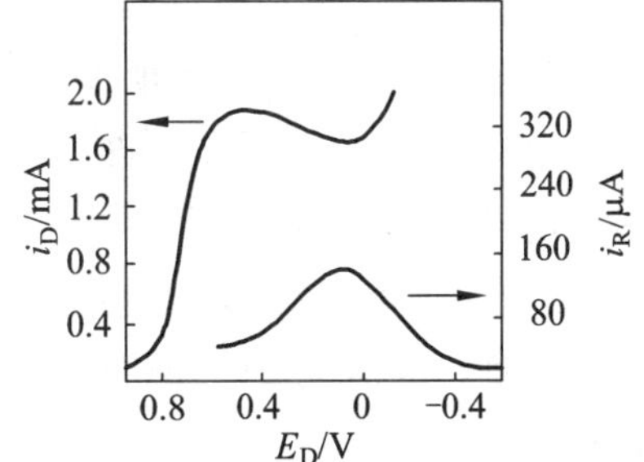

图 3-7-7　氧在碱性溶液中在 RRDE 电极上的极化曲线

例如，在稀碱溶液中，氧在铂电极上还原为 H_2O 的反应中有中间产物 H_2O_2 生成，可以用 RRDE 证实 H_2O_2 的存在。采用旋转的铂环盘

电极，保持盘电极在某一电势，使之发生氧气还原为 H_2O 的反应。氧在盘电极上还原的同时，在环电极上加上能使 H_2O_2 氧化但不至于使水分子氧化的正电势。用这种电极研究氧的还原过程，其极化曲线如图 3-7-7 所示。图中电极电势在 0.5 ~ −0.1 V，盘电极电流 i_D 出现极小值，而环电极电流 i_R 出现极大值。表明在这个电势范围内，中间产物 H_2O_2 能在圆盘电极邻近液层内积累到较高浓度，部分中间产物 H_2O_2 离开圆盘到达圆环电极后被还原，从而使盘电极电流 i_D 下降，环电极电流 i_R 上升。测试中出现明显的环图 3-7-7 电流，说明在还原过程中，圆盘电极上形成的不稳定中间产物 H_2O_2 的一部分被甩到环电极上而被氧化，这就表明在反应中确有中间产物 H_2O_2 生成。

3.8 稳态电化学研究方法在新能源材料及器件专业领域的应用

3.8.1 Tafel 曲线的应用——验证材料的催化能力

Tafel 曲线一般被划分为三个区域：扩散区、Tafel 区和极化区。我们可以从极化区获得对电极材料的交换电流密度（J_0）和从扩散区获得极限扩散电流密度（J_d）。当过电势为零时，极化区的外推线与零电位轴交点的截距即为交换电流密度。

例 1：验证不同温度下制备的 VS_2 对电极对 I^-/I_3^- 电解质的催化能力。

J_0 与 I^-/I_3^- 电解质中的对电极材料的还原能力成正比，决定着催化反应速率的快慢。不同温度下制备的 VS_2 对电极的 Tafel 曲线如图 3-8-1（a）所示。

由图中的极化曲线可以得出 VS_2 对电极的 Tafel 曲线极化区的斜率，斜率越陡表明 J_0 越大，催化效果越好。极限扩散电流密度为阴极分支和垂直轴的交点，即电压最大时的水平部分，与电解液的 I_3^- 的扩散能力正相关。J_d 与扩散系数成线性关系，J_d 越大意味着扩散越快。从图 3-8-1（a）中可以看出，从 140 °C 到 200 °C，180 °C 的 VS_2 对电极的 J_0 和 J_d 值最大，因为纳米纤维结构的 VS_2（180 °C 制备）具有大的比表面积。如图 3-8-1（b）所示，在优化条件下，VS_2（180 °C 制备）对电极的 J_0 和 J_d 与 Pt 电极类似。这主要是因为纳米纤维结构的 VS_2（180 °C 制备）比纳米颗粒的 VS_2 更有利于电子的传输。因此，这也表明 VS_2 对电极的电化学催化活性受形态的影响显著。

对电极的 Tafel 曲线进一步分析，可验证不同对电极的催化能力，图 3-8-2 显示了各种对电极的 Tafel 曲线图。其中交换电流密度和极限扩散电流密度与对电极材料上的 I^-/I_3^- 氧化还原对的还原能力和扩散能力呈正相关。从图 3-8-2（a）（b）和（c）中，我们可以看到不同对电极的催化能力，再次证明了 CNTs/VS_2 混合对电极具有优异的电催化活性。

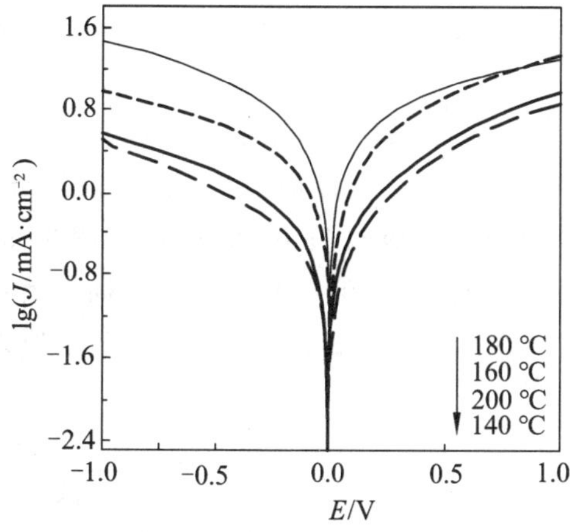

（a）不同温度下制备的 VS_2 对电极的 Tafel 曲线

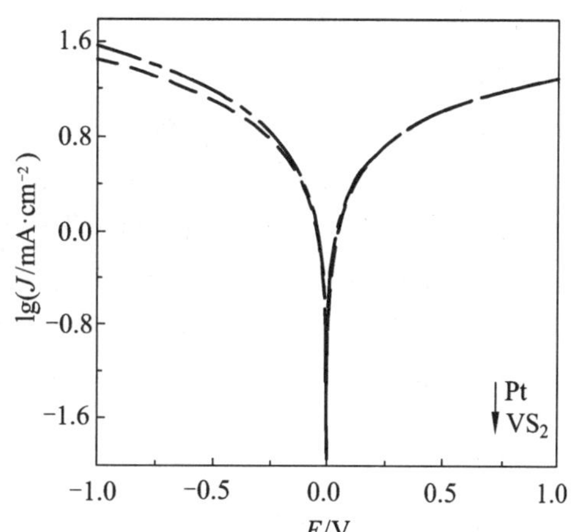

（b）180 °C 制备的 VS_2 和 Pt 对电极的 Tafel 曲线

图 3-8-1　对电极的 Tafel 曲线

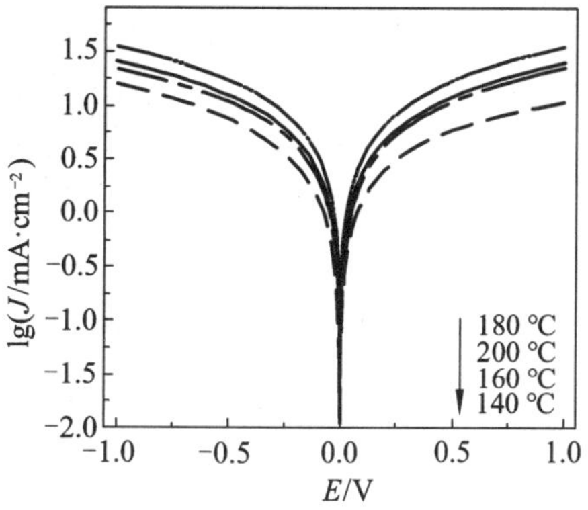

（a）

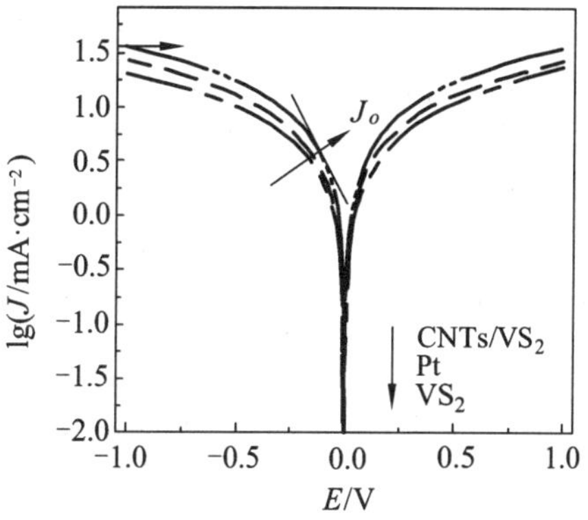

（b）

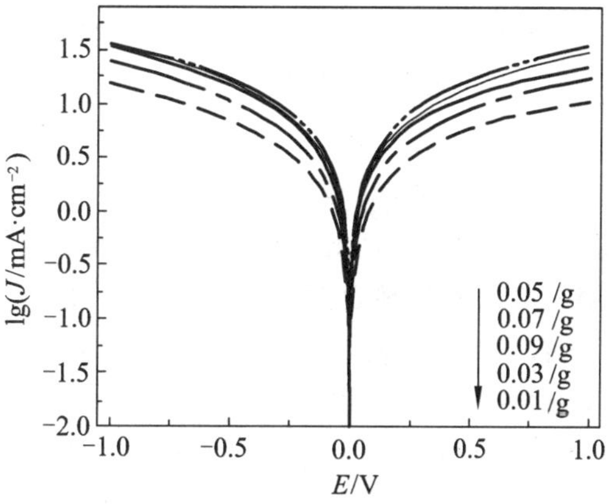

（c）

图 3-8-2　不同对电极的 Tafel 曲线

例 2：钴基金属有机骨架衍生纳米材料修饰活性炭空气阴极在微生物燃料电池中的催化性能。

理论研究表明 J_0 越大，越有利于阴极对电子的利用，最终表现为更高的功率输出。为了深入了解 $Co_3O_4/NiCo_2O_4$ 修饰的阴极催化剂的催化动力学特征，研究者进行了 Tafel 曲线测试。经 $Co_3O_4/NiCo_2O_4$ 修饰的阴极和空白活性炭阴极的 Tafel 曲线如图 3-8-3（a）所示。图 3-8-3（b）展示的是将 Tafel 曲线线性（过电势在 60 ~ 80 mV）部分抽取出来进行拟合的结果。通过 Tafel 曲线计算可以得到交换电流密度 J_0，通过比较 J_0 的数值大小来评估阴极催化氧气还原的反应动力学快慢。

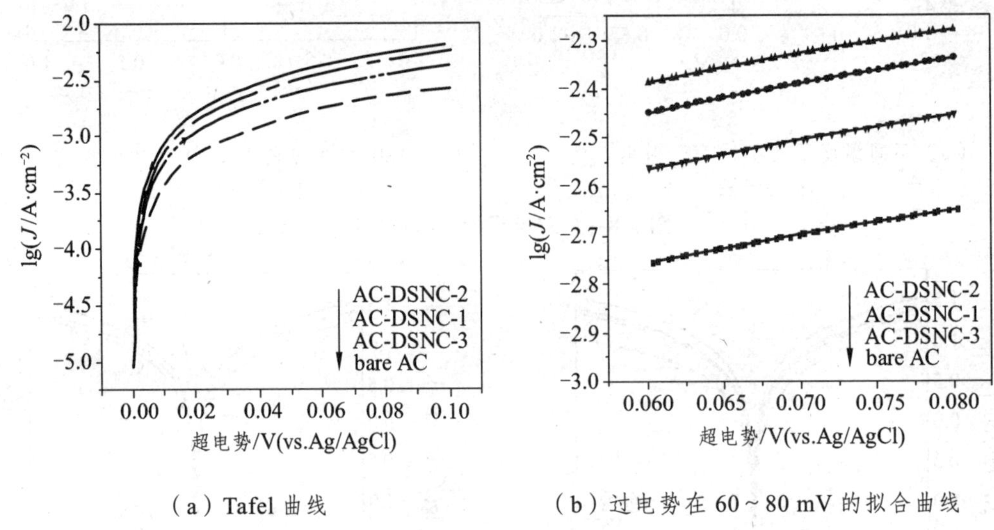

（a）Tafel 曲线　　（b）过电势在 60 ~ 80 mV 的拟合曲线

图 3-8-3　经 $Co_3O_4/NiCo_2O_4$ 修饰的阴极和空白活性炭阴极的极化曲线

3.8.2　旋转圆盘电极的应用——动力学过程研究

例：应用旋转圆盘电极研究 MOF 制备的氮掺杂多孔碳材料催化氧还原反应的性能。

首先以 MOF 为原材料，在 800 °C 下制备了 MOF 衍生材料，标为 U-NCCo-800。为了探究其催化动力学过程，测试了 U-NCCo-800 在 O_2 饱和的 0.1 mol/L KOH 溶液中的不同转速下的 LSV 曲线，如图 3-8-4（a）所示。当转速增大时（400 ~ 2400 r/min），材料的 ORR 极限扩散电流也变大，这是由于转速提高导致扩散距离变短造成的，而起始电位却变化不大，说明氧气在催化剂表面的扩散速率是 ORR 反应的关键所在，同时在−0.4 ~ −1.0 V 的电势区间，与文献报道比较吻合。为了探究材料在 ORR 过程的电子转移数，从不同转速的 LSV 曲线选取了 7 个电位，分别以 J^{-1}（J 为电流密度）为纵坐标，以 $\omega^{-1/2}$（ω 为转速）为横坐标得到 K-L 曲线，不同电位的 K-L 曲线呈现比较好的线性，说明在不同电位下的电子转移数相当，最后计算得出电子转移数如图 3-8-4（c）所示。从图中可以看出，电子转移数基本都在 3 以上，说明四电子路径多于两电子路径，说明 MOF 衍生材料在碱性条件下四电子占主要，并且电位越负，电子转移数越大。

图 3-8-4（d）是材料在 O_2 饱和的 0.1 mol/L KOH 溶液中，在电位−1.0 ~ −0.2 V 范围循环 1 000 转前后的 CV 曲线，从图中可以看出，峰电位几乎没有变化，峰电流有所降低，U-NCCo-800 单只降低大约 3%，说明 MOF 衍生材料有很好的化学稳定性。

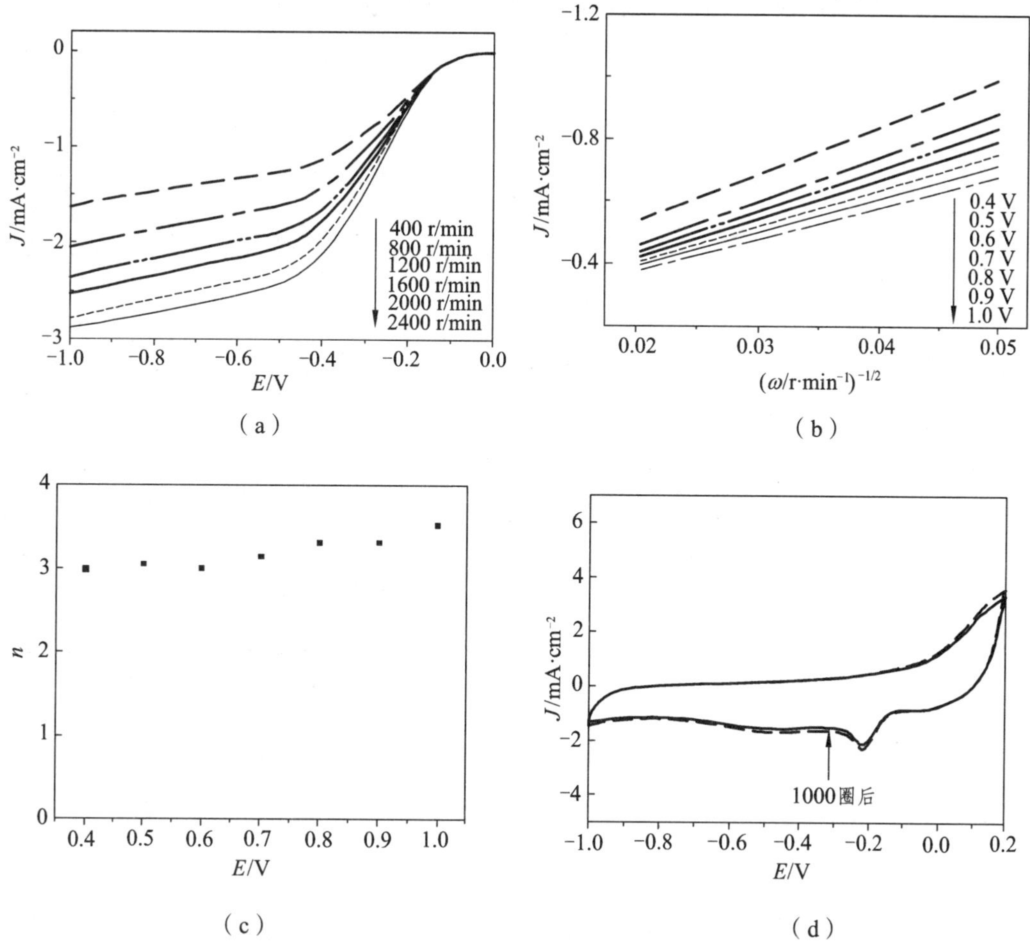

图 3-8-4　旋转圆盘电极研究 U-NCCo-800 材料的氧还原动力学过程

习　题

1. 什么是稳态？什么是稳态电化学研究方法？
2. 稳态体系的特点。
3. 分析平衡电极电势与稳态电极电势的区别与联系。
4. Tafel 公式的适用条件，为什么？
5. 如何用稳态电化学研究方法测量电化学反应动力学参数？测量中需要注意哪些问题？
6. 旋转圆盘电极有何特点？
7. 如何利用旋转圆盘电极判断电极过程的速率控制步骤？

8. 如何利用旋转圆盘电极测量电化学反应动力学参数?
9. 举例说明旋转环盘电极有何作用?
10. 旋转圆盘电极的适用范围。
11. 旋转圆盘电极与一般电极表面的极化情况的区别。

4 暂态电化学研究方法总论

为了了解电极的界面结构、界面上的电荷和电势分布以及在这些界面上进行的电化学过程的规律，就需要进行电化学研究。电化学研究主要是通过在不同的测试条件下，对电极的电势和电流分别进行控制和测量，并对其相互关系进行分析而实现的。通过对不同变量的控制，形成了不同的电化学研究方法。例如，控制单向极化的持续时间，可进行稳态法或暂态法测量；控制电极电势按照不同的波形规律变化，可进行电势阶跃、线性电势扫描、脉冲电势扫描等测量；使用旋转圆盘电极或微电极，可明显改变电极体系的动力学规律，获取不同的测量信息。

上一章已经介绍了稳态电化学研究方法的基本原理以及测量电化学动力学参数的基本原理，本章及后续 5 ~ 8 章主要对暂态电化学研究方法的总体情况与常用的几种暂态电化学研究方法的基本原理、应用条件及数据分析等进行介绍。对于常用的暂态电化学研究方法，后续相关章节将要讨论的体系其扩散层中的活性物质的传递仅由扩散进行，即已经加入大量支持电解质；所涉及的研究方法均满足小的电极面积与溶液体积比，也就是说，电极面积足够小，电解质溶液体积足够大，以保证实验研究中流过电解池的电流不改变溶液中活性物质的本体浓度。

4.1 暂态过程

4.1.1 暂　态

从上一章的内容我们知道，稳态是在指定的时间范围内，电化学系统的参量基本不变的状态。暂态是相对稳态而言的。当极化条件改变时，电极会从一个稳态向另一个稳态转变，其间要经历一个不稳定的、变化的过渡阶段，这一阶段称为暂态。

我们知道，电极过程是由许多基本过程所组成的。在电极由一个稳态向另一个稳态转变的过渡阶段中，任意一个电极基本过程没有达到新的稳态，都会使整个电极过程处于暂态过程之中，如双电层充电过程、电化学反应过程、扩散传质过程。某一个基本过程没有达到稳态时，表现出来的结果就是这个过程的参量处于变化之中。例如，处于暂态过程时，界面双电层的电荷分布状态、电极界面的吸附覆盖状态、扩散层中的浓度分布、电极电势和极化电流都可能处在变化之中，至少其中之一处于变化之中。

总之，当电极极化条件改变时，电极会从一个稳态向另一个稳态转变，其间所经历的不稳定的、电化学参量显著变化的阶段就称为暂态过程。

4.1.2 暂态过程的特点

（1）暂态过程具有暂态电流，即双电层充电电流 i_c。

在暂态过程中，极化电流包括两个部分：一部分电流用于双电层充电，称为双电层充电电流（Double-layer Charging Current）i_c，或者称为电容电流（Capacitive Current），或非法拉第电流（Non-Faradaic Current）；另一部分用于进行电化学反应，称为法拉第电流（Faradaic Current）i_F，或者电化学反应电流（Electrochemical Reaction Current）。这样，总电流 $i = i_c + i_F$。

双电层充电电流 i_c 为

$$i_c = \frac{dq}{dt} = \frac{d[-C_d(E - E_z)]}{dt} = -C_d \frac{dE}{dt} + (E - E_z)\frac{dC_d}{dt} \tag{4-1-1}$$

式中 取负号是因为规定阴极电流为正；

C_d——双电层的电容；

E——电极电势；

E_z——零电荷电势（Potential of Zero Charge，PZC）。

式（4-1-1）中等号右侧的第一项 $-C_d \frac{dE}{dt}$ 是电极电势发生改变时对双电层充电的充电电流。发生电化学反应时，若电极过程进行迟缓，电极电势将偏离原来的平衡值，即出现极化现象。例如，电荷传递过程进行迟缓时，将在电极界面上建立起电化学极化；当扩散过程进行迟缓时，将在电极界面上建立起浓差极化。如要改变电极电势，必须改变电极/溶液界面的电荷分布状态，这就需要对电极界面双电层进行充电，这一双电层充电电流即为式（4-1-1）中等号右侧的第一项 $-C_d \frac{dE}{dt}$。

存在着这种双电层充电电流的暂态过程由图 4-1-1 给出示意性的描述，图中控制的极化条件是恒电流极化。在图 4-1-1（a）中所示的时刻，电极处于平衡状态，双电层荷电状态保持稳定。当通电后，在图 4-1-1（b）中所示的时刻，由于反应进行迟缓，被恒定的电流驱使到达电极界面的三对正电荷和电子中，只有一对相结合发生还原反应，另外两对排布在电极界面两侧，改变了双电层的荷电联态，增大了电极的极化。这一时刻，总电流中的 2/3 为双电层充电电流，电极处于暂态过程。在图 4-1-1（c）中所示的时刻，电极极化已经增大，电化学反应可在更高的速度下进行，被恒定的电流驱使到达电极界面的三对正电荷和电子中，可有两对相结合发生还原反应，另外一对排布在电极界面两侧，进一步改变了双电层的荷电状态，增大了电极的极化。这一时刻，总电流中的1/3为双电层充电电流，电极仍处于暂态过程。在图4-1-1（d）中所示的时刻，更大的电极极化可使三对正电荷和电子均互相结合发生还原反应，全部电流都用于电化学反应，双电层充电电流下降为零，电极达到稳态。

式（4-1-1）中等号右侧的第二项$(E-E_z)\dfrac{dC_d}{dt}$是双电层电容C_d改变时对双电层充电的充电电流，当电极表面上有表面活性物质吸脱附时，双电层电容发生急剧变化，这时$(E-E_z)\dfrac{dC_d}{dt}$可达很大数值。通常情况下，没有表面活性物质吸脱附时，双电层电容C_d随时间变化不大，此项可忽略。

当电极过程达到稳态时，电化学参量均不再变化，E 和C_d也不再变化。很明显，式（4-1-1）中等号右侧的两项都为零，即i_c为零。也就是说，当电极过程处于暂态时，存在双电层的充电过程；而一旦达到稳态时，i_c为零，不再有双电层充电过程。

有人可能会问：电极过程是不是一定要由暂态发展为稳态，或者说经过一定时间之后，电极过程是不是一定要达到稳态阶段？

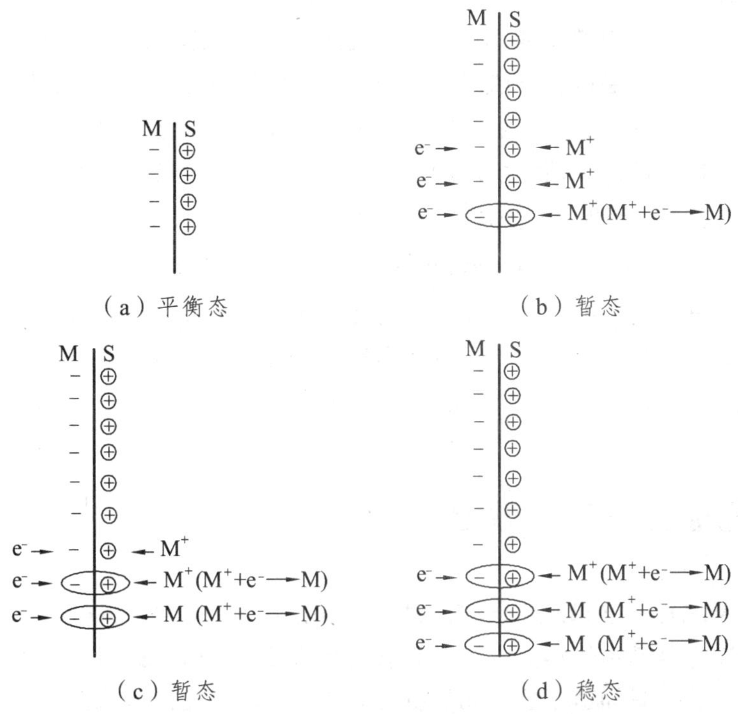

图4-1-1 恒电流极化时伴随暂态过程的界面双电层充电情况

实际上，电极过程不一定总是要达到稳态，这和我们所控制的极化条件有关。后面我们就会学习到，当进行恒电流阶跃或恒电势阶跃极化时，会达到稳态；如果进行线性电位扫描或交流阻抗实验时，我们控制电势不断变化，这时就不会达到稳态。

（2）当扩散传质过程处于暂态时，电极/溶液界面附近的扩散层内反应物和产物粒子的浓度，不仅是空间位置的函数，而且是时间的函数，$C=C(x,t)$。

图 4-1-2（a）和（b）分别是控制电势阶跃极化条件下和控制电流阶跃极化条件下的平板电极表面液层中反应物浓度分布的发展示意图。

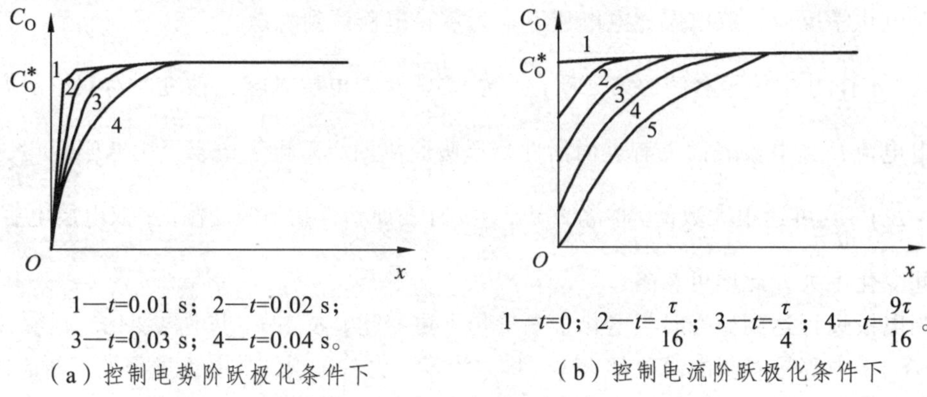

（a）控制电势阶跃极化条件下　（b）控制电流阶跃极化条件下

图 4-1-2　平板电极表面液层中反应物浓度分布的发展

从上面两图中可以看出，在同一时刻，浓度随离开电表面的距离而变化；在离电极表面同一距离处，浓度又随时间的变化而变化；随着时间的推移，扩散层的厚度越来越大，扩散层向溶液内部发展，当达到对流区时，建立起稳态的扩散，这时的扩散层厚度达到最大，扩散层内粒子浓度不再随时间而变化。可见，非稳态扩散过程比稳态扩散过程多了时间这个影响因素。因此，可以通过控制极化时间来控制浓差极化。通过缩短极化时间，减小或消除了浓差极化，突出了电化学极化。当进行控制电势阶跃极化时，暂态扩散层厚度 $\delta=\sqrt{\pi D_O t}$。若 $t=10^{-5}$ s，$D_O=10^{-5}$ $cm^2 \cdot s^{-1}$，则暂态扩散层厚度 $\delta=1.77\times10^{-5}$ cm；而在自然对流状态下，稳态时的扩散层厚度 δ 约为 10^{-2} cm。

可见，若缩短极化时间至 10^{-5} s，那么暂态的扩散电流要比自然对流条件下稳态的大得多。这样，对于快速的电化学反应，仍然以电化学极化为主，排除了浓差极化的干扰，因此可以研究快速电化学反应的动力学参数。

4.2　暂态过程的等效电路

由于暂态系统是随时间而变化的，因而相当复杂。因此常常将电极过程用等效电路来描述，每个电极基本过程对应一个等效电路的元件。如果我们得到了等效电路中某个元件的数值，也就知道了这个元件所对应的电极基本过程的动力学参数。这样，我们就将对电极过程的研究转化为对等效电路的研究。或者说，我们把抽象的电化学反应，用熟悉的电子电路来模拟，只要研究通电时的电子学问题就可以了，那么这样就可以利用许多已知的电子学知识来解决问题。然后利用各电极基本过程对时间的不同响应，可以使复杂的等效电路得以简化或进行解析，从而简化问题的分析和计算。

通常，需要根据各个电极基本过程的电流、电势关系，来确定它们的等效电路以及等效电路之间的关系。

4.2.1 传荷过程控制下的界面等效电路

我们知道，在电极界面上规则地排布着异种电荷，形成了界面双电层，这一双电层非常类似于一个平板电容器，因此可以等效成一个双电层电容，用符号 C_d 来表示；同时，电极界面上还在进行着电荷传递过程，电荷传递的速度由法拉第电流来描述，由于电荷传递过程的迟缓性，法拉第电流引起了电化学极化超电势，这一电流、电势关系非常类似于一个电阻上的电流、电压关系，因此电荷传递过程可等效成一个电阻，称为电荷传递电阻（简称为传荷电阻），或称为电化学反应电阻，用符号 R_{ct} 来表示。

在暂态过程中，总的极化电流等于流过双电层电容 C_d 的双电层充电电流 i_c 和流过传荷电阻 R_{ct} 的法拉第电流 i_F 之和，即 $i = i_c + i_F$。而且，传荷电阻 R_{ct} 两端的电压（即电化学极化过电势）正是通过改变双电层荷电状态建立起来的，就等于双电层电容 C_d 两端的电压。综合考虑 C_d 和 R_{ct} 之间的电流、电势关系，可知 C_d 和 R_{ct} 之间应该是并联关系。因此，传荷过程控制下的界面等效电路应为 C_d 和 R_{ct} 的并联电路，如图 4-2-1 所示。

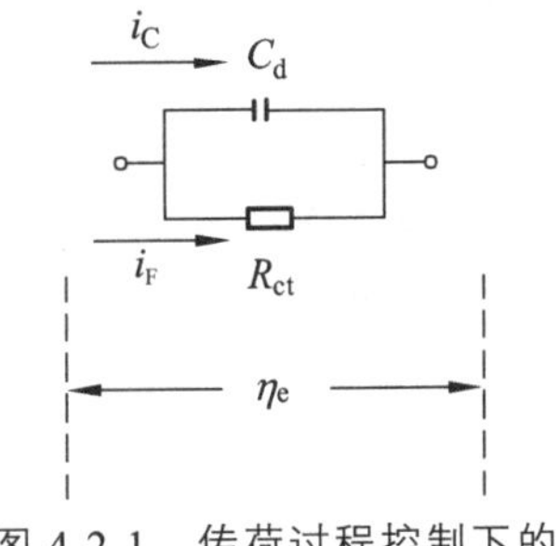

图 4-2-1 传荷过程控制下的界面等效电路

4.2.2 浓差极化不可忽略时的界面等效电路

4.2.2.1 扩散过程的等效电路

当极化电流通过电极/溶液界面时，电化学反应开始发生，这样就导致了界面上反应物的消耗和产物的积累，出现了浓度差。在电极通电的初期，扩散层很薄，浓度梯度很大，扩散传质速率很快，因此没有浓差极化出现。随着时间的推移，扩散层逐步向溶液内部发展，浓度梯度下降，扩散速率减慢，浓差极化开始建立并逐渐增大。当扩散达到对流区时，电极进入稳态扩散状态，建立起稳定的浓差极化过电势。可见，浓差极化过电势的出现和增大是逐步的、滞后于电流的。这个电势、电流关系很像含有电容的电路两端的电压、电流关系。

解 Fick 第二定律的结果也表明，在小幅度暂态信号极化下，扩散过程的等效电路由电阻和电容元件组成，是一个均匀分布参数的传输线，如图 4-2-2 所示。

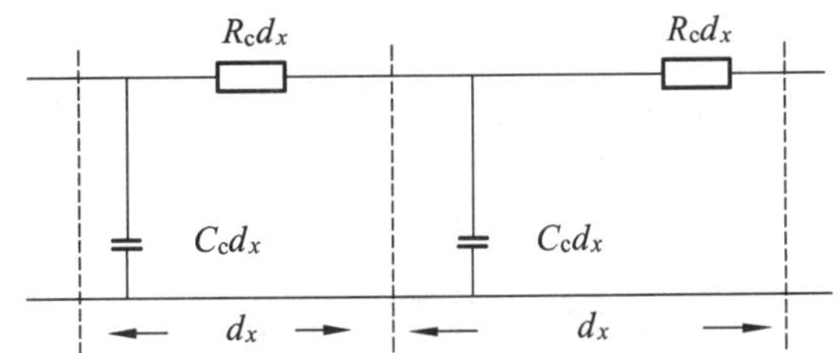

图 4-2-2 小幅度暂态信号极化下扩散过程的等效电路

在图中，$x=0$ 代表电极/溶液界面处。把扩散层分成无数个 d_x 的薄层，每层的浓差极化可用一个电容 $C_c d_x$ 和一个电阻 $R_c d_x$ 表示。$C_c d_x$ 对应着每一个 d_x 薄层溶液中的物质容量；$R_c d_x$ 表示对应着两个 d_x 薄层溶液之间的扩散阻力。

当采用小幅度正弦波微扰信号进行暂态极化时，上述电路可以简化成集中参数的等效电路，如图 4-2-3 所示。并且，浓差电阻 R_W 的电阻值和浓差电容 C_W 的容抗值相等，都正比于 $\omega^{-1/2}$，因而便于分析处理。

但是当作用在电极上的微扰信号按其他规律变化时，如三角波、方波、阶跃波等，分布参数的等效电路不能简化。因而在采用这些信号的暂态研究方法中使用等效电路的方法，并不能使问题得以简化，也就失去了使用等效电路的意义。所以，除了交流阻抗法外，其他的暂态研究方法都不能使用等效电路的方法研究扩散传质过程。

为了给问题一个完整的概念，用一个半无限扩散阻抗 Z_W 来表示扩散过程的等效电路，如图 4-2-4 所示。

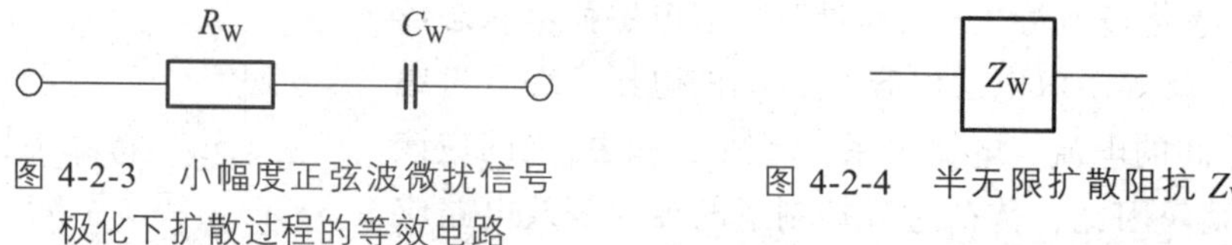

图 4-2-3　小幅度正弦波微扰信号极化下扩散过程的等效电路

图 4-2-4　半无限扩散阻抗 Z_W

4.2.2.2　扩散阻抗在电极等效电路中的位置

扩散传质过程和电荷传递过程是连续进行的两个电极基本过程，两个过程进行的速度是相同的，因此，两个过程的等效电路（扩散阻抗 Z_W 和传荷电阻 R_{ct}）上流过的电流均为法拉第电流 i_F；同时，界面极化过电势 $\eta_{界}$ 由浓差极化过电势和电化学极化过电势两部分组成，也就是说，扩散阻抗 Z_W 两端电压和传荷电阻 R_{ct} 两端电压之和为总的电压。很明显，由它们的电流、电势关系可以断定扩散阻抗 Z_W 和传荷电阻 R_{ct} 之间是串联关系，它们的总阻抗称为法拉第阻抗，用符号 Z_F 来表示。

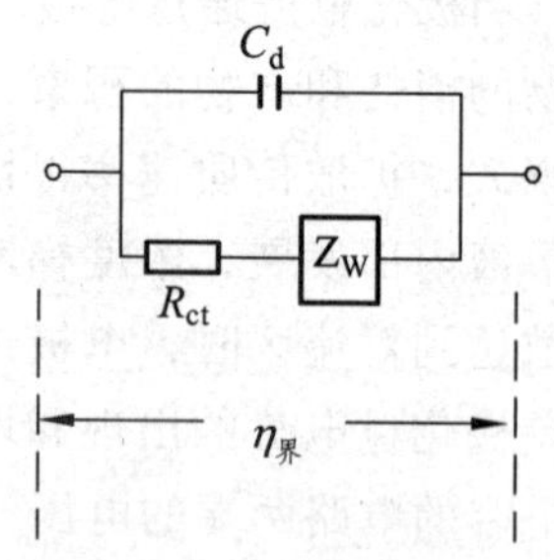

图 4-2-5　浓差极化不可忽略时的界面等效电路

总的极化电流等于流过双电层电容 C_d 的双电层充电电流 i_c 和流过法拉第阻抗 Z_F 的法拉第电流 i_F 之和，即 $i=i_c+i_F$。而且，法拉第阻抗 Z_F 两端的电压（即界面极化过电势 $\eta_{界}$）是通过改变双电层荷电状态建立起来的，就等于双电层电容 C_d 两端的电压。综合考虑 C_d 和 Z_F 之间的电流、电势关系，可知 C_d 和 Z_F 之间应该是并联关系。因此，界面等效电路应为 C_d 和 Z_F 的并联电路，如图 4-2-5 所示。

4.2.3　溶液电阻不可忽略时的等效电路

流过电极的极化电流除了流经界面，还必须流过溶液和电极。对于金属电极而言，导电性良好，其本身电阻可以忽略；但是，极化电流在从参比电极的 Luggin 毛细管管口到研究电极表面之间的溶液电阻 R_u 上产生的溶液欧姆压降（即欧姆极化过电势 η_R），和界面极化过电势 $\eta_界$ 构成总的过电势，因此，这段溶液电阻和界面等效电路串联，构成了总的电极等效电路，如图 4-2-6 所示。

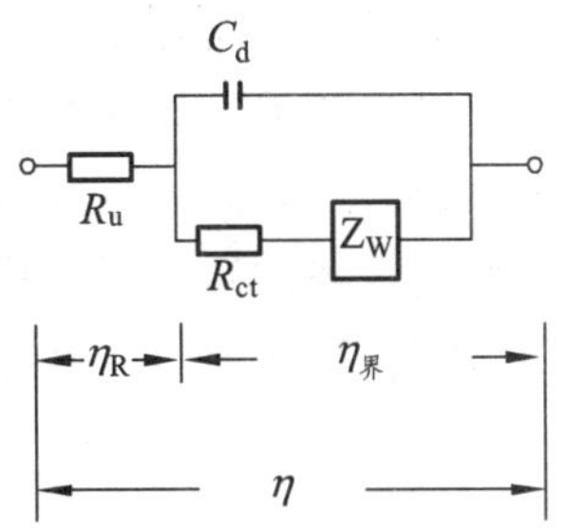

图 4-2-6　具有四个电极基本过程的简单电极过程的等效电路

这个电极等效电路是具有四个电极基本过程（双电层充电、电荷传递、扩散传质和离子导电过程）的简单电极过程的等效电路，电路中的四个元件分别对应着电极过程的四个基本过程：C_d 对应着双电层充电过程，R_{ct} 对应着电荷传递过程，Z_W 对应着扩散传质过程，而 R_u 则对应着离子导电过程。

4.3　等效电路的简化

暂态系统虽然较复杂，但暂态系统比稳态系统多考虑了时间的因素，所以可以利用各个电极基本过程对时间的不同响应，使复杂的等效电路得以简化，达到突出主要矛盾、研究电极基本过程、控制电极总过程的目的。

4.3.1　传荷过程控制下的电极等效电路

当控制如下条件时，浓差极化可以忽略不计，电极处于传荷过程控制（即电化学步骤控制）：

（1）小幅度暂态测量信号（通常 $|\Delta E \leqslant| 10\ \mathrm{mV}$）；

（2）单向持续时间短；

（3）电极体系的 $i^{\ominus}$ 较小。

在应用等效电路的方法研究电化学反应时，往往控制上述条件，消除浓差极化的影响，以研究电化学反应的动力学参数。

此时，等效电路可简化成如图 4-3-1 所示的形式。

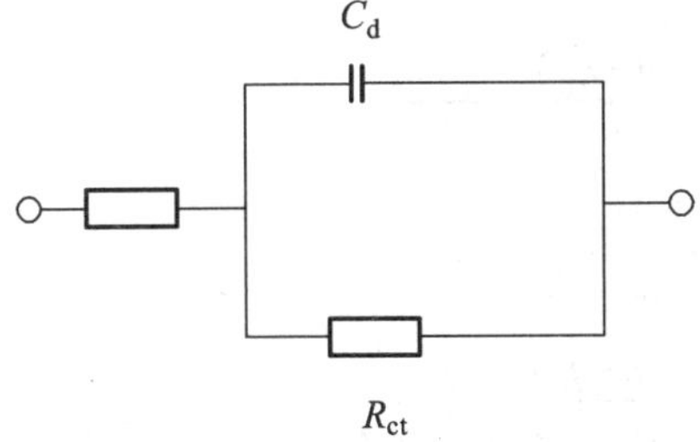

图 4-3-1　传荷过程控制下的电极等效电路

电极处于传荷过程控制时，电极的暂态过程持续时间较短，最短只有几个微秒。这取决于电极的时间常数 τ_C。

在控制电流的暂态研究中，相当于等效电路两端与恒流源相连，由于理想恒流源的内阻无穷大，因而恒流源可视为开路，这时等效电路的时间常数为 $\tau_C = R_{ct}C_d$。

在控制电势的暂态研究中，相当于等效电路两端同恒压源相连，由于理想恒压源的内阻为零，因而恒压源可视为短路，这时等效电路的时间常数为

$$\tau_C = R_{//}C_d$$

式中　$R_{//}$——R_{ct} 与 R_u 的并联电阻。

上述结论也可以从双电层电容充电过程的理论方程中得到。

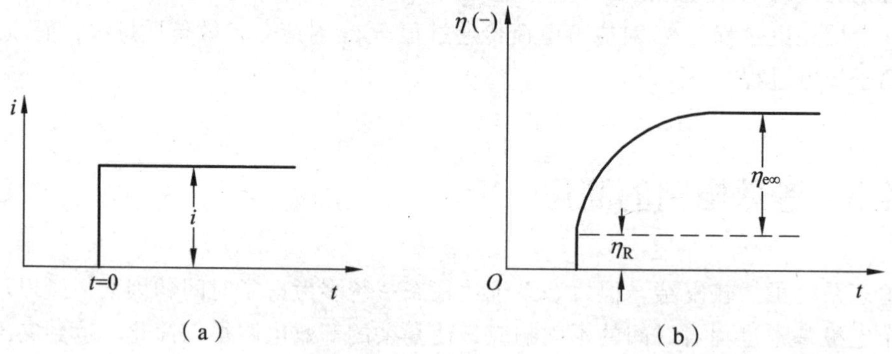

图 4-3-2　小幅度电流阶跃信号及其相应的过电势响应曲线

在小幅度控制电流阶跃暂态研究中，电流阶跃幅值为 i，小幅度电流阶跃信号及其相应的过电势响应曲线如图 4-3-2 所示。则有下列关系式

$$i = i_c + i_F$$

$$i_c = -C_d \frac{d(\eta - \eta_R)}{dt}$$

$$i_F = -\frac{\eta - \eta_R}{R_{ct}}$$

$$\eta_{e\infty} = -iR_{ct}$$

$$\eta_{t=0} = -iR_u = \eta_R$$

式中　$\eta_{e\infty}$——传荷过程控制下，电化学反应达到稳态时的电化学极化过电势。

合并上面各式，可得

$$\frac{\eta_{e\infty}}{R_{ct}} = C_d \frac{d(\eta - \eta_R)}{dt} + \frac{\eta - \eta_R}{R_{ct}}$$

$$\frac{d(\eta - \eta_R)}{-\eta + \eta_{e\infty} + \eta_R} = \frac{1}{R_{ct}C_d}dt$$

$$-\int_{\eta=\eta_R}^{\eta} \frac{d(-\eta + \eta_R)}{-\eta + \eta_{e\infty} + \eta_R} = \int_0^t \frac{1}{R_{ct}C_d}dt$$

$$\ln\frac{-\eta+\eta_{e\infty}+\eta_R}{\eta_{e\infty}}=-\frac{t}{R_{ct}C_d}$$

$$-\eta+\eta_{e\infty}+\eta_R=\eta_{e\infty}\exp\left(-\frac{t}{R_{ct}C_d}\right)$$

$$\eta=\eta_{e\infty}\left[1-\exp\left(-\frac{t}{R_{ct}C_d}\right)\right]+\eta_R \tag{4-3-1}$$

上式即为小幅度控制电流阶跃暂态研究中，η-t 曲线的理论方程。由式中可见，时间常数 $\tau_C=R_{ct}C_d$。

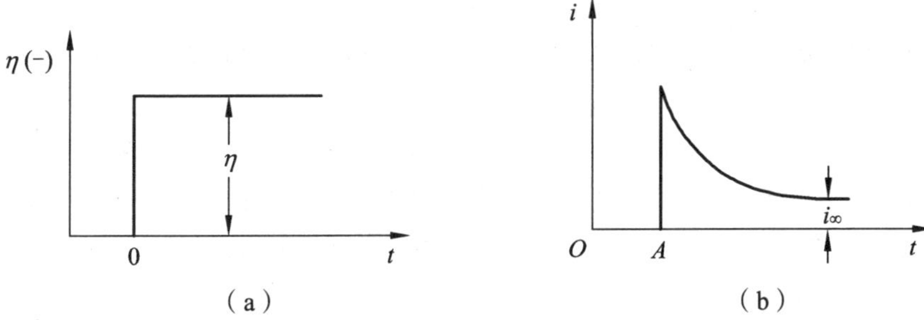

图 4-3-3 小幅度电势阶跃信号及其相应的过电势响应曲线

在小幅度控制电势阶跃暂态研究中，电势阶跃幅值为 η，小幅度电势阶跃信号及其相应的电流响应曲线如图 4-3-3 所示。则有下列关系式

$$i=i_c+i_F$$

$$i_c=-C_d\frac{d(\eta+iR_u)}{dt}$$

$$i_F=-\frac{\eta+iR_u}{R_{ct}}$$

$$i_\infty=-\frac{\eta}{R_u+R_{ct}}$$

$$i_{t=0}=-\frac{\eta}{R_u}$$

式中 i_∞——传荷过程控制下，电化学反应达到稳态时的法拉第电流。

$$i=-C_d\frac{d(\eta+iR_u)}{dt}-\frac{\eta+iR_u}{R_{ct}}$$

$$\frac{d(\eta+iR_u)}{-i(R_u+R_{ct})-\eta}=\frac{1}{R_{ct}C_d}dt$$

$$\int_{i=-\eta/R_u}^{i}\frac{d[-i(R_u+R_{ct})-\eta]}{-i(R_u+R_{ct})-\eta}=-\frac{R_u+R_{ct}}{R_uR_{ct}}\frac{1}{C_d}\int_0^t dt$$

$$\ln[-i(R_u+R_{ct})-\eta]_{i=-\eta/R_u}^{i}=-\frac{t}{R_{//}C_d}$$

$$\frac{-i(R_u+R_{ct})-\eta}{\dfrac{R_{ct}}{R_u}\eta}=\exp\left[-\frac{t}{R_{//}C_d}\right]$$

$$-i(R_u+R_{ct})=\eta\left[1+\frac{R_{ct}}{R_u}\exp\left(-\frac{t}{R_{//}C_d}\right)\right]$$

$$i=i_\infty\left[1+\frac{R_{ct}}{R_u}\exp\left(-\frac{t}{R_{//}C_d}\right)\right] \quad (4\text{-}3\text{-}2)$$

上式即为小幅度控制电势阶跃暂态研究中，i-t 曲线的理论方程。由式中可见，时间常数为 $\tau_C=R_{//}C_d$（$R_{//}$ 是 R_u 与 R_{ct} 的并联电阻）。

从式（4-3-1）和式（4-3-2）可知，当 $t=3\tau_C$ 时，响应过电势（或响应电流）达到其稳态值的 95%；当 $t=5\tau_C$ 时，达到其稳态值的 99.3%。因此可以认为，传荷过程控制下暂态过程持续的时间，即达到电化学稳态所需要的时间是$(3\sim5)\tau_C$。

4.3.2 传荷过程控制下的电极等效电路的进一步简化

（1）当测量信号单向极化持续时间极短时，即 $t\to0$ 时，由于通过电极的电量极少，不足以改变电极/溶液界面的荷电状态，双电层尚未开始充电。等效电路可由图 4-3-1 所示的形式进一步简化为图 4-3-4（a）所示的形式。利用此过程可测量溶液电阻 R_u。

（2）当测量信号单向极化持续时间很短时，即 $t\ll\tau_C$ 时，电化学反应还来不及发生，$i_F=0$，电流全部用于双电层充电。等效电路可由图 4-3-1 所示的形式进一步简化为图 4-3-4（b）所示的形式。此时可以测量 C_d，研究电极界面信息。

（3）当 $t\gg\tau_C$ 时，即 $t>5\tau_C$ 时（同时 t 尚未长到引起浓差极化），电化学反应达到稳态，电流全部用于电化学反应，$i_c=0$。等效电路可由图 4-3-1 所示的形式进一步简化为图 4-3-4（c）所示的形式。

（4）当 $t>(3\sim5)\tau_C$，且 $R_u\to0$（即消除或补偿了溶液欧姆压降）时，等效电路可由图 4-3-1 所示的形式进一步简化为图 4-3-4（d）所示的形式。此时，可测量 R_{ct}。

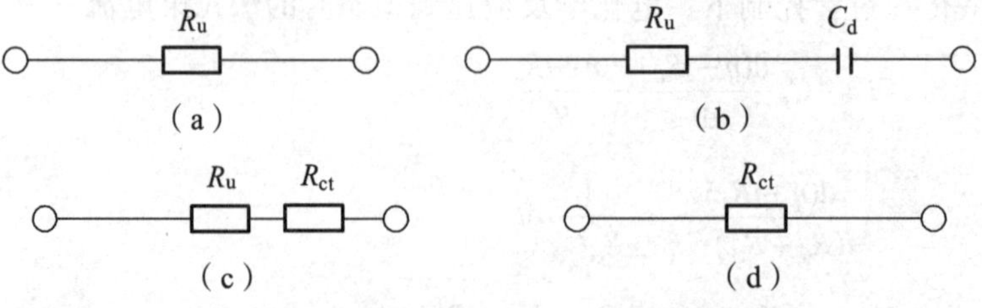

图 4-3-4　传荷过程控制下的电极等效电路的进一步简化

4.4 时间常数

在电化学研究实验中，通常不能忽略双电层充电电流的存在。实际上，在电活性物质浓度很低的电极反应中，双电层充电电流要比法拉第电流大得多。故下面简要讨论双电层充电的性质。

电化学研究实验通常是通过对电极体系施加一个电扰动并观测所产生的响应特征，从而获得有关电化学体系的信息。由于电极体系可用电路元件 R 和 C 的组合来等效，故可用电工学中 RC 电路的响应特征来分析。

1. RC 串联电路的响应特征

图 4-4-1 是一 RC 串联电路。在 t=0 时将开关合上，电路即与一个恒定电压为 U 的电压源接通，开始对电容元件充电。

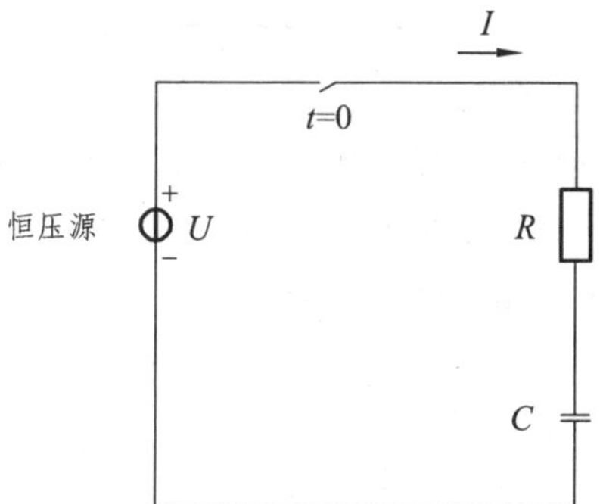

图 4-4-1　RC 串联充电电路

t>0 时，电路中电流和电压的微分方程为

$$I(t)=C\frac{\mathrm{d}U_{\mathrm{C}}(t)}{\mathrm{d}t} \tag{4-4-1}$$

$$U=I(t)R+U_{\mathrm{C}}(t)=RC\frac{\mathrm{d}U_{\mathrm{C}}(t)}{\mathrm{d}t}+U_{\mathrm{C}}(t) \tag{4-4-2}$$

式中　$U_{\mathrm{C}}(t)$——电容元件上的电压值。

求解此方程，得

$$U_{\mathrm{C}}(t)=U\left[1-\exp\left(-\frac{t}{RC}\right)\right]=U\left[1-\exp\left(-\frac{t}{\tau_{\mathrm{C}}}\right)\right] \tag{4-4-3}$$

$$I(t)=C\frac{\mathrm{d}U_{\mathrm{C}}(t)}{\mathrm{d}t}=\frac{U}{R}\exp\left(-\frac{t}{\tau_{\mathrm{C}}}\right) \tag{4-4-4}$$

式中　$\tau_{\mathrm{C}}=RC$，因为它具有时间的量纲，因此被称为 RC 电路的时间常数。

由式（4-4-3）可知，电容元件上的电压 $U_{\mathrm{C}}(t)$ 按指数规律随时间增长而趋于稳态值。

充电电路中的电流 $I(t)$ 初始值为 U/R，按指数规律随时间衰减而趋于 0。而且，$U_C(t)$ 增长的快慢和 $I(t)$ 衰减的快慢取决于电路的时间常数 τ_C。当 $t=\tau_C$ 时，有

$$I(\tau_C)=\frac{U}{R}e^{-1}=0.368\frac{U}{R} \tag{4-4-5}$$

可见时间常数 τ_C 等于充电电流衰减到初始值的 36.8% 所需的时间。从理论上讲，电路只有经过 $t=\infty$ 的时间才能充电完毕，但是由于指数曲线开始变化快，而后逐渐缓慢，如表 4-4-1 所示，在 $t=3\tau_C$ 时，充电电流衰减至初始值的 5%；在 $t=5\tau_C$ 时，充电电流衰减至初始值的 0.7%。所以，实际上经过 $t=5\tau_C$ 的时间，就可以认为充电完毕了。

表 4-4-1　$\exp(-t/\tau_C)$ 随时间的衰减

t	τ_C	$2\tau_C$	$3\tau_C$	$4\tau_C$	$5\tau_C$	$6\tau_C$
$\exp(-t/\tau_C)$	e^{-1}	e^{-2}	e^{-3}	e^{-4}	e^{-5}	e^{-6}
	0.368	0.135	0.050	0.018	0.007	0.002

2. 电化学研究实验的时间常数

对交换电流密度较小的电极过程，如果采用直流电压或电流为激励信号，当作用的信号幅度小且单向极化的时间很短时，浓度极化往往可以忽略，电极过程由电化学步骤控制，这时等效电路可用图 4-3-1 来表示。

在控制电势法的研究中，相当于图 4-3-1 所示等效电路的两端接在恒压源上，如图 4-4-2 所示。

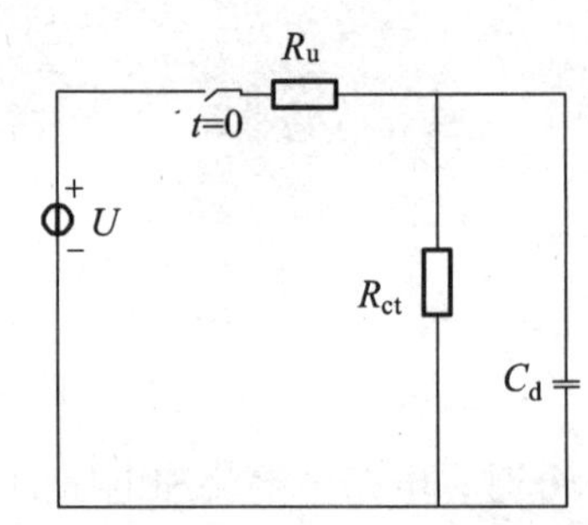

图 4-4-2　控制电势法研究的等效电路

在电工学中，分析复杂一些的 RC 电路的暂态过程时，可以应用戴维宁定理将换路后的电路化简为一个简单 RC 串联电路进行分析。时间常数计算步骤如下：① 将电容元件划出，而将其余部分看作一个等效电源，于是组成一个简单电路；② 求等效电源的内阻，等效电源的内阻和电容的乘积即为电路的时间常数。

戴维宁定理：任何一个有源两端线性网络都可以用一个等效电源来代替。等效电源由理想电压源 E 和内阻 R_0 串联组成，其中 R_0 等于有源两端网络中将所有电源均除去（将各个理想恒压源短路，将各个理想恒流源开路）后所得到的无源网络两端之间的等效电阻。

利用以上方法，可将图 4-4-2 电路转化为图 4-4-3 所示的 RC 串联电路，其中等效电源的内阻 R_0 为图 4-4-2 电路从电容两端看进去的电阻（恒压源短路），即 R_{ct} 与 R_u 并联的总电阻。显然，时间常数 $\tau_C=R_0C_d$。所以在控制电势法的研究中，时间常数

$$\tau_C=(R_{ct}//R_u)C_d \tag{4-4-6}$$

式中　$R_{ct}//R_u$—— R_{ct} 与 R_u 并联的总电阻。

对交换电流密度较小的电极，其电荷传递电阻 R_{ct} 很大，于是 $R_{ct}//R_u \approx R_u$，故时间常数可近似为

$$\tau_C = R_u C_d \tag{4-4-7}$$

在控制电流法的研究中，相当于图 4-3-1 所示等效电路的两端接在恒流源上，如图 4-4-4 所示。根据戴维宁定理，该电路也可转化为图 4-4-3 所示的 RC 串联电路，其中等效电源的内阻 R_0 为图 4-4-4 电路从电容两端看进去的电阻（恒流源开路），即 R_{ct}。显然，在控制电流法的研究中，时间常数

$$\tau_C = R_{ct} C_d \tag{4-4-8}$$

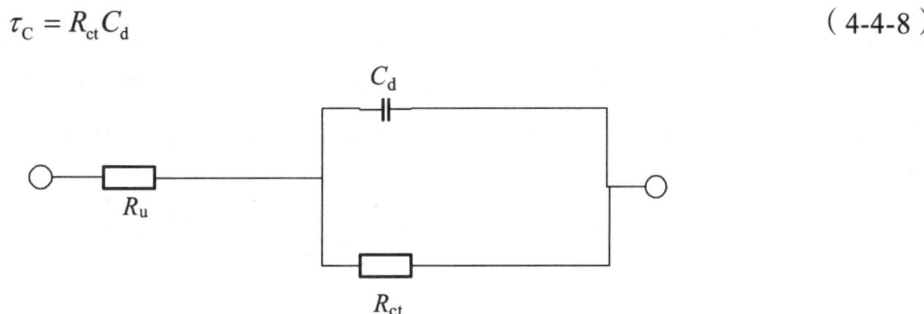

图 4-4-3　将电容元件划出而其余部分看作等效电源的电路

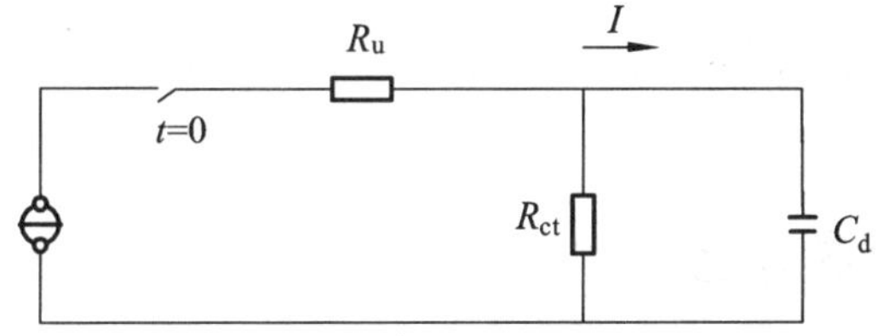

图 4-4-4　控制电流法测量的等效电路

3. 减小时间常数的方法

时间常数限定了电解池可以接收有意义的扰动的最短时间域。比如在电势阶跃法中，工作电极界面上电势是按指数规律上升的[见式（4-4-3）]，图 4-4-5 给出了施加瞬时阶跃电势后，电解池时间常数对工作电极真实电势上升的影响示意图。时间常数越小，双电层充电时间越短，真实电势达到阶跃电势越快。所以在电化学研究实验中总是希望 τ_C 越小越好。

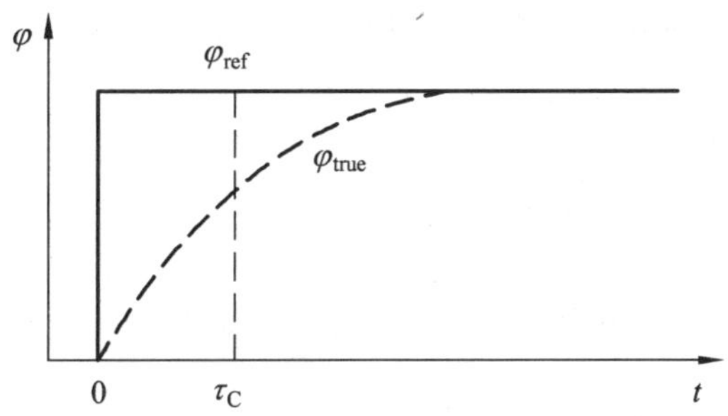

图 4-4-5　电势阶跃法中时间常数对研究电极真实电势上升的影响

控制电势法的研究中，时间常数可近似为$\tau_C = R_u C_d$，减少$R_u C_d$至少可以有三种措施：① 通过增加支持电解质浓度，或增加溶剂极性，或降低溶液黏度等方法来提高介质的电导率，从而可以减小溶液电阻R_u；② 可以移动 Luggin 毛细管尖端的位置，使其尽可能地接近研究电极，从而减小溶液电阻R_u；③ 可以减小研究电极的面积，从而成比例地减小C_d。

R_u的测量一般可采用以下方法：① 测量电化学阻抗谱，Nyquist 图中实轴原点与半圆起点之间的电阻即为R_u（见交流阻抗章节）。② 断电流法。在极化过程中将法拉第反应中断几微秒（即把电解池开路，使电流降到零），测量断电瞬间电势的瞬间变化值，该值即为断电前电流i与R_u的乘积iR_u，从而可以确定R_u。该方法的原理是，电极界面电势差的改变和扩散过程的改变相对来说弛豫时间较长，因此电势的瞬间变化就是未补偿电阻欧姆压降的突变。③ 采用计算机控制的恒电势仪，在不发生法拉第反应的电势区域施加一个小的电势阶跃（如$\Delta\varphi$=50 mV），在该电势区域的电流仅为双电层充电电流，即等效电路为R_u与C_d串联，那么电流的响应按式（4-4-4）可得

$$I(t) = \frac{\Delta\varphi}{R_u}\exp\left(-\frac{t}{R_u C_d}\right) \tag{4-4-9}$$

根据上式通过计算机对数据进行自动分析，即可得到R_u与C_d的值。

4.5 电荷传递电阻

电荷传递电阻R_{ct}是电荷传递过程的等效电路，用以描述法拉第电流i_F和电化学极化过电势η_e之间的关系，即在没有浓差极化条件下的法拉第电流i_F和过电势η_e之间的关系

$$R_{ct} = -\frac{d\eta_e}{di_F} = -\left(\frac{\partial\eta}{\partial i_F}\right)_C \tag{4-5-1}$$

式中，取负号是因为规定阴极电流为正。

对于具有四个电极基本过程的简单电极反应$O + ne^- \longrightarrow R$，动力学关系式为 Butler-Volmer 公式

$$i_F = \vec{i} - \overleftarrow{i} = i^{\ominus}\left[\frac{C_O^S}{C_O^*}e^{-\frac{\alpha nF}{RT}\eta} - \frac{C_R^S}{C_R^*}e^{\frac{\beta nF}{RT}\eta}\right] \tag{4-5-2}$$

式（4-5-2）中共有三个变量，i_F、C_O^S和C_R^S，对其两边分别微分，可得

$$di_f = \frac{\vec{i}}{C_O^S}dC_O^S - \frac{\overleftarrow{i}}{C_R^S}dC_R^S - (\alpha\vec{i} + \beta\overleftarrow{i})\frac{nF}{RT}\eta \tag{4-5-3}$$

将式（4-5-3）代入式（4-5-1）中，可得

$$R_{ct}=\frac{RT}{nF}\frac{1}{\alpha\vec{i}+\beta\overleftarrow{i}} \tag{4-5-4}$$

上式可进一步改写为

$$\frac{1}{R_{ct}}=\frac{nF}{RT}\alpha\vec{i}+\frac{nF}{RT}\beta\overleftarrow{i}=\frac{1}{\overrightarrow{R_{ct}}}+\frac{1}{\overleftarrow{R_{ct}}} \tag{4-5-5}$$

由此可见，R_{ct}是由$\overrightarrow{R_{ct}}$和$\overleftarrow{R_{ct}}$两个电阻并联而成。它并非常数，而是与电极电势有关，通常特指在某一电极电势下的传荷电阻R_{ct}。

在平衡电势下及附近线性极化区，有$\vec{i}\approx\overleftarrow{i}\approx i^{\ominus}$，并注意到$\alpha+\beta=1$，由式（4-5-4）可得

$$R_{ct}=\frac{RT}{nF}\frac{1}{i^{\ominus}} \tag{4-5-6}$$

这样，实验中只要测得了平衡电势附近的R_{ct}，由式（4-5-6）可计算电极反应的重要动力学参数$i^{\ominus}$。

在强阴极极化区，即$|\eta|>2.3\frac{RT}{nF}\xrightleftharpoons{25\ ^{\circ}\mathrm{C}}\frac{118}{n}\mathrm{mV}$，$i_{\mathrm{F}}\approx\vec{i}>10\overleftarrow{i}$，因而

$$R_{ct}=\frac{RT}{\alpha nF}\frac{1}{i_{\mathrm{F}}} \tag{4-5-7}$$

同样，在强阳极极化区，可得

$$R_{ct}=\frac{RT}{\beta nF}\frac{1}{|i_{\mathrm{F}}|} \tag{4-5-8}$$

在强极化区利用式（4-5-7）和式（4-5-8），可求得αn和βn。

从式（4-5-6）至式（4-5-8）可以发现，在平衡电势附近的R_{ct}与电极的可逆性关系很大，而在强极化区R_{ct}与i_{F}有关，与电极的可逆性无关。

上面讨论的强极化区、线性极化区指的是电极总的极化状态。而R_{ct}通常是使用小幅度的暂态信号（如阶跃信号、方波信号、三角波信号等）进行测量的，因此，通常应用某一直流极化电势和小幅度暂态信号叠加，测量该直流极化电势下的R_{ct}。

若某一直流极化电势E_1处于强阴极极化区，即$|E_1-E_{eq}|>\frac{118}{n}\mathrm{mV}$时，在$E_1$上叠加小幅度暂态信号$\Delta E$测量$R_{ct}$，如图4-5-1所示，这时测得的$R_{ct}$是$E_1$电势下的$R_{ct}$值。此时$R_{ct}=\frac{RT}{\alpha nF}\frac{1}{i_{\mathrm{F}}}$。

若某一直流极化电势E_2处于阴极线性极化区，即$|E_1-E_{eq}|<\frac{10}{n}\mathrm{mV}$时，在$E_2$上叠

加小幅度暂态信号 ΔE 测量 R_{ct}，如图 4-5-1 所示，这时测得的 R_{ct} 是 E_2 电势下的 R_{ct} 值。此时，$R_{ct}=\frac{RT}{nF}\frac{1}{i^{\ominus}}$。

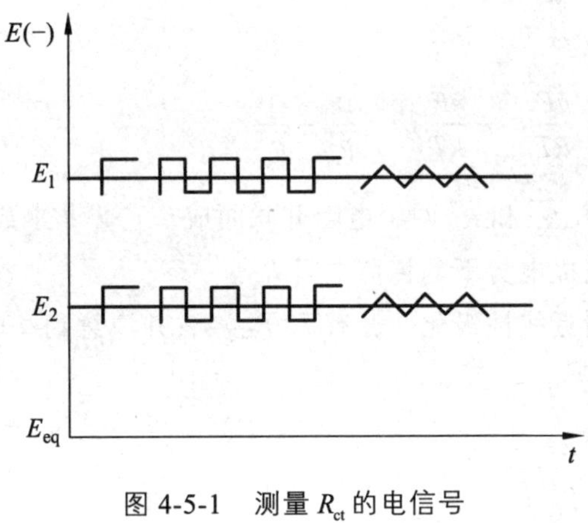

图 4-5-1　测量 R_{ct} 的电信号

4.6　暂态研究方法

4.6.1　暂态研究法的分类

暂态研究方法按照控制自变量的不同，可分为控制电流方法和控制电势方法。按照极化波形的不同，可分为阶跃法、方波法、线性扫描法和交流阻抗法等。按照研究手段的不同，可分为两类：一类应用小幅度扰动信号，电极过程处于传荷过程控制，采用等效电路的研究方法；另一类应用大幅度扰动信号，浓差极化不可忽略，通常采用方程解析的研究方法，而不能采用等效电路的研究方法。

在小幅度暂态研究方法中，由于测量信号符合小幅度条件（通常 $|\Delta E|<10$ mV），且单向极化持续时间很短，浓差极化可以忽略，电极处于传荷过程控制，可以采用等效电路的方法进行研究。同时，由于控制电极电势在一个小的范围内变化，等效电路的各个元件参数，如 R_{ct}、C_d，可视为不变，因而可求出在该电势下的等效电路元件参数值，进而得到相关的动力学参数。

在大幅度暂态研究方法中，浓差极化不能忽略，扩散过程的等效电路是一个均匀分布参数的传输线，而无法简化为集中参数的等效电路，采用这种电路研究浓差极化，不能使研究过程得到简化。另外，采用大幅度信号时，求出的等效电路元件参数 R_{ct} 和 C_d 都是该电势范围内的平均值，不具有明确的物理意义。因此，大幅度暂态法不采用等效电路的方法，而采用方程解析法。

4.6.2 暂态研究法的特点

由于暂态过程比稳态过程更加复杂，因而暂态研究方法往往能比稳态研究方法给出更多的信息。暂态研究方法具有如下特点：

（1）暂态研究方法能够测量 R_{ct}，由 R_{ct} 进而计算 $i^{\ominus}$、$\kappa^{\ominus}$ 等动力学参数。要使测量既不受浓差极化的影响，又不受双电层充电的影响，就必须选择足够小的极化幅值和合适的极化时间。

（2）暂态研究方法还能同时测量双层电容 C_d 和溶液电阻 R_u。

（3）暂态研究方法可研究快速电化学反应。它通过缩短极化时间，代替旋转圆盘电极的快速旋转，降低浓差极化的影响。当测量时间 $t < 10^{-5}$ s 时，暂态扩散电流密度高达每平方厘米几十安培，这就不至于影响快速电化学反应的研究。

（4）暂态法有利于研究表面状态变化快的体系，如电沉积和阳极溶解等过程。因为这些过程中，反应产物能在电极上积累，或者电极表面在反应时不断受到破坏，因而用稳态研究方法很难测得重现性良好的结果。

（5）暂态研究方法有利于研究电极表面的吸脱附和电极的界面结构，也有利于研究电极反应的中间产物和复杂的电极过程。这是因为暂态研究的时间短，液相中的杂质粒子来不及扩散到电极表面上。

习　题

1. 什么是暂态？
2. 暂态过程的特点。
3. 画出不同情况下的暂态过程等效电路图。
4. 利用电荷传递电阻如何计算动力学参数 $i^{\ominus}$ 和 αz 、βz ？
6. 暂态电化学研究方法的分类。
7. 暂态电化学研究方法的特点。
8. 减小时间常数的方法。
9. 电势阶跃法与电流阶跃法的时间常数。
10. R_u 的测试方法。

5 电势阶跃法

前面章节中已经介绍了稳态电化学研究方法的基本原理和利用稳态电化学研究方法测量动力学参数的基本原理，以及暂态电化学研究方法的总体特点。相对于稳态电化学研究方法，暂态电化学研究方法具有能研究更快速的电化学反应体系、能提供更多的信息和测量时间短等特点。因此，后续几章将主要介绍几种常用的暂态电化学研究方法，包括电势阶跃法、电流阶跃法、伏安法和电化学交流阻抗法。本章将主要介绍暂态电化学研究方法中的电势阶跃法的基本原理以及利用其测量动力学参数的基本原理。

特别强调，对于接下来介绍的暂态电化学研究方法，将要讨论的体系其扩散层中电活性物质的传质仅由扩散进行，即已经加入大量支持电解质；所涉及的实验方法均满足小的电极面积与溶液体积比，也就是说，电极面积足够小，电解质溶液体积足够大，以保证实验中流过电解池的电流不改变溶液中电活性物质的本体浓度。

5.1 电势阶跃法概述

电势阶跃法是控制电势研究方法中的一种，习惯上也叫作恒电势法。是指控制电极电势按照一定的具有电势突跃的波形规律变化，同时测量电流随时间的变化[称为计时电流法或计时安培法（Chronoamperometry）]，或者测量电量随时间的变化（称为计时电量法），进而分析电极过程的机理、计算电极的有关参数或电极等效电路中各元件的数值。

图 5-1-1 是基本实验研究系统的示意图。其中称为恒电势仪（Potentiostat）的仪器负责控制加在研究/工作电极和对电极上的电压，随时注入电流以保证实验中研究电极与参比电极间的电势差与预设定的程序一致，从而测量电流随时间或电势的变化。由于电流与电势相关，因而对应电势的电流是单值的。从化学角度看，电流是电子的流量，用于保证在指定的电势下以一定的速率进行电化学反应。事实上，电流就是恒电势仪对指定电极电势的响应，是可观察测量的。

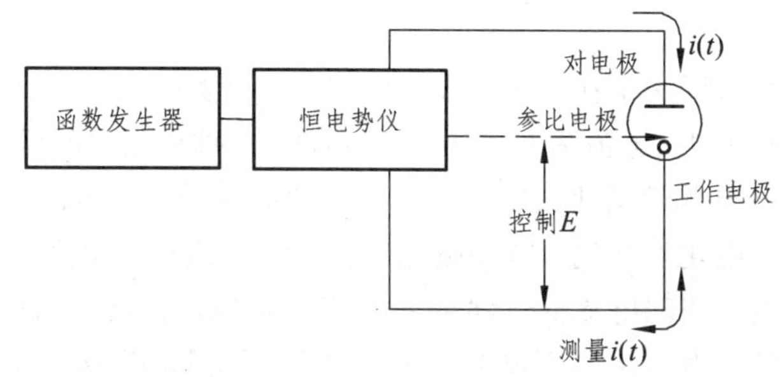

图 5-1-1　用于控制电势的实验装置示意

5.1.1　电势阶跃法暂态过程的特点

电势阶跃实验基本波形如图 5-1-2（a）所示。下面通过一个例子，来分析在固体电极与不搅拌含有电活性物质（如蒽，An）的电解质溶液间界面上施加单电势阶跃的情况。对于除氧的二甲基甲酰胺（DMF）中蒽的还原反应，于非法拉第区（未发生电化学反应）取 E_1，在物质传递极限控制（Mass Transfer Limited）区取较负的 E_2，使得还原反应速度足够快以至于蒽在电极表面浓度几乎达到 0。对这样的电势阶跃扰动，体系如何响应呢？

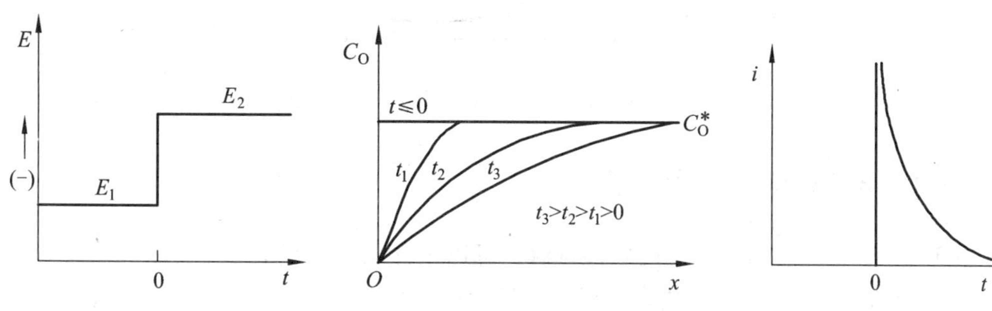

（a）阶跃实验波形，反应物 O 在电势 E_1 不反应，在 E_2 以扩散极限速度被还原　（b）各不同时刻的浓度分布　（c）电流与时间的关系曲线

图 5-1-2　电势阶跃实验

电极表面附近的蒽首先被还原为稳定的阴离子自由基

$$An + e^- \longrightarrow An^- \tag{5-1-1}$$

由于该过程在阶跃瞬间立即发生，需要很大的电流。随后流过的电流用于保持电极表面蒽被完全还原的条件。初始的还原在电极表面和本体溶液间造成浓度梯度（即浓差），本体的蒽就因而开始不断地向表面扩散，扩散到电极表面的蒽立即被完全还原。扩散流量也就是电流，正比于电极表面的浓度梯度。然而注意到，随着反应进行，本体溶液中的蒽向电极表面不断扩散，使扩散层向本体溶液逐渐延伸变厚，浓度梯度逐渐变小，电流也逐渐变小。浓度分布和电流随时间的变化如图 5-1-2（b）和图 5-1-2

（c）所示。

总结起来，电势阶跃法是在工作电极上施加一个电势突跃信号，一般起始电势 E_1 常选择稳定电势，此时初始电流为 0。在通电一瞬间，三种极化对时间的响应各不相同。欧姆极化响应最快，电化学极化次之，浓差极化响应最慢。换言之，电极极化建立的顺序是：欧姆极化、电化学极化、浓差极化。在电势阶跃到 E_2 的瞬间，首先是未补偿电阻欧姆压降的突变，瞬间电流值达到 η/R_u；接着双电层充电，双层界面过电势逐渐增大，因为总过电势（双电层界面过电势 $\eta_{界}$+欧姆压降过电势 η_R）η 不变，所以欧姆压降过电势逐渐减小（如图 4-2-6 等效电路图所示）。随着界面过电势的增大，电化学反应电流不断增大，而双电层充电电流却不断下降，很快双电层充电基本结束，充电电流降为接近于零；同时随着反应电流的出现，浓差极化开始出现，扩散层向溶液内部延伸，直至在对流影响下电极过程达到稳态，相应的电化学反应电流达到稳定值，电流-时间响应曲线如图 5-1-3 所示。

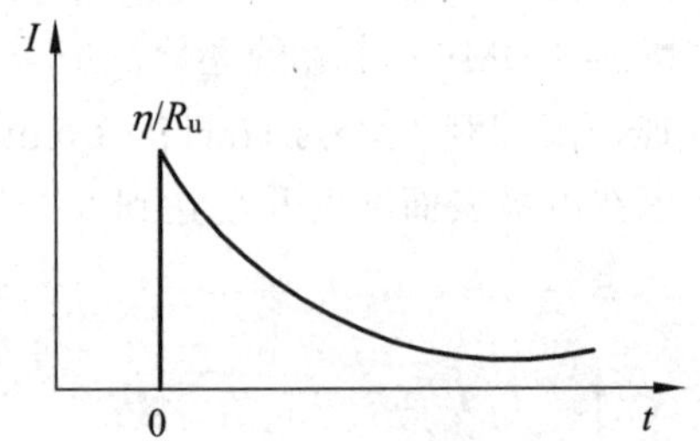

图 5-1-3　电势阶跃法的电流-时间响应曲线

5.1.2　电流-电势行为特征

基于 5.1.1 节对实验的仅有的定性理解，可以预计响应曲线的基本形状。然而，要从电流-时间曲线或电流-电势曲线获得电极过程的定量信息，就需要建立有关理论，来定量表示响应函数与实验参数如时间、电势、浓度、物质传递系数以及动力学参数的关系。一般来说，对于如下电极反应的控制电势实验

$$O+ze^- \rightleftharpoons R \tag{5-1-2}$$

可使用通用电流-电势方程（B-V 方程）

$$i = FAk^0[C_O(0,t)e^{-\alpha f(E-E^{\ominus})} - C_R(0,t)e^{(1-\alpha)f(E-E^{\ominus})}] \tag{5-1-3}$$

并结合 Fick 第二定律来处理。Fick 第二定律给出表面浓度 $C_O(0, t)$和 $C_R(0, t)$与时间的关系。然而微分方程的求解总是不容易，有时也得不到精确的解析解，经常不得不使用数值方法或做近似处理。如果涉及多步骤反应机理，微分方程的求解会更加困难。

对于这类复杂问题，科学中通常采用的方法是通过恰当的实验设计来简化理论及推导。电化学研究中常见的几种特殊的情况就是这样。

（1）小幅度电势扰动（传荷控制过程）。如果电势扰动较小，并且存在氧化还原电对（即平衡电势存在），电流电势关系就可简化为线性关系。

（2）大幅度电势阶跃（扩散控制过程）。如果让电势阶跃到传质控制区，电极表面电活性物质的浓度几乎为零，电极反应动力学不再影响电流，就不再需要通用的电流-电势方程。此时，电流 i 与电势 E 无关，仅取决于物质传递过程，或取决于远离电极的溶液中的其他反应。当然，极化电势幅度不可能无限增大，因为极化增大到一定程度可能会引起介质（溶剂和支持电解质）发生反应，此时可以通过降低本体浓度（C_O^0）的方法来降低极化幅度。

（3）可逆（能斯特）电极过程。对很快的电极反应，电化学步骤的进行无任何困难，即电荷传递步骤的正、逆反应速率可近似认为相等，电极上只存在浓差极化而不存在电化学极化。i-E 关系通常变为 Nernst 方程

$$E = E^{\ominus} + \frac{RT}{nF}\ln\left[\frac{C_O(0,t)}{C_R(0,t)}\right] \tag{5-1-4}$$

该式不包含动力学参数交换电流密度、速率常数和传递系数，数学处理可以大大简化。

（4）完全不可逆电极过程。当电极反应动力学非常慢时（即 k^0 很小），式（5-1-3）中的阳极反应和阴极反应不会同时占优，施加较大的极化会使正向反应和逆向反应速率相差很大，也就是说，若有明显的净阴极电流流过，净阳极电流就可忽略不计，反之亦然。这种情况下，要施加过电势，强烈活化正向过程，反向反应就会被完全抑制，才能观测到净电流，即总是在 Tafel 区观测，因而式（5-1-3）中有一项可以忽略。

（5）准可逆电极过程。不幸的是，当电极过程不是很快或很慢时，就必须考虑正、逆反应两方面的电荷传递步骤速率，考虑复杂的 i-E 关系，这就是准可逆或者说是准 Nernst 情况，它的特点是净电流中包含正反两个方向电荷转移的贡献，这种情况介于（3）和（4）之间。

在以上描述中，重点考虑的是化学上可逆的电极过程。然而，电极过程的机理也经常包含不可逆的化学变化，如电极反应产物被跟随均相反应消耗。前面分析的 DMF 中的蒽就是一个很好的例子。如果溶液中存在水那样的质子给体，蒽阴离子自由基会被不可逆地质子化，再经过几个步骤，最后生成 9,10-二羟基蒽。处理这种偶合不可逆化学步骤的异相电子转移，比处理只有异相电子转移过程要复杂得多。即便没有偶合溶液中的反应，化学上可逆的电极过程还会因多步骤的异相电子转移而复杂化。如 Sn^{4+} 到 Sn^{2+}的两电子还原是由单电子转移的序列反应构成的。

接下来，分别对以上几种情况进行讨论。

5.2 小幅度电势阶跃

若使用小幅度的电势阶跃信号（通常 $|\Delta E| \leqslant 10\ \text{mV}$），且单向极化持续时间很短时浓差极化可以忽略不计，电极处于电荷传递过程控制，其等效电路如图 5-2-1 所示。

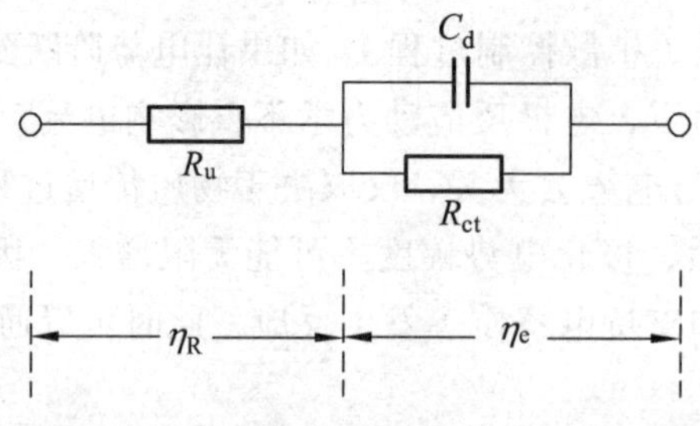

图 5-2-1　小幅度阶跃下的电极等效电路

由于采用小幅度电势阶跃条件，等效电路原件 R_{ct}、C_d 可视为恒定不变。在这种情况下，可以采用等效电路的方法，测定 R_u、R_{ct}、C_d，进而计算电极反应的动力学参数。

小幅度电势阶跃信号和电流响应信号的波形如图 5-2-2 所示。

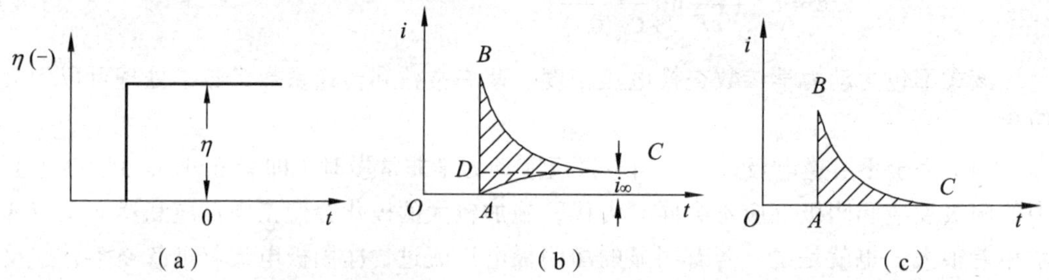

图 5-2-2 小幅度电势阶跃信号（a）和电流响应信号曲线（b）（c）

在 t=0 时刻，对电极施加 η（η 为负值）的电势差，同时记录电流随时间的变化，就得到电流响应曲线。

当电势阶跃加到电极上之后，虽然对电极体系施加了一个 η 的电势差，但是界面电势差（即双电层电势差）并未发生突跃。由于溶液电阻 R_u 的存在及恒电势仪输出电流的限制，使得在电势阶跃瞬间双电层充电电流 $i_C = -C_d \dfrac{dE}{dt}$ 不可能达到无穷大，也就是说界面电势差的改变不可能瞬间完成，而要经历一定的时间。这就是说，虽然加在电极体系上的电压瞬间改变了 η，但是能够影响反应速率的界面电势差（即电化学极化过电势）还未来得及改变，电势阶联间发生的电势突跃，不是双电层电势差的跃变，而是溶液欧姆压降的跃变，瞬间电流达到 $-\eta / R_u$，双电层就是以此电流开始充电的。之后，随着双电层不断充电，双电层电势差变化增大，即电化学极化过电势的绝对值增大，使得电极反应速率增大，电化学反应电流 i_F 增大；由于总的过电势被维持在恒定数值 η，电化学过电势的绝对值 $-\eta_e$ 不断增大，溶液欧姆压降的绝对值 $-\eta_R$ 就不断减小，因此流过体系的总电流 $i = \dfrac{-\eta_R}{R_u}$ 就不断减小。我们知道 $i = i_C + i_F$，由于 i_F 增大，i 减小，所以双电层充电电流 i_C 减小。一直到 i_C 减小到零，双电层充电过程结束，电化学极化过电势达到稳态值，电化学反应达到稳态，反应电流达到稳态值 i_∞。

在电流-时间曲线上，A 至 B 的电流突跃是通过 R_u，向双电层 C_d 充电的瞬间充电电流。由 B 至 C，电流按照指数规律减小，这是由于双电层充电电流随着双电层电势差的增加而逐渐减小的缘故。这一段电流衰减的快慢取决于电极的时间常数。当电流衰减到水平段，双电层充电结束，得到的稳定电流就是净的电化学反应电流，用i_∞表示。

5.2.1 极简化法测 R_u、R_{ct}、C_d

当 t=0 时，$\eta = -i_{t=0}R_u \Rightarrow R_u = \dfrac{-\eta}{i_{t=0}}$ （5-2-1）

当 $t > (3\sim5)\tau_C$ 时，$\eta = -i_\infty (R_u + R_{ct}) \Rightarrow R_{ct} = \dfrac{-\eta}{i_\infty} - R_u$ （5-2-2）

当 R_u 很小或被补偿时 $R_{ct} = \dfrac{-\eta}{i_\infty}$ （5-2-3）

根据双电层充电电量可以计算双层电容 C_d。图 5-2-2（b）中阴影部分 ABC 的面积所表示的电量就是双电层充电电量 Q。双电层充电电量 Q 与双电层电势差 η_e 之比就是双电层电容

$$C = -\frac{Q}{\eta_e}$$

当溶液电阻很小或被补偿，即 R_u 可忽略时，充电结束时双电层的电势差 η_e 就等于电极上所维持的电势阶跃值 η。因此利用此公式可以计算出 η 电势范围内的电容平均值

$$C = -\frac{Q}{\eta}$$

由于 η 符合小幅度条件（$|\eta| \leqslant 10$ mV），计算出来的电容 C 就近似等于该电势下的微分电容 C_d

$$C_d = -\frac{Q}{\eta}$$

在双电层充电过程中，总的电流包括两个部分，$i = i_C + i_F$，测量双电层充电电量 Q 时会受到 i_F 的干扰。在 i-t 曲线中，如果假定 i_F 从极化开始时就等于 i_∞，以 DBC 代替 ABC 的面积作为双电层充电电量 Q，则会引入误差。

为了精确地测定 C_d，需要选择合适的溶液和电势范围，使在该电势范围内电极接近于理想极化电极，即 $R_{ct} \to \infty$，电化学反应忽略不计，$i_F \to 0$。此时的 i-t 曲线如图 5-2-2（c）所示。图中 i-t 曲线由 B 到 C 积分，即为双电层充电电量 Q。

$$C_d = -\frac{1}{\eta}\int_B^C i\mathrm{d}t \tag{5-2-4}$$

5.2.2 方程解析法

极限简化法测量 R_{ct}、C_d 时，需等到电化学稳态。对于 τ_C 很大的体系，需要等较长的时间才能测量，这样可能会受到浓差极化的干扰，或者电极表面状态发生变化，电

极电势发生漂移，而影响准确测量。

因此，可以仅用 i-t 曲线的暂态部分，应用方程解析法测定等效电路的元件参数。

小幅度控制电势阶跃暂态研究中，i-t 曲线的理论方程为

$$i = i_{\infty}\left[1+\frac{R_{ct}}{R_u}\exp\left(-\frac{t}{R_{//}C_d}\right)\right] \tag{5-2-5}$$

式中　i_{∞}——达到电化学稳态时，净的法拉第电流，$i_{\infty}=-\dfrac{\eta}{R_u+R_{ct}}$。

$$\frac{1}{R_{//}}=\frac{1}{R_u}+\frac{1}{R_{ct}}$$

当 t=0 时，$i_{t=0}=-\dfrac{\eta}{R_u}$

当 $t\gg\tau_C$ 时，$i_{\infty}=-\dfrac{\eta}{R_u+R_{ct}}$

令 $A\equiv i_{t=0}-i_{\infty}=-\dfrac{\eta}{R_u}+\dfrac{\eta}{R_u+R_{ct}}=-\dfrac{R_{ct}\eta}{R_u(R_u+R_{ct})}=i_{\infty}\dfrac{R_{ct}}{R_u}$

将 A 带入式（5-2-5）中，整理得

$$i=i_{\infty}+A\exp\left(-\frac{t}{R_{//}C_d}\right)$$

$$\lg(i-i_{\infty})=\lg A-\frac{1}{2.3R_{//}C_d}t \tag{5-2-6}$$

试选 i_{∞} 值，根据实验测得的 i-t 曲线的弯曲部分（暂态部分）的数据，作 $\lg(i-i_{\infty})$-t 的曲线，如图 5-2-3 所示。如果 i_{∞} 值选得太小，会引起正偏差，偏离直线规律；如果 i_{∞} 值选得太大，则会引起负偏差。只有当 i_{∞} 值选择恰当时，才可得到一条直线。当 R_u 为已知时，由 i_{∞} 和斜率 $\dfrac{1}{2.3R_{//}C_d}$ 可求出 R_{ct}、C_d。

$$R_{ct}=\frac{-\eta}{i_{\infty}}-R_u \tag{5-2-7}$$

$$C_d=\frac{1}{2.3|斜率|}\left(\frac{1}{R_u}+\frac{1}{R_{ct}}\right) \tag{5-2-8}$$

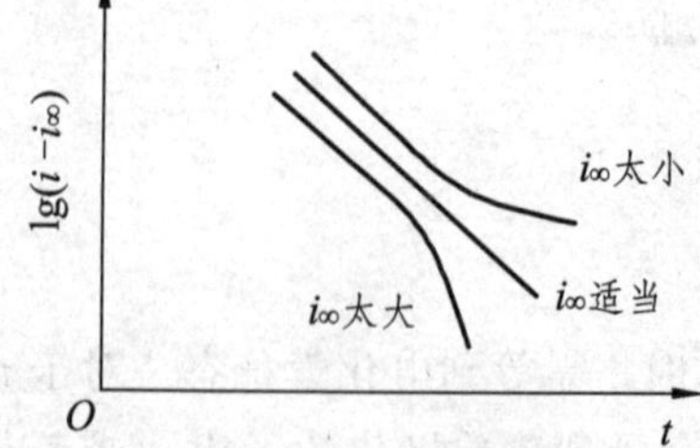

图 5-2-3　相应于式（5-2-6）的 $\lg(i-i_{\infty})$-t 曲线

5.2.3 小幅度电势阶跃法测量等效电路元件参数的注意事项及适用范围

（1）使用小幅度的电势阶跃信号（通常 $|\Delta E| \leqslant 10\ \text{mV}$），且单向极化持续时间短，从而浓差极化可以忽略不计，电极处于传荷过程控制。

（2）该方法不适于测量 R_u。阶跃瞬间的电流突跃值通常很大，而恒电势仪的输出电流有一定限制，常常会超出仪器的输出能力范围。而且实际测量时，开始极化后电流上升需要一定时间，不像理论预测的那样瞬间达到最大值，主要是由恒电势仪及测量电路的“时间常数”引起的。所以这时电流突跃测量值有很大偏差，一般不能使用。

（3）测量 C_d 时，要求 $R_{ct} \to \infty$，$R_u \to 0$。

（4）测量 C_d 时，该方法适用于各种类型的电极，包括平板电极和多孔电极。

测量 R_{ct} 时，要求 $t \gg \tau_C$，通常选择 $t > (3\text{~}5)\tau_C$。当 $t > 5\tau_C$ 时，误差不超过 0.7%。或者采用方程解析法，利用 i-t 曲线的暂态部分计算 R_{ct}。

5.3 大幅度电势阶跃

5.3.1 平面电极的大幅度电势阶跃

下面先来讨论平面电极在扩散控制下的电势阶跃。这里讨论的平面电极是指在一个非常大的平面电极当中的一小块面积，可以认为与这一小块电极面积相对应的，与电极表面平行的各平行液面，都是等浓度面，此时只存在沿着 x 轴的一维方向上的扩散。这种扩散条件称为半无限扩散。

假设使用平面电极，溶液不搅拌，考虑式（5-1-2）所示反应，以还原反应为例，无论电荷传递步骤动力学是快还是慢，只要采用足够大幅度的负电势阶跃，总是能使反应物 O 的表面浓度降为 0（除非溶剂或支持电解质先还原），此时电极过程处于极限扩散控制条件下。在任意极端的电势下可满足该条件。假设可以瞬间阶跃到这种状态。

5.3.1.1 扩散方程的解

前面已经指出，电势阶跃以后必须先经历一段非稳态阶段。分析非稳态扩散过程时，一般从 Fick 第二定律出发：

$$\frac{\partial C_O(x,t)}{\partial t} = D_O \frac{\partial^2 C_O(x,t)}{\partial x^2} \tag{5-3-1}$$

该式是一个二阶偏微分方程，只有在确定了初始条件及两个边界条件后才有具体的解。一般求解时我们常作下列假定：扩散系数 D_O 不随粒子浓度的改变而变化。

对于平面电极的半无限扩散，可以得到如下求解条件。

（1）初始条件：$C_O(x,0) = C_O^0$。

（2）边界条件 1：$C_O(\infty,t)=C_O^0$。

初始条件表示实验开始前，扩散粒子完全均匀地分布在溶液中；边界条件 1 为半无限扩散条件，保证实验过程中，远离电极的本体相浓度不变。无穷远不应理解为溶液体积无限大，事实上，只要在非稳态扩散过程实际可能进行的时间内，电池壁离开电极表面五倍扩散层厚度以上就可以了。

在进行大幅度的负电势阶跃，达到完全浓差极化后，反应粒子的表面浓度降为 0，于是得到第二个边界条件，即电势阶跃后电极表面条件。

（3）边界条件 2：$C_O(0,t)=0(t>0)$。

联立三个条件，求解 Fick 第二定律，可得浓度分布函数

$$C_O(x,t)=C_O^0\mathrm{erf}\left(\frac{x}{2\sqrt{D_O t}}\right) \tag{5-3-2}$$

5.3.1.2　浓度分布

1. 误差函数性质

处理扩散问题时，经常遇到积分形式的标准误差曲线，又称误差函数，其定义为

$$\mathrm{erf}(\lambda)=\frac{2}{\sqrt{\pi}}\int_0^{\lambda}\mathrm{e}^{-y^2}\mathrm{d}y \tag{5-3-3}$$

其中，y 为辅助变量，在代入积分上下限后会消去，因此误差函数只是 λ 的函数。$\mathrm{erf}(\lambda)$的数值在数学用表中可以查到，其常见数据见表 5-3-1，曲线如图 5-3-1 所示。

表 5-3-1　误差函数表

λ	$\mathrm{erf}(\lambda)$	λ	$\mathrm{erf}(\lambda)$	λ	$\mathrm{erf}(\lambda)$	λ	$\mathrm{erf}(\lambda)$
0.00	0.00000	0.60	0.60386	1.20	0.91031	1.80	0.98909
0.10	0.11246	0.70	0.67780	1.30	0.93401	1.90	0.99279
0.20	0.22270	0.80	0.74210	1.40	0.95229	2.00	0.99532
0.30	0.32863	0.90	0.79691	1.50	0.96611	2.50	0.99959
0.40	0.42839	1.00	0.84270	1.60	0.97635	3.00	0.99998
0.50	0.52050	1.10	0.88021	1.70	0.98379	3.30	0.999998

误差函数有以下三个性质：

（1）当 $\lambda=0$ 时，$\mathrm{erf}(\lambda)=0$；

（2）当 $\lambda\geqslant2$ 时，$\mathrm{erf}(\lambda)=1$；

（3）因为 $\frac{\mathrm{d}[\mathrm{erf}(\lambda)]}{\mathrm{d}\lambda}=\frac{2}{\sqrt{\pi}}\mathrm{e}^{-\lambda^2}$，故 $\left\{\frac{\mathrm{d}[\mathrm{erf}(\lambda)]}{\mathrm{d}\lambda}\right\}_{\lambda=0}=\frac{2}{\sqrt{\pi}}$，即曲线起始处的斜率为 $\frac{2}{\sqrt{\pi}}$。

2. 扩散层厚度及浓度分布曲线

掌握了误差函数的基本性质，就可以进一步分析式（5-3-2）表示的非稳态扩散过

程的特征。图 5-3-2 给出了对应于式（5-3-2）在任一瞬间，电极表面附近液层中反应粒子浓度分布的具体形式。显然，这一曲线的形状与图 5-3-1 中误差函数曲线完全相同。

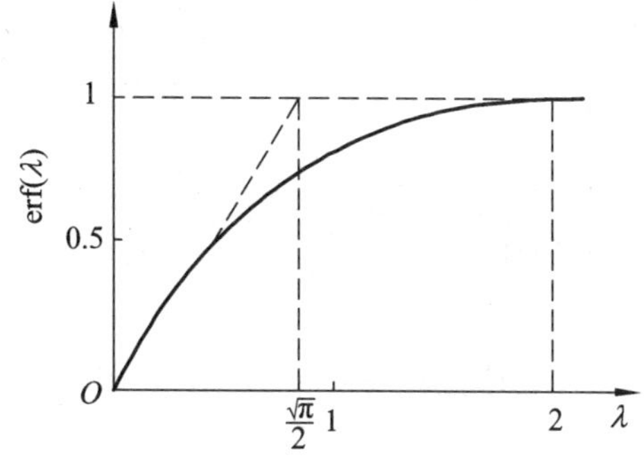

图 5-3-1　误差函数曲线

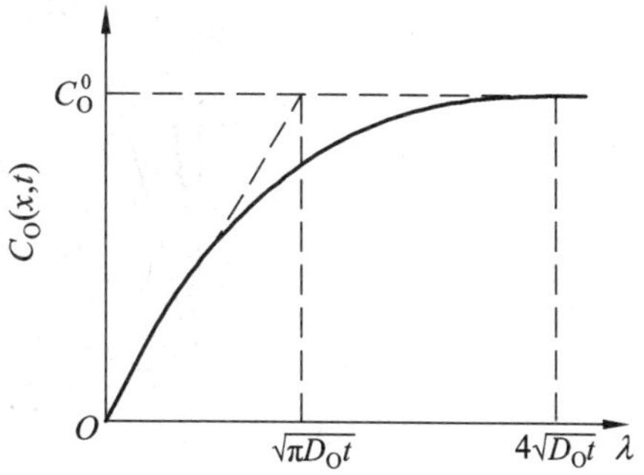

图 5-3-2　任一瞬间电极表面附近液层中反应粒子浓度分布

令 $\lambda=\dfrac{x}{2\sqrt{D_{\mathrm{O}}t}}$，则式（5-3-2）变为 $\dfrac{C_{\mathrm{O}}(x,t)}{C_{\mathrm{O}}^{0}}=\operatorname{erf}(\lambda)=\operatorname{erf}\left(\dfrac{x}{2\sqrt{D_{\mathrm{O}}t}}\right)$，于是根据误差函数的上述三个性质，可得到浓度分布的三个性质：

（1）当 $\lambda=0$，即 $x=0$ 时，$\operatorname{erf}(\lambda)=0$，故 $C_{\mathrm{O}}(x,t)=0$（边界条件 2）;

（2）当 $\lambda \geqslant 2$，即 $x \geqslant 4\sqrt{D_{\mathrm{O}}t}$ 时，$\operatorname{erf}(\lambda)\approx 1$，故 $C_{\mathrm{O}}(x,t)\approx C_{\mathrm{O}}^{0}$（边界条件 1）;

（3）$\left[\dfrac{\partial C_{\mathrm{O}}(x,t)}{\partial x}\right]_{x=0}=C_{\mathrm{O}}^{0}\left\{\dfrac{\mathrm{d}[\operatorname{erf}(\lambda)]}{\mathrm{d}\lambda}\right\}_{\lambda=0}\left(\dfrac{\mathrm{d}\lambda}{\mathrm{d}x}\right)_{x=0}=C_{\mathrm{O}}^{0}\dfrac{2}{\sqrt{\pi}}\dfrac{1}{2\sqrt{D_{\mathrm{O}}t}}=\dfrac{C_{\mathrm{O}}^{0}}{\sqrt{\pi D_{\mathrm{O}}t}}$。

根据性质（2），可以近似地认为扩散层的总厚度为 $4\sqrt{D_{\mathrm{O}}t}$。确切地说，$x=4\sqrt{D_{\mathrm{O}}t}$ 时，$C_{\mathrm{O}}(x,t)=0.995\,32C_{\mathrm{O}}^{0}$。当 $\lambda=3$ 时，$C_{\mathrm{O}}(x,t)=0.999\,98C_{\mathrm{O}}^{0}$，此时 $x=6\sqrt{D_{\mathrm{O}}t}$，因而可以认为扩散层是在距电极 $6\sqrt{D_{\mathrm{O}}t}$ 的距离内。对大部分需要，可以认为扩散层厚度为 $4\sqrt{D_{\mathrm{O}}t}$。

根据性质（3），此时扩散层有效厚度为

$$\delta_{\text{有效}}=\frac{C_{\mathrm{O}}^{0}}{[\partial C_{\mathrm{O}}(x,t)/\partial x]_{x=0}}=\sqrt{\pi D_{\mathrm{O}}t} \tag{5-3-4}$$

可见，扩散厚度与 $\sqrt{t}$ 成正比，时间越短，扩散层厚度越薄。若将不同时间下的浓度分布曲线画在同一图中，就得到图 5-3-3 中的一组曲线。这些曲线比较形象地表示了浓度极化的发展过程。

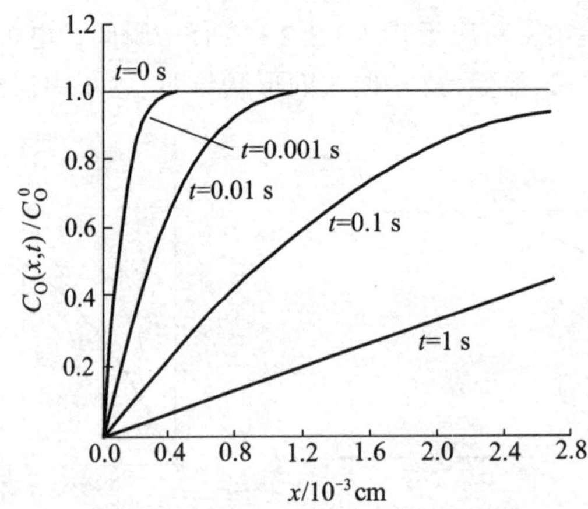

图 5-3-3　电极表面液层中反应粒子浓度极化的发展（$D_O = 1\times10^{-5}\,\text{cm}^2/\text{s}$）

可以看出，电极表面反应物的浓度梯度随时间延长而逐渐减小，扩散层不断向溶液内部扩展。随着扩散层的发展，扩散层内任一位置处的反应物浓度均随时间的延长而不断下降，当时间足够长时，扩散层内任一位置处的反应物浓度都会趋向于零，这说明在平面电极上单纯依靠扩散作用是不能建立起稳态传质过程的。

但是实际上，在溶液中总是存在着对流作用的，因此单纯由于扩散作用而导致的传质过程不会延续很久。一旦 $\sqrt{\pi D_O t}$ 的数值达到稳态对流扩散的扩散层有效厚度时，则电极表面上的传质过程转变为稳态传质。当溶液中仅存在自然对流时，一般稳态扩散层的有效厚度为 $10^{-5}\sim10^{-4}$ m，非稳态扩散层达到 10^{-4} m 只需要几秒钟，可见非稳态过程的持续时间是很短的。如果采用搅拌等强制对流措施，稳态扩散层厚度更薄，暂态扩散过程的持续时间更短。然而，如果电极反应不生成气相产物，则在小心避免振动和仔细保持恒温的情况下，非稳态过程也可能持续几十秒乃至几百秒。在凝胶电解质中或在失重的条件下，非稳态过程的持续时间还要更长。

5.3.1.3　电流密度-时间曲线

根据对流扩散电流公式，可得到任一瞬间的非稳态扩散电流密度为

$$j(t) = j_d(t) = zFD_O\frac{C_O^0}{\delta_{有效}} = zFD_O\frac{C_O^0}{\sqrt{\pi D_O t}} = zFC_O^0\sqrt{\frac{D_O}{\pi t}} \tag{5-3-5}$$

该式称为 Cottrell 公式，其中 $j(t) = i(t)/A$（因为电化学反应的电流密度等同于化学反应的反应速率，更直观），A 为电极活性面积，其曲线见图 5-3-4。

从 Cottrell 公式可知，$j(t)\propto\dfrac{1}{\sqrt{t}}$，说明非稳态扩散电流总是随着反应时间的延长而减小的，这是电极表面的反应物浓度梯度随时间延长而逐渐减小的结果。

在 Cottrell 公式中，$t=0$时，$j\to\infty$，但实际上双电层充电需要一定时间，故双层充电结束前此公式并不适用；另外，$t\to\infty$时，$j\to0$，但实际上在对流的影响下达到

稳态后电流密度就不再变化。故实际的电流密度-时间曲线如图 5-1-3 所示，其中间部分符合 Cottrell 公式。总的来说，对这种条件下电流密度-时间曲线的实际观测，一定要注意仪器和实验条件上的限制。

（1）恒电势仪的限制。Cottrell 公式预示实验开始时会有很大的电流，但实际的最大电流决定于恒电势仪的电流和电压输出能力。

（2）记录设备的限制。在电流的起始部分，记录设备可能过载，只有过载恢复后的记录才是准确的。

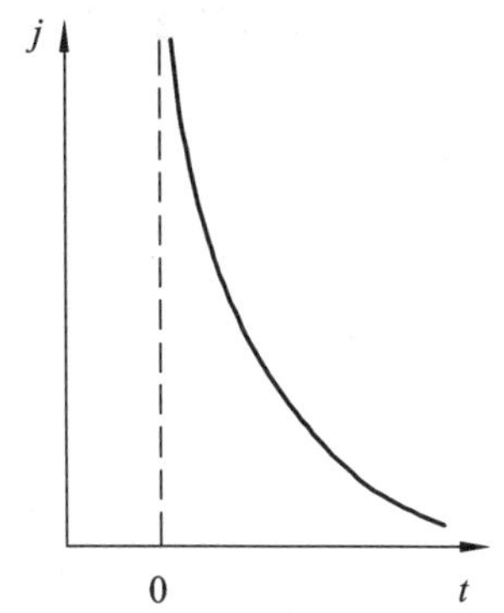

图 5-3-4　Cottrell 方程所示的电流密度-时间曲线

（3）时间常数的限制。电势阶跃时，还有双电层充电电流流过，这种电流随电解池时间常数 τ_C（见 4.4 节）作指数衰减。双电层充电是实现电势改变所必需的，所以时间常数也决定了电极电势改变所需的最短时间。新电势的建立需要大约 $5\tau_C$ 的时间，所以采集数据的时间必须大于 $5\tau_C$。而且获得数据也需要时间，因而阶跃电势至少需要保持 10 倍甚至 100 倍 τ_C 的时间。在很大程度上，电极面积决定了时间常数，进而决定了实验的有效时间限制。

（4）对流的限制。在长时间的实验中，密度梯度的建立和偶尔的振动会对扩散层造成对流扰动，表现为电流大于 Cottrell 公式计算值。对流的影响取决于电极的取向、电极是否有保护罩及其他因素。在水或其他液态溶剂中，暂态扩散过程的测量很难超过 300 s，甚至长于 20 s 就可能受到对流的影响。

5.3.2 球形电极的大幅度电势阶跃

在 5.3.1 节中介绍了平面电极的大幅度电势阶跃特性，而在实验工作中也经常用到球形电极（如悬汞电极）。不难想到，对于球形电极，在电极周围的浓度分布应具有球对称性，即在半径为定值的球面上，各点的情况应该相同。因此，对球形电极，必须考虑球形扩散场，这时选用球坐标必然会使浓度分布公式具有更简单的形式。

在图 5-3-5 中，球形电极的半径为 r_0，并以球心作为坐标原点。这时 Fick 第二定律为

$$\frac{\partial C_O(r,t)}{\partial t}=D_O\left[\left(\frac{\partial^2 C_O(r,t)}{\partial r^2}\right)+\frac{2}{r}\left(\frac{\partial C_O(r,t)}{\partial r}\right)\right] \tag{5-3-6}$$

式中　r——球形等浓度面距电极球心的径向距离。

对球形电极进行大幅度电势阶跃，实现完全浓差极化，则在球形电极表面上，初始条件和边界条件分别如下：

（1）初始条件：$C_O(r,0)=C_O^0$，$r>r_0$。

（2）边界条件 1：$C_O(\infty,t)=C_O^0$（半无限扩散条件）。

（3）边界条件 2：$C_O(r_0,t)=0$，$t>0$（大幅度电势阶跃极化条件）。

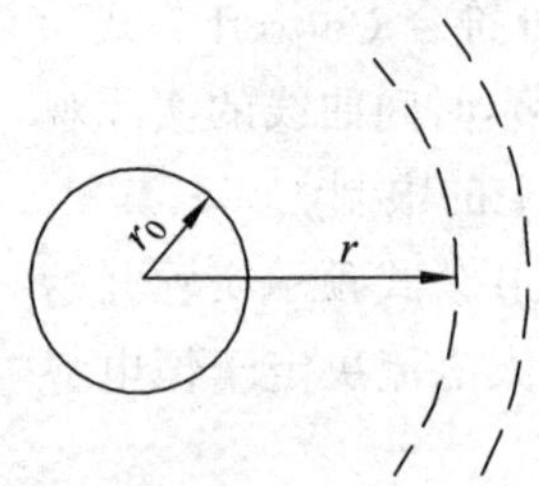

虚线表示扩散层中的等浓度面；箭头表示扩散场方向。

图 5-3-5　球形电极

1. 扩散方程的解

联立初始条件和两个边界条件，求解 Fick 第二定律，可得浓度分布函数

$$C_O(r,t)=C_O^0\left[1-\frac{r_0}{r}\operatorname{erfc}\left(\frac{r-r_0}{2\sqrt{D_O t}}\right)\right] \tag{5-3-7}$$

任一瞬间的非稳态扩散电流为

$$j_d(t)=zFD_O C_O^0\left(\frac{1}{\sqrt{\pi D_O t}}+\frac{1}{r_0}\right) \tag{5-3-8}$$

式中出现了余误差函数 erfc(λ)，它是误差函数 erf(λ)的共轭函数

$$\operatorname{erfc}(\lambda)=1-\operatorname{erf}(\lambda)=\frac{2}{\sqrt{\pi}}\int_\lambda^\infty e^{-y^2}dy \tag{5-3-9}$$

其曲线形式如图 5-3-6 所示。

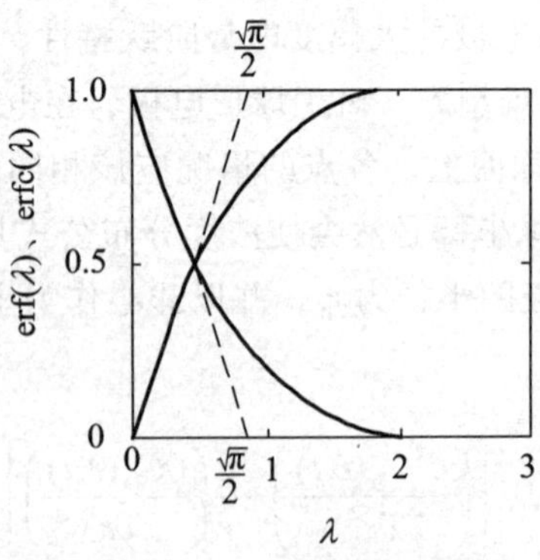

图 5-3-6　误差函数和余误差函数曲线形式

2. 极限扩散电流密度

比较式（5-3-8）和式（5-3-5），可见

$$j_d(\text{球形})=j_d(\text{线形})+\frac{zFD_O C_O^0}{r_0} \tag{5-3-10}$$

所以，球形扩散电流就是线性扩散电流加上一个常数项。

当 $t \to \infty$ 时，$\lim_{t\to\infty} j_{\mathrm{d}}(\text{线形})=0$，即平面电极的极限扩散电流趋向于零。

当 $t \to \infty$ 时，$\lim_{t\to\infty} j_{\mathrm{d}}(\text{球形})=\dfrac{zFD_{\mathrm{O}}C_{\mathrm{O}}^{0}}{r_0}$，即球形电极的极限扩散电流存在非零极限。这说明在球形电极表面上单纯通过扩散作用就可以建立稳态传质过程。

球形扩散能建立稳态的原因是，球形扩散层厚度增加的同时，扩散层外表面也在不断扩大，可以获得更多的反应物供应，所以一定时间以后扩散层的增长不再影响电极表面的浓度梯度。用几毫米或更大一点的工作电极进行实验时，建立稳态扩散所需的时间较长，密度梯度或振动引起的对流会增强物质传递，从而提前达到稳态，因此很难观察到稳态扩散。然而，如果使用半径 25 μm 或更小的微电极，则建立稳态所需时间大为缩短，可以很容易地实现稳态扩散。这种能够研究稳态的能力是微电极的基本优点之一。

3. 浓度分布

式（5-3-7）中，（$r-r_0$）是从电极表面算起的距离，可见此式所示的浓度分布与式（5-3-2）的平面电极线性扩散情况非常相似，差别只是式中的系数 r_0/r。如果球形电极半径远大于扩散层厚度，则 $r_0/r\approx 1$，式（5-3-7）就可简化为式（5-3-2），此时球形电极可作为平面电极来处理，就像日常生活中人们感觉不到地球是球形一样。

另一方面，当电极半径足够小，时间足够长时，以至于在距电极表面较近处有 $r-r_0 \ll 2\sqrt{D_{\mathrm{O}}t}$，此时余误差函数 $\mathrm{erfc}\left(\dfrac{r-r_0}{2\sqrt{D_{\mathrm{O}}t}}\right)$ 趋近于 1，则式（5-3-7）可简化为

$$C_{\mathrm{O}}(r,t)=C_{\mathrm{O}}^{0}\left(1-\frac{r_0}{r}\right) \tag{5-3-11}$$

可见当扩散层厚度远大于电极半径时，电极表面附近的浓度分布就变得与时间无关，仅与 $1/r$ 成线性关系。这说明电极表面上的浓度梯度维持恒定不变，因此扩散电流保持恒定，达到了稳态。

4. 线性近似的实用性

上述分析表明，时间足够短，电极半径足够大时，平面线性扩散完全可以用于处理球形扩散。更准确地说，只要式（5-3-8）中的第二项（常数项）和第一项（Cottrell 项）相比足够小，就可以当作线性扩散处理。若要求 α（%）内的误差，就有

$$\frac{1}{r_0}\Big/\frac{1}{\sqrt{\pi D_{\mathrm{O}}t}}\leqslant \alpha(\%) \tag{5-3-12}$$

$$\sqrt{\pi D_{\mathrm{O}}t}\Big/r_0\leqslant \alpha(\%) \tag{5-3-13}$$

即

若 $\alpha=10\%$，$D_O=1\times10^{-5}\text{cm}^2/\text{s}$，对于半径为 0.1 cm 的汞滴电极，那么 $t<3\,\text{s}$ 内的球形扩散可按线性处理，误差在 10% 之内。

式（5-3-13）中 $\sqrt{\pi D_O t}$ 就是线性扩散时的扩散层有效厚度，可以看出球形扩散线性行为的占优程度取决于扩散层厚度与电极半径的比值。当扩散层厚度增长到和 r_0 相比不够小时，线性处理就不再适用。

5.3.3 微观面积与几何面积

在电化学研究中，测量仪器只能测量电流强度值，那么要得到电流密度就需要除以电极面积，这个面积该如何选取呢?

如果电极表面是原子级平滑的表面并有规则的边界，就很容易计算它的面积 A。但实际上，绝大多数真实电极的表面远没有那么光滑，所以面积的概念需要加以界定。图 5-3-7 显示了电极面积的两种测量表示。一种是微观面积，这是原子级计量的面积，包括了对原子级表面上的起伏、裂隙等粗糙情况的考虑，可以称为电极的真实面积；另一种是表观面积（又叫几何面积、投影面积），从数学上看，它是对电极边界做正投影得到的截面面积，是较容易得到的。显然，微观面积 A_m 总是大于表观面积 A_g，可将二者之比定义为粗糙度 ρ

$$\rho=\frac{A_m}{A_g} \tag{5-3-14}$$

一般情况下，镜面抛光的金属表面的粗糙度为 2 ~ 3，高质量的单晶表面的粗糙度可低至 1.5，液态金属（如汞）电极的表面可认为是原子级光滑的，粗糙度为 1。

图 5-3-7　电极面积的两种测量表示

微观面积的测量一般通过两种方法判断，一是通过测量双电层电容，二是通过测量在电极表面形成或剥离单分子层需要的电量。例如，在指定条件下，铂或金电极的真实面积经常通过测量吸附层脱附时通过电极的电量来确定。对于铂电极，吸附氢脱附需要的电量为 210 μC/cm^2；对于金电极，吸附氧的还原需要的电量是 386 μC/cm^2。这种测量方法的误差来源于两个方面，一是双电层充电和其他法拉第过程的影响不易扣除；二是吸脱附电量与金属的晶面有关。

在 Cottrell 公式及其他与扩散场面积有关的电流/电流密度公式中，所使用的电极面积与测量的时间尺度有关。在发生浓差极化时，电流密度正比于物质扩散通过 x=0

处液面的扩散流量。扩散流量是所研究物质在单位时间内通过单位截面积的物质的量，单位是 $mol \cdot m^{-2} \cdot s^{-1}$，此处的截面积指的是扩散场的截面积。这个扩散场截面积才是电流计算真正需要的面积。

对于大多数计时电流实验，时间尺度在 0.001 ~ 10 s，扩散层厚度在几微米到几百微米之间，这个厚度远大于良好抛光电极的粗糙程度（一般小于零点几微米）。所以对于远离电极表面的扩散层液面来说，电极的粗糙程度已经体现不出来了，可以认为电极是平坦的，所以扩散场的截面积就等于电极的表观面积，如图 5-3-8 所示。满足以上条件时，就可以在 Cottrell 公式中使用表观面积。

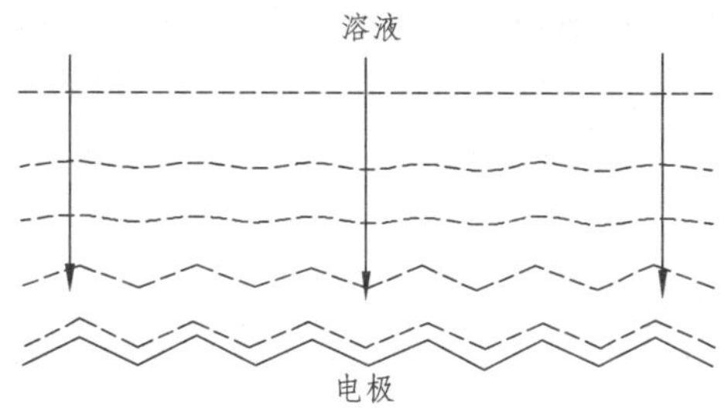

虚线表示扩散层中的等浓度面；箭头表示扩散场方向。

图 5-3-8　粗糙电极上长时间的扩散场

相反的情况，对于很短的时间尺度，比如 100 ns，此时扩散层厚度只有 10 nm，这时电极的粗糙尺度大于扩散层厚度，整个扩散层中等浓度面的面积取决于电极的微观表面，见图 5-3-9。扩散场的截面积大于电极的表观面积，接近于微观面积。但是这个面积还是小于微观面积，因为在扩散场中，电极表面小于扩散层厚度的粗糙被平均化了。

电化学反应和双电层充电均发生在紧靠电极表面的双电层内，故它们总是反映微观面积，所以电化学反应的真实电流密度应采用微观面积计算。

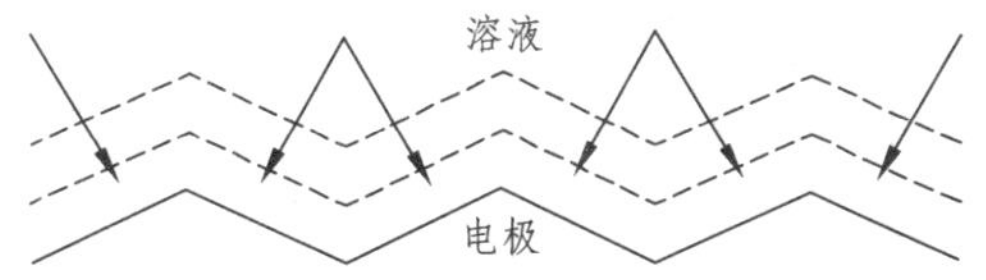

虚线表示扩散层中的等浓度面；箭头表示扩散场方向。

图 5-3-9　粗糙电极上很短时间的扩散场

5.3.4　微电极

在 2.5.4 节中已经介绍了微电极的定义、分类及其具备的电化学特性。由于尺度上的变化，微电极具有一些常规电极所不具备的电化学特性，大大扩展了电化学方法的应用范围。

假定在只有氧化物质 O 的电解质溶液中，微电极初始电势在 O 不被还原的电势，在 t=0 时刻施加电势阶跃，使得 O 在扩散控制下还原到 R。在这类似 Cottrell 条件的情况下，微电极服从什么规律呢？

接下来，本书以球形或半球形微电极为例，分析其服从的规律。其他形状的微电极服从的规律可以参照《电化学研究方法：原理和应用教材》。

对球形电极，已经得到电流密度-时间关系如式（5-3-8）：

$$j_{\mathrm{d}}(t)=zFD_{\mathrm{O}}C_{\mathrm{O}}^{0}\left(\frac{1}{\sqrt{\pi D_{\mathrm{O}}t}}+\frac{1}{r_0}\right)$$

式中，第一项在短时间域占优，这时扩散层厚度和 r_0 相比较小；第二项在长时间域，扩散层厚度已增长到大于 r_0 的程度时占优。第一项就是 Cottrell 电流，可以在同样面积的平面电极上观察到；第二项则描述了实验后期达到的稳态电流。在微电极上，只要扩散层厚度达到 100 μm 甚至更小就可以满足稳态条件，很容易地达到，所以微电极的很多应用都是基于稳态的。

对于球形电极

$$i_{\mathrm{ss}}=\frac{nFAD_0C_{\mathrm{O}}^{0}}{r_0} \tag{5-3-15}$$

或者

$$j_{\mathrm{ss}}=\frac{nFD_0C_{\mathrm{O}}^{0}}{r_0} \tag{5-3-16}$$

5.4 任意幅度电势阶跃

对于大幅度的电势阶跃，因为发生完全浓差极化，故电荷传递步骤动力学不再影响电流，即电流与电极的可逆性无关，仅取决于液相传质速率。但是如果电势可以阶跃到任意值，则需要考虑电极可逆性。

考虑式（5-1-2）所示电极反应：

$$\mathrm{O}+ze^{-}\rightleftharpoons\mathrm{R}$$

在半无限线性扩散条件下进行电势阶跃，且电势可以阶跃到任意值。

1. 准可逆电极体系

即电极反应动力学不是很快也不是很慢，电极过程由电化学步骤和液相传质步骤混合控制，此时电化学极化和浓差极化同时存在。

假设 O、R 均可溶，采用任意幅度的电势阶跃，初始电势为稳定电势，t=0 时电势瞬时阶跃到能使反应发生的电势。

根据质量作用定理和电流密度与化学反应速率的关系式（具体可参照电化学原理中内容），电流密度可表示为

$$j(t)=\vec{j}-\overleftarrow{j}=zF[k_1C_{\mathrm{O}}(0,t)-k_2] \tag{5-4-1}$$

式中 k_1，k_2——正、逆反应的反应速率常数。

在此情况下，Fick 第二定律包括两个方程

$$\frac{\partial C_{\mathrm{O}}(x,t)}{\partial t}=D_{\mathrm{O}}\frac{\partial^2 C_{\mathrm{O}}(x,t)}{\partial x^2} \tag{5-4-2}$$

$$\frac{\partial C_{\mathrm{R}}(x,t)}{\partial t}=D_{\mathrm{R}}\frac{\partial^2 C_{\mathrm{R}}(x,t)}{\partial x^2} \tag{5-4-3}$$

为了求解 Fick 第二定律，要根据准可逆过程的特点确定边值条件。首先，仍然采用 5.3.1 中平面电极非稳态扩散的初始条件和半无限线性扩散条件。

（1）初始条件：$C_{\mathrm{O}}(x,0)=C_{\mathrm{O}}^0$，$C_{\mathrm{R}}(x,0)=C_{\mathrm{R}}^0$。

（2）边界条件 1：$C_{\mathrm{O}}(\infty,t)=C_{\mathrm{O}}^0$，$C_{\mathrm{R}}(\infty,t)=C_{\mathrm{R}}^0$。

其次，因为电极上被还原的反应物全部由扩散供应，所以电极反应的速度应与紧靠电极表面液层中的反应物扩散速度相等。根据扩散流量与电流密度的关系，结合式（5-4-1），则可得另一个边界条件

（3）边界条件 2：$j(t)=zFD_{\mathrm{O}}\left(\frac{\partial C_{\mathrm{O}}(x,t)}{\partial x}\right)_{x=0}=zF[k_1C_{\mathrm{O}}(0,t)-k_2C_{\mathrm{R}}(0,t)]$。

再次，这里的反应物 O 与产物 R 都是可溶的，因为电流密度既可用反应物表示又可以用产物表示，于是就得到流量平衡边界条件，即

（4）边界条件 3：$j(t)=zFD_{\mathrm{O}}\left(\frac{\partial C_{\mathrm{O}}(x,t)}{\partial x}\right)_{x=0}=-zFD_{\mathrm{R}}\left(\frac{\partial C_{\mathrm{R}}(x,t)}{\partial x}\right)_{x=0}$，即

$$D_{\mathrm{O}}\left(\frac{\partial C_{\mathrm{O}}(x,t)}{\partial x}\right)_{x=0}+D_{\mathrm{R}}\left(\frac{\partial C_{\mathrm{R}}(x,t)}{\partial x}\right)_{x=0}=0 \tag{5-4-4}$$

根据上述一个初始条件和三个边界条件，求解 Fick 第二定律，可导出瞬时电流密度的表达式如下：

$$j(t)=zF(k_1C_{\mathrm{O}}^0-k_2C_{\mathrm{R}}^0)\exp(\lambda^2t)\mathrm{erfc}(\lambda t^{1/2}) \tag{5-4-5}$$

式中

$$\lambda=\frac{k_1}{D_{\mathrm{O}}^{1/2}}+\frac{k_2}{D_{\mathrm{R}}^{1/2}} \tag{5-4-6}$$

令 $\lambda t^{1/2}=\xi$，则

$$j(t)=zF(k_1C_{\mathrm{O}}^0-k_2C_{\mathrm{R}}^0)\exp(\xi^2)\mathrm{erfc}(\xi) \tag{5-4-7}$$

对于确定的阶跃电势，k_1 和 k_2 都是常数，所以 $j(t)$ 应与函数 $\exp(\xi^2)\mathrm{erfc}(\xi)$成正比，图 5-4-1 表示出这种函数的图形。$j(t)$-$t$ 的关系曲线自然也应形成图 5-4-1 那样的曲线。

当 t=0 时，$\exp(\xi^2)\mathrm{erfc}(\xi)=1$，$j(0)=zF(k_1C_{\mathrm{O}}^0-k_2C_{\mathrm{R}}^0)$，注意到这实际上就是不考虑浓差极化、只发生电化学极化时的电流密度，将其用 j_{e} 表示。这是很容易理解的，因为电势阶跃瞬间浓差极化还没来得及发生。于是式（5-4-7）可写为

$$j(t)=j_{\mathrm{e}}\exp(\xi^2)\mathrm{erfc}(\xi) \tag{5-4-8}$$

其电流密度-时间曲线如图 5-4-2 虚线所示。

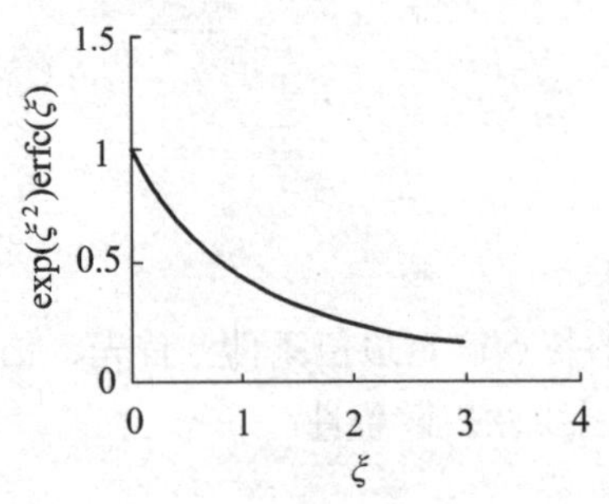

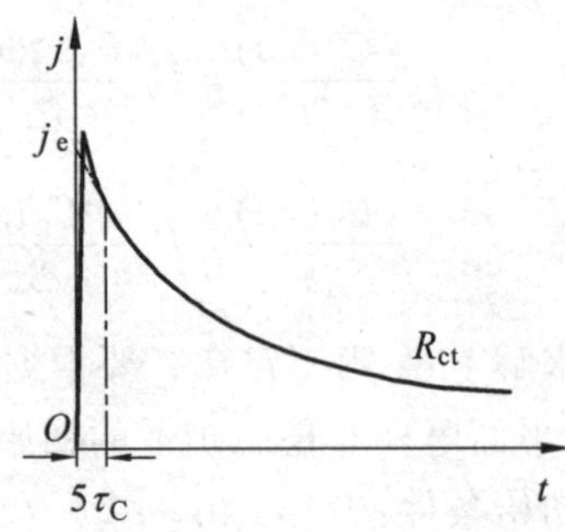

图 5-4-1　$\exp(\xi^2)\mathrm{erfc}(\xi)$与$\xi$的函数关系　　图 5-4-2　电势阶跃后电流随时间的变化曲线

但是，实验曲线（图 5-4-2 中实线）与理论曲线（图 5-4-2 中虚线）却有所不同。首先，在实验曲线上开始极化后电流上升需要一定时间，而不是如理论公式所预测的那样瞬间达到最大值。这种滞后现象大都是由恒电势仪及测量电路的时间常数所引起的；其次，在$t<5\tau_C$的一段时间内，由于双电层充电的影响，实际电流大于理论值。所以只有利用$t>5\tau_C$后的数据才能进行准确分析。

利用线性近似测量动力学参数。当 t 很小，以至于满足 $\lambda t^{1/2} \ll 1$ 时（一般可取 $\lambda t^{1/2}<0.1$），有 $\exp(\xi^2)\approx 1$ 和 $\mathrm{erfc}(\xi)\approx 1-2\xi/\sqrt{\pi}$，则式（5-4-8）变为

$$j(t)=j_c\left(1-\frac{2\lambda}{\sqrt{\pi}}t^{1/2}\right) \tag{5-4-9}$$

从上式可知，电流密度与$\sqrt{t}$成线性关系。故用双电层充电结束后且满足$\lambda t^{1/2}\ll 1$后的数据作 $j(t)$-$\sqrt{t}$ 图，得一条直线，外推至 t=0 处可得 j_e。

如果用不同幅值的恒电势做电势阶跃实验，并用上述方法逐一求出相应于每一电势的 j_e 值，就可以得到完全消除了浓差极化影响的电化学极化曲线，于是可以求出电化学步骤的动力学参数（见稳态电化学研究方法章节部分）。

显然，如果λ很大（即k_1和k_2很大，表示电极反应速度快），则为了满足$\lambda t^{1/2}\ll 1$的条件就必须选取时间很短的一段曲线外推。但如果这一段时间短到与$5\tau_C$相当，则将受到双电层充电电流的干扰而无法准确外推了。因此，电势阶跃法的测量上限受到双电层充电过程的限制，实验结果表明，测量上限大致为标准速率常数 $k\leqslant 1\ \mathrm{cm/s}$。

2. 完全不可逆反应

当电极反应的交换电流密度很小时，施加较大的极化会使正应和逆向反应速率相差很大，也就是说，逆向反应可忽略。在阶跃电势下，不可逆反应符合 $k_2/k_1\approx 0$，于是式（5-4-5）变为

$$j(t)=zFk_1C_O^0\exp(\lambda^2 t)\mathrm{erfc}(\lambda t^{1/2}) \tag{5-4-10}$$

式中　$\lambda=k_1/\sqrt{D_0}$。它也可以表示为式（5-4-8），其他分析均与准可逆反应相同。

3. 可逆反应

对于可逆电极过程，电化学步骤的进行无任何困难，电极上只存在浓差极化而不存在电化学极化，一般来说，不大的阶跃电势就能使其达到完全浓差极化，此时与 5.3.1 节中大幅度阶跃的情况类似，故不再单独讨论。

5.5 电势阶跃法在新能源材料与器件专业领域的应用

1. 观测物质对于电池性能的影响

图 5-5-1 是电池以含 5×10^{-6} H_2S 的 H_2 为燃料，在 50 °C 下，500 mA/cm^2 恒电流放电下电池性能降至初始的 60% 后，阶跃恢复前后的电池性能对比图。从图 5-5-1 可以看出，采用高电位扫描 20 s，低电位扫描 10 s 的循环方式，经过 10 次循环扫描后电池性能基本完全恢复[如图 5-5-1（b）所示]。采用 10 s—10 s、20 s—10 s 的方式经过 10 次循环扫描好后电池的性能不能完全恢复。此方法正好印证了硫吸附在 Pt 催化剂上的理论，说明只要在硫的氧化电位上扫描足够的时间，可以将吸附在上的硫氧化掉，电池性能就得以恢复。结果表明阶跃方式可以将吸附在上的硫氧化掉，恢复电池性能。

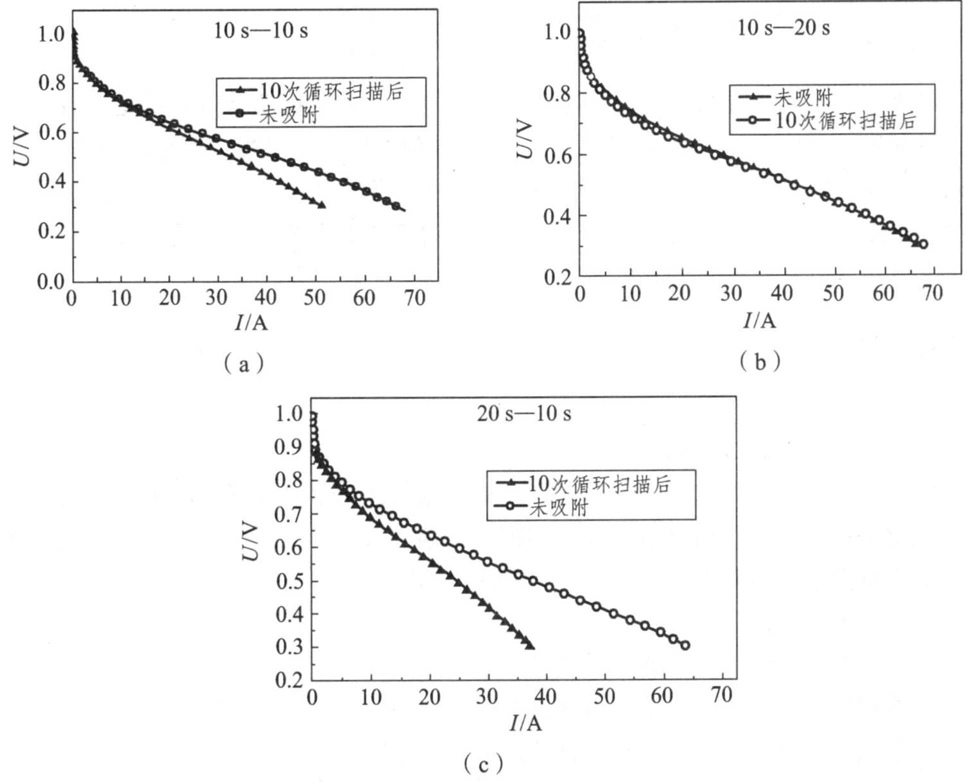

图 5-5-1　不同阶跃方式阶跃恢复前后极化曲线对比图

2. 应用电势阶跃制备电极材料

电势阶跃法一步快速制备纳米多孔金电极。如图 5-5-2 所示，金在盐酸中的溶解过程粗略地分为三个区域：活性溶解区（处于扩散传质控制状态）、过渡区和钝化区。其中过渡区又可分为振荡前区、振荡区和振荡后区，在振荡前区，电流逐渐轻微减小，但依然处于扩散控制状态，电极表面由金的本色黄色逐渐变为棕色，然后，突然发生电流振荡，到达振荡区，振荡区过后，电极表面逐渐向钝化状态过渡，这就是振荡后区。

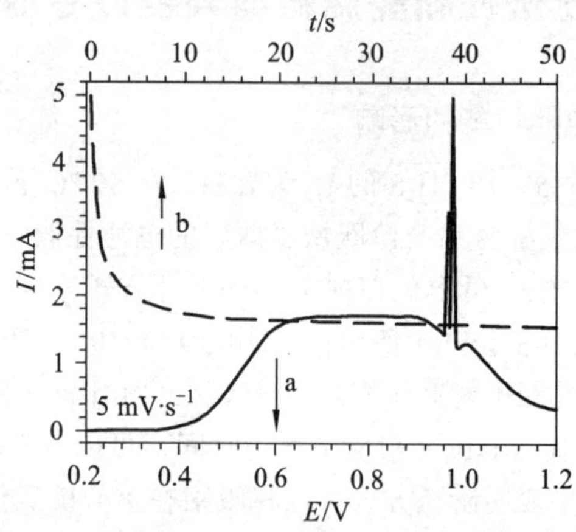

图 5-5-2　金电极（1 mm）在 2 mol/L HCl 中的线性伏安曲线（a）和电势阶跃时的电流-时间曲线（b）

因此，采用电势阶跃技术，将电势从开路电势阶跃至振荡前区，可见电极表面颜色逐渐变深，同时溶出黄色可溶物，经过几十秒的时间后，电极表面呈均匀的棕黑色。对棕黑色膜进行表征，发现其由聚集成条带状的粒子堆积而成，粒子之间呈现出纳米尺度的孔隙。同时，从截面图知，多孔膜的厚度已达到微米级，且孔隙表里贯通，形成三维多孔结构。于是，断定此方法成功制备了三维纳米多孔金电极。

习　题

1. 什么是电势阶跃法？
2. 电势阶跃暂态过程的特点。
3. 小幅度电势阶跃法测量等效电路元件参数的注意事项及适用范围。
4. 电势阶跃法中 J-t 曲线/i-t 曲线的测量限制。
5. 大幅度电势阶跃电极表面浓度分布曲线的特点。
6. 微观面积的测试方法。
7. 进行电势阶跃时，计算 J 如何确定电极面积？
8. 电势阶跃法中，球形电极与平面电极的区别。
9. 怎么利用电势阶跃法测量电极反应动力学参数？

6 电流阶跃法

第 5 章讨论了电势阶跃法，即以电势为自变量，电流为因变量，测量电流随时间的变化。本章讨论相反的方法，即控制电流（通常是保持恒电流），电势为因变量，测量电势随时间的变化。在此也使用第 4、5 章的一些前提假设，如小的电极面积/溶液体积比，半无限扩散条件等。稳态时微电极的行为，与控制电势还是控制电流关系不大，所以不再处理微电极的情况。

6.1 电流阶跃法概述

电流阶跃法是控制电流法中的一种，习惯上也叫作恒电流法，是指控制流过研究电极的电流按一定的具有电流突跃的波形规律变化，同时记录电极电势随时间的变化（称为计时电势法，Chronopotentiometry），进而分析电极过程的机理、计算电极的有关参数或电极等效电中的各元件的数值。电流阶跃法的基本实验研究系统如图 6-1-1 所示。

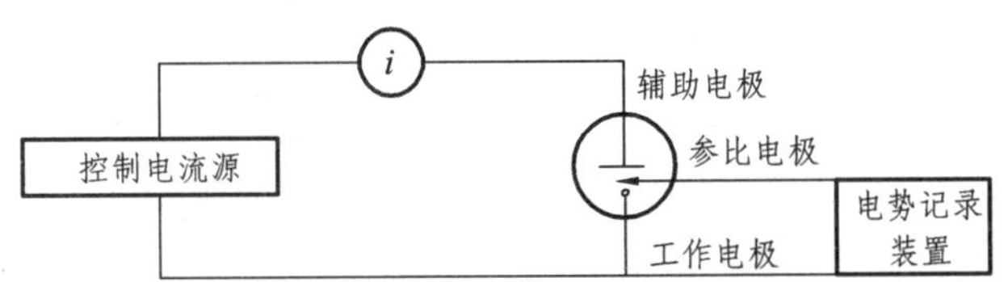

图 6-1-1　电流阶跃法的基本实验研究系统

事实上电势阶跃法和电流阶跃法实验的一般基础非常相似。这里分析一下两类方法的差别和各自的优缺点。与电势阶跃法比较，电流阶跃法不需要参比电极向电流控制器件反馈，所以仪器装置比电势阶跃法简单。数学处理和电势阶跃方法的不同，对电流阶跃方法，边界条件是已知的电流或电极表面流量（即浓度梯度），而电势阶跃方法中，边界条件是 $x=0$ 处、作为电势函数的浓度。一般来讲对电流阶跃问题的扩散方程的数学求解比较简单，往往可以得到收敛的解析解。

但电流阶跃实验的主要缺点是整个实验过程中双电层充电电流影响较大，而且不易直接矫正，多组分体系和分步反应的数据处理也较复杂。

控制电流实验的主要缺点是整个实验过程中充电电流影响较大，而且不易直接校正，多组分体系和分步反应的数据处理也较复杂，E_t 暂态波形也常常不如电势扫描 i_t 曲线那样有清晰特征。

电流阶跃法特别适用于研究背景过程，如液氨中溶剂化电子的形成、非水溶剂中季铵离子的还原等。恒电流阳极溶出就是测量金属膜厚度的简单方法。而用电势阶跃方法研究背景过程常常很困难。

6.1.1 电流阶跃暂态过程特点

电流阶跃法是在研究电极上施加一个电流突跃信号，其基本波形如图 6-1-2（a）所示。在电流阶跃到 I 的瞬间，首先是未补偿电阻欧姆压降的突变，瞬间过电势达到 IR_u；接着双电层充电，电极电势迅速移动，过电势逐渐增大，电化学反应电流不断增大，而双电层充电电流却不断下降，很快双电层充电基本结束，充电电流降为接近于零，恒定电流基本完全用于进行电化学反应；同时随着电化学反应的进行，反应物粒子消耗、产物生成，浓差极化开始出现并向溶液内部发展；因为要维持恒定的反应电流，随着反应的进行，电极表面上反应物粒子的浓度不断下降，一段时间后下降为零，达到了完全浓差极化，此时，电极表面上反应物供不应求，在恒电流驱使下到达电极界面的电荷不能再被反应完全消耗。因而改变了电极界面上的电荷分布状态，也就是对双电层进行快速充电，电极电势发生突跃，直至新的反应发生来维持恒定电流为止。电势-时间响应曲线如图 6-1-2（b）所示。

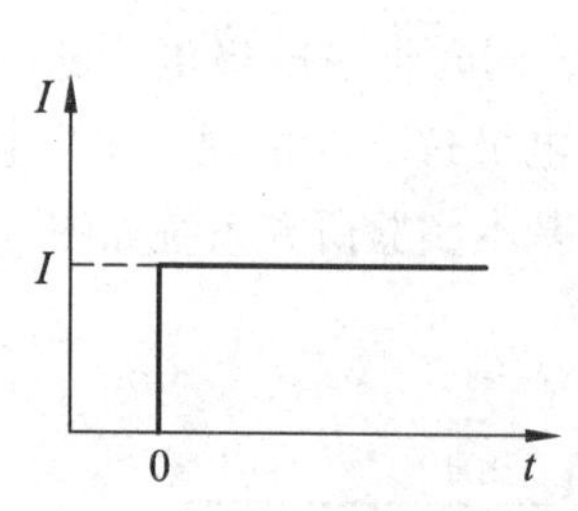

（a）电流突跃信号的基本波形

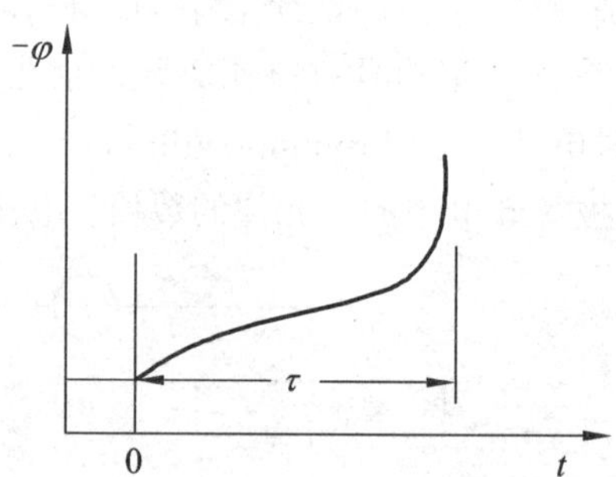

（b）电势-时间响应曲线

图 6-1-2 电流阶跃法

6.1.2 电势-时间响应曲线不同阶段对应的等效电路

下面以单电流阶跃极化下的电势-时间响应曲线（E-t 曲线）为例讨论控制电流阶跃暂态过程的特点即不同阶段对应的等效电路。当电极上流过一个单阶跃电流时，电势-时间响应曲线（E_1 曲线）如图 6-1-3 所示。

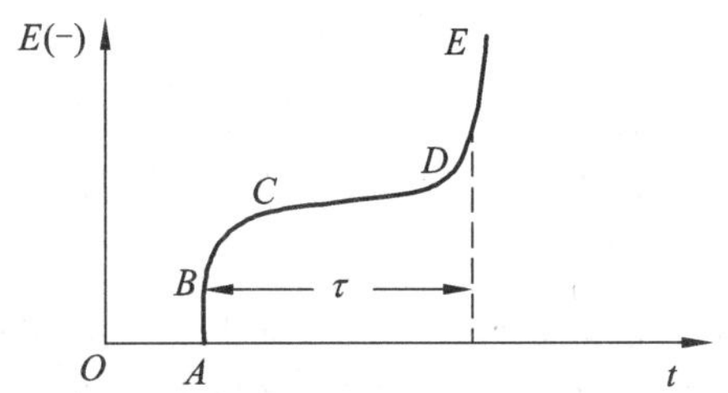

图 6-1-3　单电流阶跃极化下的电势-时间响应曲线

电极电势随时间变化的原因及相应的等效电路可分析如下。

（1）*AB* 段。在电流突跃瞬间（即 t=0 时刻），流过电极的电量极小，不足以改变界面的荷电状态，因而界面电势差来不及发生改变。或者可以认为，电极/溶液界面的双电层电容对突变电信号短路，而欧姆电阻具有电流跟随特性，其压降在电流突跃 10^{-2} s 后即可产生，因此电极等效电路可简化为只有一个溶液电阻的形式，如图 6-1-4（a）所示。因此可以说，电势-时间响应曲线上 t=0 时刻出现的电势突跃是由溶液欧姆电阻引起的，该电势突跃值即为溶液欧姆压降 $\eta_{t=0}=\eta_{\mathrm{R}}=-iR_{\mathrm{u}}$。

（2）*BC* 段。当电极/溶液界面上通过电流后，电化学反应开始发生。由于电荷传递过程的迟缓性，引起双电层充电，电极电势发生变化。此时引起电势初期不断变化的主要原因是电化学极化。这时相应的电极等效电路包括溶液电阻和界面上的等效电路，如图 6-1-4（b）所示。

（3）*CD* 段。随着电化学反应的进行，电极表面上的反应物粒子不断消耗，产物粒子不断生成，由于液相扩散传质过程的迟缓性，电极表面反应物粒子浓度开始下降，产物粒子浓度开始上升，浓差极化开始出现。并且这种浓差极化状态随着时间由电极表面向溶液本体深处不断发展，电极表面上粒子浓度持续变化。因此，这一阶段电势-时间响应曲线上电势变化的主要原因是浓差极化。此时相应的电极等效电路还包括电极界面附近的扩散阻抗，如图 6-1-4（c）所示。

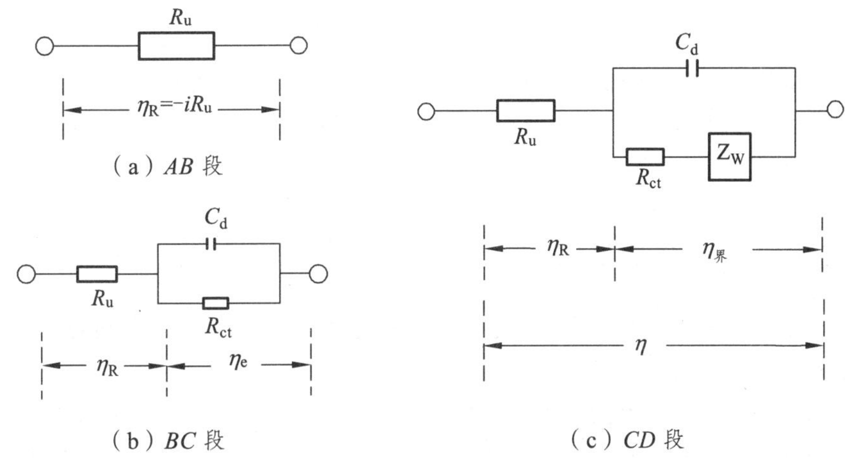

图 6-1-4　电势-时间响应曲线不同阶段所对应的电极等效电路

由上述的分析可知，欧姆极化（即溶液欧姆压降）、电化学极化和浓差极化这三种极化对时间的响应各不相同。电阻极化 η_R 响应最快，电化学极化 η_e 响应较慢，浓差极化 η_C 的响应最慢。换言之，电极极化建立的顺序是：欧姆极化、电化学极化和浓差极化。由于三种极化对时间的响应不同，因而可以通过控制极化时间的方法使等效电路得以简化，突出某一电极基本过程，从而对其进行研究。

（4）DE 段。随着电极反应的进行，电极表面上反应物粒子的浓度不断下降，当电极反应持续一段时间后，反应物的表面浓度下降为零，即 $C_O^s = 0$，达到了完全浓差极化。此时，电极表面上已无反应物粒子可供消耗，在恒定电流的驱使下到达电极界面上的电荷不能再被电荷传递过程所消耗，因而改变了电极界面上的电荷分布状态，也就是对双电层进行快速充电，电极电势发生突变，直至达到另一个传荷过程发生的电势为止。

6.2 传荷过程控制下的小幅度电流阶跃暂态测量方法

若使用小幅度的电流阶跃信号，使得电极电势的改变值满足小幅度条件（通常 $\|\Delta E\| \leqslant 10$ mV），同时单向极化持续时间较短时，浓差极化可以忽略不计，电极处于电荷传递过程控制，其等效电路可简化如图 6-2-1 所示。

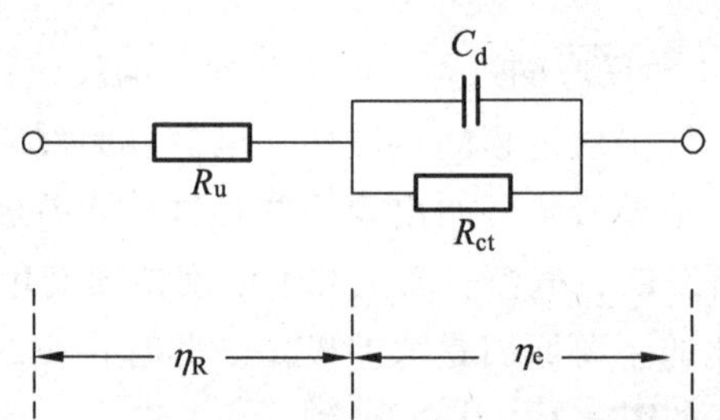

图 6-2-1 电化学步骤控制下的电极等效电路

由于采用小幅度条件，等效电路元件 R_{ct}、C_d 可视为恒定不变。

在这种情况下，可以采用等效电路的方法，测定 R_u、R_{ct}、C_d，进而计算电极反应的动力学参数。

6.2.1 单电流阶跃法

当通过电极的电流按照图 6-2-2（a）所示波形变化时，相应的过电势-时间响应曲线如图 6-2-2（b）所示。

在图 6-2-2 中，η_∞ 为浓差极化出现之前电化学反应达到稳态时的电极过电势；$\eta_{e\infty}$ 为浓差极化出现之前电化学反应达到稳态时的电化学极化超电势。这两项之间存在着如下的对应关系

$$\eta_\infty = \eta_R + \eta_{e\infty}$$

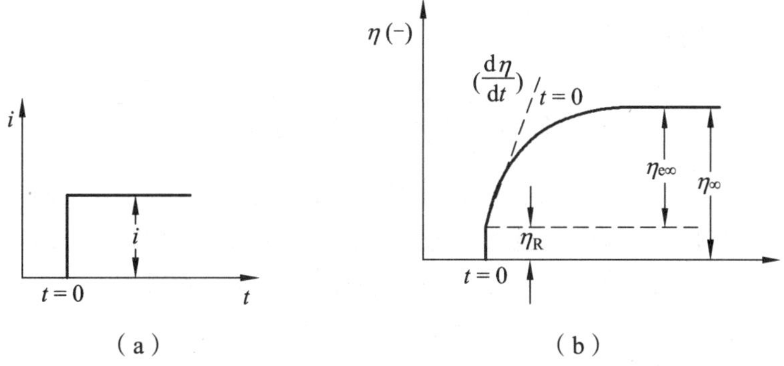

图 6-2-2 小幅度电流阶跃信号（a）及相应的超电势响应曲线（b）

6.2.1.1 极限简化法

极限简化法是指通过控制极化的时间，选择暂态进程中的某一特定阶段，使得相应的电极等效电路得以简化，利用这一阶段所对应的暂态响应曲线计算等效电路中各元件参数值的方法。这一方法简单、方便、直观，在小幅度的暂态研究中经常采用。但是由于极限简化的实验条件难以严格满足，所以极限简化法是一种近似的方法。

（1）在 t=0 时刻，过电势响应曲线上出现一个电势突跃。

在这个极短的一瞬间内，通过电极的电量非常小，不足以改变界面的荷电状态，双电层电容来不及充电，界面上的电势差来不及改变。相当于电极等效电路的双电层电容支路被短路。而溶液欧姆压降具有电流跟随特性，会随着电流的突跃而同时出现。此时，电极等效电路简化为图 6-2-3（a）所示的形式，响应曲线上的电势突跃就是溶液欧姆压降，故

$$\eta_{t=0} = \eta_{\mathrm{R}} = -iR_{\mathrm{u}} \tag{6-2-1}$$

$$R_{\mathrm{u}} = \frac{(-\eta_{\mathrm{R}})}{i} \tag{6-2-2}$$

由式（6-2-2）可求出溶液电阻 R_{u}。

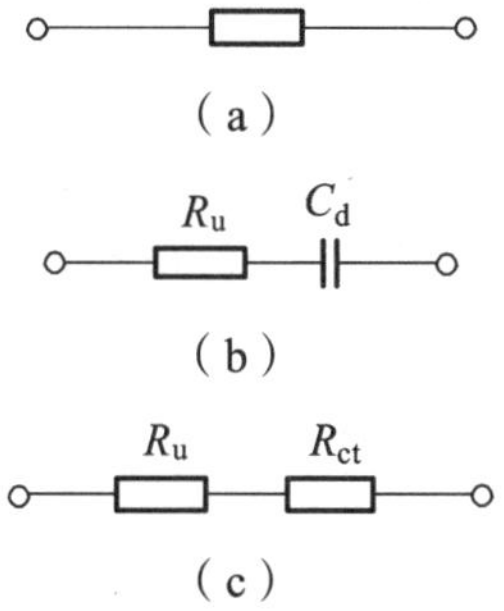

图 6-2-3 小幅度电流阶跃极化不同阶段的电极等效电路

（2）在电流阶跃之后，界面双电层电容开始充电，其充电电流为 $i_c = -C_d\dfrac{dE}{dt} = -C_d\dfrac{d\eta}{dt}$；在双电层充电开始瞬间，全部电流都用于双电层充电。随后，随着充电过程的进行，界面电势差不断改变，即电化学极化过电势 η_e 逐渐建立，同时有电化学反应发生，电化学反应电流为 i_F。流过电极的总的电流包括这两部分，即 $i = i_C + i_F(-\eta_e)$。$(-\eta_e)$不断增大，使得 i_F 在总电流中所占比例不断上升，直到电化学反应达到稳定状态，$(-\eta_e)$达到稳定值，不再变化，此时，双电层充电过程结束，即 $i_C = 0$，全部电流用于电化学反应，即 $i = i_F$。在这一过程中，i_C、i_F 随时间的变化如图 6-2-4 所示。

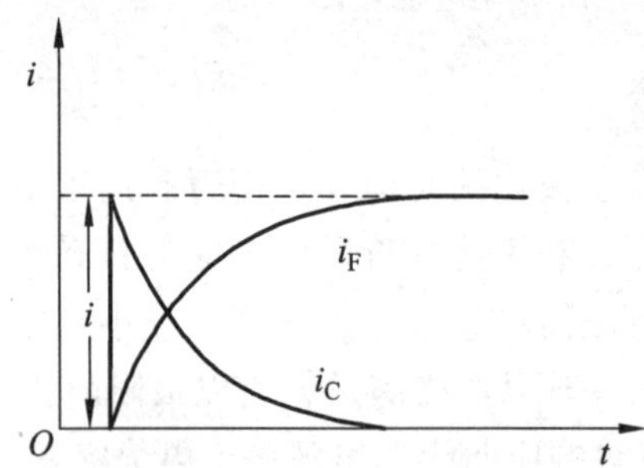

图 6-2-4　小幅度单电流阶跃极化下 i_C、i_F 随时间变化示意图

当 $t \ll \tau_C$ 时，电极等效电路可简化为图 6-2-3（b）所示的形式，极化电流全部用于双电层充电，即 $i_F = 0$，$i = i_C = -C_d\left(\dfrac{d\eta}{dt}\right)_{t=0}$，则

$$C_d = -\frac{i}{\left(\dfrac{d\eta}{dt}\right)_{t=0}} \tag{6-2-3}$$

由式（6-2-3）可计算双电层电容 C_d。

显然这个方法要求能够准确测量出 η-t 曲线在 t=0 时刻的切线的斜率$\left(\dfrac{d\eta}{dt}\right)_{t=0}$。当电极的时间常数 τ_C 较大时，暂态过程持续时间较长，η-t 曲线最初一段接近于直线，斜率$\left(\dfrac{d\eta}{dt}\right)_{t=0}$易于测量准确；相反，当 τ_C 较小时，暂态过程持续时间较短，η-t 曲线迅速弯曲，很快达到水平，斜率$\left(\dfrac{d\eta}{dt}\right)_{t=0}$不易准确测量。因此需要测定固体电极的 C_d 时，通常需要选择适当的溶液组成和电势范围，使电极接近理想极化状态，即没有电化学反应发生，此时，$R_{ct} \to \infty$，因而 τ_C 较大，$\left(\dfrac{d\eta}{dt}\right)_{t=0}$ 易于准确测量。

（3）当 $t \gg \tau_C$ 时，通常是 $t > (3 \sim 5\tau_C)$ 时，双电层充电过程结束，电化学反应达到稳

态，等效电路简化成图 6-2-3（c）所示的形式，此时有

$$\eta_{\infty}=-i(R_{\mathrm{u}}+R_{\mathrm{ct}}) \tag{6-2-4}$$

$$R_{\mathrm{ct}}=\frac{(-\eta_{\infty})}{i}-R_{\mathrm{u}} \tag{6-2-5}$$

式（6-2-5）可用于计算电荷传递电阻 R_{ct}。由于满足小幅度条件，因此测量处于线性极化区，由得到的传荷电阻 R_{ct} 可计算电极反应的交换电流 $i^{\ominus}$ 或交换电流密度 $j^{0}=i^{\ominus}/A$。

$$i^{\ominus}=\frac{RT}{nF}\frac{1}{R_{\mathrm{ct}}} \tag{6-2-6}$$

电流阶跃暂态法的 η-t 曲线理论方程为

$$\eta=\eta_{\mathrm{e}\infty}\left(1-\mathrm{e}^{-\frac{1}{\tau_{\mathrm{C}}}}\right)+\eta_{\mathrm{R}} \tag{6-2-7}$$

对式（6-2-7）进行某些特定时刻的极限简化，可得出与上述分析完全相同的结果。

① 当 t=0 时，$\eta_{t=0}=\eta_{\mathrm{R}}=-iR_{\mathrm{u}}$，于是 $R_{\mathrm{u}}=-\frac{\eta_{\mathrm{R}}}{i}$。

② 当 $t>(3\sim5\tau_{\mathrm{C}})$ 时，$\mathrm{e}^{-\frac{1}{\tau_{\mathrm{C}}}}\ll1$，有 $\eta_{\infty}=\eta_{\mathrm{e}\infty}+\eta_{\mathrm{R}}=-i(R_{\mathrm{u}}+R_{\mathrm{ct}})$，则 $R_{\mathrm{ct}}=\frac{(-\eta_{\infty})}{i}-R_{\mathrm{u}}$。

③ 对式（6-2-7）两边分别求导，可得

$$\frac{\mathrm{d}\eta}{\mathrm{d}t}=-\frac{i}{C_{\mathrm{d}}}\mathrm{e}^{-\frac{t}{\tau_{\mathrm{C}}}} \tag{6-2-8}$$

考虑 t=0 时的式（6-2-8），因 $\mathrm{e}^{-\frac{t}{\tau_{\mathrm{C}}}}=1$，则 $\left(\frac{\mathrm{d}\eta}{\mathrm{d}t}\right)_{t=0}=-\frac{i}{C_{\mathrm{d}}}$，此时有 $C_{\mathrm{d}}=-\frac{i}{\left(\frac{\mathrm{d}\eta}{\mathrm{d}t}\right)_{t=0}}$。

6.2.1.2 方程解析法

采用极限简化法测定 R_{ct} 时，需要在电流阶跃后，经过远大于电极时间常数的时间后测定无浓差极化的稳态超电势 η_{∞}。实际上只要 $t>5\tau_{\mathrm{C}}$，双电层充电过程已基本结束，过电势达到稳态值，其计算误差不超过 1%。这一要求对于时间常数小的电极体系很容易做到，但是对于时间常数大的体系，达到稳态往往需要很长的时间，因此容易受到浓差极化和平衡电势漂移的干扰。浓差极化会使 $|\eta_{\infty}|$ 高于 $i(R_{\mathrm{u}}+R_{\mathrm{ct}})$，并且很难达到稳态值，这些都会造成测定 R_{ct} 的困难。

方程解析法是根据理论推导出的 η-t 曲线方程式，进行解析运算或作图以求得 R_{ct}、

C_d 等参数。用这种方法测定 R_{ct} 不必测出稳态过电势，只需利用 η-t 曲线的暂态部分，也就是曲线的弯曲部分即可测定 R_{ct}，这样测量时间较短，从而避免浓差极化的干扰。

将式（6-2-7）改写为

$$\eta = \eta_{\infty} - \eta_{e\infty} e^{-\frac{t}{\tau_C}}$$

$$|\eta_{\infty} - \eta| = |\eta_{e\infty}| e^{-\frac{t}{\tau_C}} \tag{6-2-9}$$

对式（6-2-9）两边取对数，可得

$$\ln|\eta_{\infty} - \eta| = \ln|\eta_{e\infty}| - \frac{t}{\tau_C} \tag{6-2-10}$$

如果电极过程完全由电荷传递过程控制，则式（6-2-10）应成立。用 $\lg|\eta_{\infty} - \eta|$-$t$ 作图，应为直线关系，其斜率为 $-\frac{1}{\tau_C}$。

试选 η_{∞} 值，根据实验测得的曲线的弯曲部分（暂态部分）的数据，作 $\lg|\eta_{\infty} - \eta|$-$t$ 曲线，如图 6-2-5 所示。

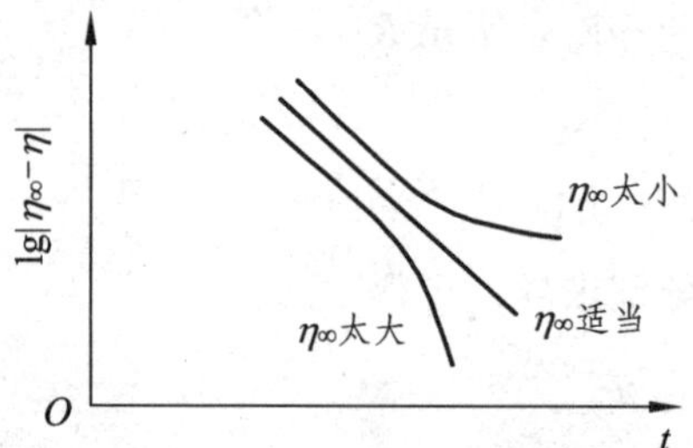

图 6-2-5　相应于式（6-2-10）的 $\lg|\eta_{\infty} - \eta|$-$t$ 曲线

如果 η_{∞} 值选得太负，会偏离直线规律；如果 η_{∞} 值选得太正，也会偏离直线规律。只有当 η_{∞} 值选择适当时，才可得到一条直线。由 η_{∞} 和截距 $\ln|\eta_{e\infty}|$ 可求出 R_u 和 R_{ct}；由斜率 $-\frac{1}{\tau_C}$ 可求出 C_d。

由上述分析可知，手工试选 η_{∞} 较烦琐，通常采用计算机试选。这种方程解析法也称为试选法。

6.2.2　断电流法

用恒定电流对电极极化，当电极电势达到稳定数值后，突然把电流切断，以观察电势的变化，此法称为断电流法，这是控制电流法中的一种。图 6-2-6 为断电流波形和相应的电势-时间响应曲线。

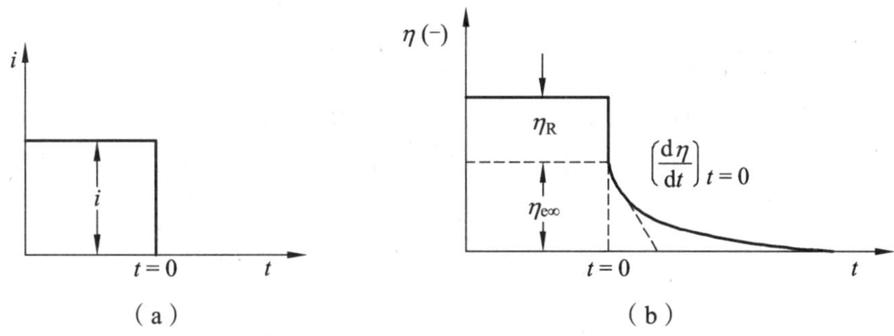

图 6-2-6　小幅度断电流信号（a）及相应的超电势响应曲线（b）

如果断电前的极化电流幅值 i 较小，使得在电流 i 极化条件下没有浓差极化出现，同时，由于极化持续时间较长，电化学反应达到了稳定状态。

（1）在 t=0 时刻，双电层电容 C_d 来不及放电，电极等效电路如图 6-2-7（a）所示，过电势的突降部分是溶液欧姆压降

$$\eta_R = -iR_u \Rightarrow R_u = -\frac{\eta_R}{i} \tag{6-2-11}$$

（2）在断电以前，电化学极化达到了其稳态值 $\eta_{e\infty}$。在断电瞬间，双电层电容来不及放电，因此双电层电势差在断电前的瞬间和断电后的瞬间是相同的，也就是电极上的界面电势差没有发生变化，电极的界面过电势不变，所以断电时刻电化学反应的进行速率仍未改变，即 $i_F = i$，只是此时溶液欧姆压降瞬间消失，电极过电势仅为电化学极化过电势，$\eta_{t=0} = \eta_{e\infty}$，等效电路如图 6-2-7（b）所示。此时有

$$R_{ct} = \frac{-\eta_{e\infty}}{i} = \frac{-\eta_{t=0}}{i} \tag{6-2-12}$$

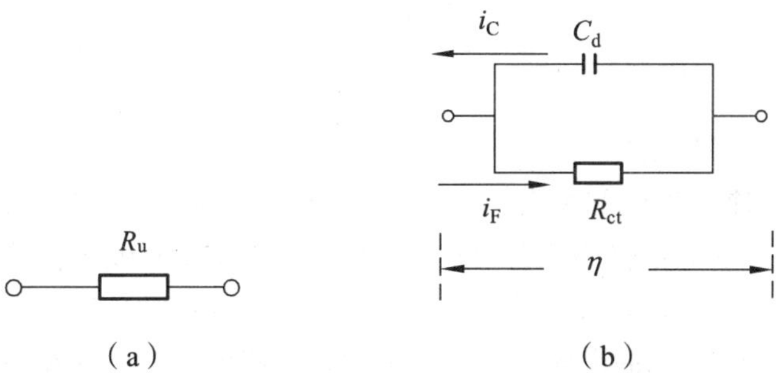

图 6-2-7　小幅度极化不同阶段的电极等效电路

（3）断电后的电极等效电路如图 6-2-7（b）所示。断电后，双电层电容 C_d 通过电荷传递电阻 R_{ct} 放电，即 $i_C = i_F$，而 $i_C = C_d \dfrac{d\eta}{dt}$。

对电流关系式 $C_d \dfrac{d\eta}{dt} = i_C = i_F = \dfrac{-\eta}{R_{ct}}$ 进行积分，可解出超电势的理论衰减方程

$$\eta = \eta_{t=0} \mathrm{e}^{-\frac{t}{R_{ct} C_d}} \tag{6-2-13}$$

式中　$\eta_{t=0}$——断电瞬间的过电势，也是电化学极化的稳态过电势 $\eta_{e\infty}$。

在断电后的瞬间，双电层的放电电流最大，$i_C = i_F = i$，这时过电势的衰减速率也最大

$$i_C = i = C_d \left(\frac{\mathrm{d}\eta}{\mathrm{d}t} \right)_{t=0} \tag{6-2-14}$$

$$C_d = \frac{i}{\left(\frac{\mathrm{d}\eta}{\mathrm{d}t} \right)_{t=0}} \tag{6-2-15}$$

采用断电流法需满足几方面条件：① i 值较小，使达到稳态时的过电势小于 10 mV，断电前极化时间较短，保证没有浓差极化出现；② 电流 i 极化时间又要足够长，保证电化学反应达到稳态；③ 断电速度要快，否则不能准确测量 η_R、$\eta_{e\infty}$。

6.2.3　小幅度控制电流阶跃法测量等效电路元件参数的注意事项及适用范围

（1）使用小幅度的电流阶跃信号，使得电极电势的改变值满足小幅度条件（通常 $|\Delta E| \leqslant 10$ mV），同时单向极化持续时间较短，浓差极化可以忽略不计，电极处于电荷传递过程控制。

（2）测量 R_u 时，要尽量测出突跃瞬间的电势改变值。

（3）测量 C_d 时，通常需要选择适当的溶液组成和电势范围，使电极接近理想极化状态，即没有电化学反应发生，此时，$R_{ct} \to \infty$，因而 τ_C 较大，$\left(\frac{\mathrm{d}\eta}{\mathrm{d}t} \right)_{t=0}$ 易于准确测量。

（4）测量 C_d 时，不适用于多孔电极。

多孔电极的每个孔道中都可发生电化学反应，多个孔道互相并联，其等效电路如图 6-2-8 所示，可见多孔电极表面各处的阻抗分布不均匀。控制电流阶跃法测量微分电容时，需要使用 $t \ll \tau_C$ 时的曲线斜率，在这种情况下，如果某一个孔道的溶液电阻 R_2' 较大，电流走捷径，流经 C_2 的电流就很小，好像这一路的电容不存在一样，因此导致这一电容充电不充分，使得测量的等效电容偏小。因此说控制电流阶跃法不适于测量多孔电极的微分电容，测量多孔电极的微分电容应采用控制电势暂态法，因为测量 C_d 时，控制电流暂态法要求 $t \ll \tau_C$，而控制电势暂态法不要求 $t \ll \tau_C$。

C_1，…，C_n 为孔内的双电层电容；R_1，…，R_n 为孔内的极化电阻，R_1'，…，R_n' 为孔内的溶液电阻。

（5）测量 R_{ct} 时，要求 $t \gg \tau_C$，通常选择 $t > (3\text{~}5\tau_C)$。当 $t > 5\tau_C$ 时，误差不超过 0.7%。或者采用方程解析法，利用 η-t 曲线的暂态部分计算 R_{ct}。

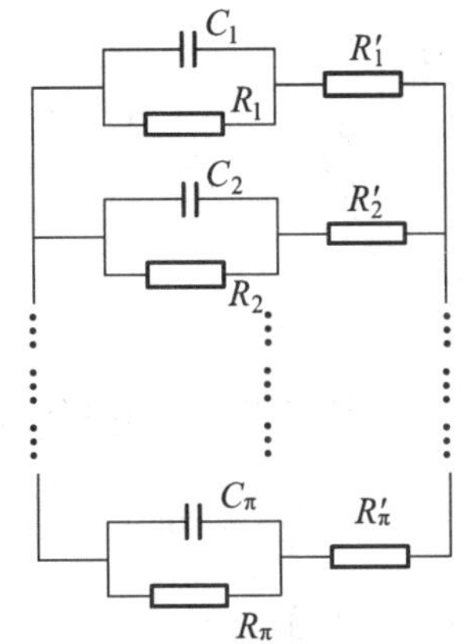

图 6-2-8　多孔电极的等效电路

6.3　大幅度电流阶跃

对于具有四个电极基本过程的简单电极反应：

$$O + ze^- \rightleftharpoons R$$

采用大幅度的电流阶跃信号对电极进行极化，且极化持续时间较长，使得反应物、产物粒子流向电极表面或离开电极表面的扩散速率不足以补偿电极表面上的消耗或积累时，电极表面和电极附近的粒子浓度就会发生变化，导致相应的电极电势变化，也就是有浓差极化存在。在这种情况下，为了确定电极电势的响应曲线，必须首先确定粒子的浓度分布函数。

6.3.1　电流阶跃下的粒子浓度分布

以阴极还原反应为例，使用平面电极，半无限线性扩散，不搅拌溶液。假设 O、R 均可溶，采用较大幅度的电流阶跃，t=0 时电流瞬时阶跃到 I，相应的电流密度为 j。

在此情况下，对于反应物和产物，其浓度函数均符合 Fick 第二定律，即

$$\frac{\partial C_O(x,t)}{\partial t} = D_O\left(\frac{\partial^2 C_O(x,t)}{\partial x^2}\right) \tag{6-3-1}$$

$$\frac{\partial C_R(x,t)}{\partial t} = D_R\left(\frac{\partial^2 C_R(x,t)}{\partial x^2}\right) \tag{6-3-2}$$

其初始条件、半无限线性扩散条件、流量平衡条件和电势阶跃一样。

（1）初始条件：$C_O(x,0) = C_O^0$，$C_R(x,0) = C_R^0$。

（2）边界条件：$C_O(\infty,t) = C_O^0$，$C_R(\infty,t) = C_R^0$。

（3）边界条件 2：$D_{O}\left(\frac{\partial C_{O}(x,t)}{\partial x}\right)_{x=0}+D_{R}\left(\frac{\partial C_{R}(x,t)}{\partial x}\right)_{x=0}=0$。

另外，已知电流密度可用下式表示

$$j=zFD_{O}\left(\frac{\partial C_{O}(x,t)}{\partial x}\right)_{x=0} \qquad (6\text{-}3\text{-}3)$$

因为施加的电流是恒定的，于是就可得到恒电流极化边界条件。

（4）边界条件 3：$\left(\frac{\partial C_{O}(x,t)}{\partial x}\right)_{x=0}=\frac{j}{zFD_{O}}=\text{const}$。

和电势阶跃许中需要浓度-电势关系的边界条件不同，电流阶跃法中的边界条件与电势无关，所以在此求解扩散问题就不需考虑电荷传递步骤的速率，即与电极的可逆性无关。

假设实验前溶液中只有反应物 O 存在，没有产物 R 存在（即 $C_{R}^{0}=0$），根据上述一个初始条件和三个边界条件，求解 Fick 第二定律，可导出反应物和产物粒子的浓度函数表达式如下：

$$C_{O}(x,t)=C_{O}^{0}-\frac{j}{zF}\left[2\sqrt{\frac{t}{\tau D_{O}}}\exp\left(-\frac{x^{2}}{4D_{O}t}\right)-\frac{x}{D_{O}}\operatorname{erfc}\left(\frac{x}{2\sqrt{D_{O}t}}\right)\right] \qquad (6\text{-}3\text{-}4)$$

$$C_{R}(x,t)=\frac{j}{zF}\left[2\sqrt{\frac{t}{\tau D_{R}}}\exp\left(-\frac{x^{2}}{4D_{R}t}\right)-\frac{x}{D_{R}}\operatorname{erfc}\left(\frac{x}{2\sqrt{D_{R}t}}\right)\right] \qquad (6\text{-}3\text{-}5)$$

恒电流阶跃期间，根据式（6-3-4）得到不同时间的典型反应物浓度分布曲线如图 6-3-1 所示。从中可以看出，随着时间的延长扩散层逐渐向溶液内部延伸，扩散层内任一点处的反应物浓度都随时间而下降。需要注意，虽然 $C_{O}(0,t)$ 不断下降，但电极表面上反应物的浓度梯度 $[\partial C_{O}(x,t)/\partial x]_{x=0}$ 总是恒定值，即 $x=0$ 处的浓度分布曲线切线的斜率不随时间而变化，这是控制了电流恒定的缘故。

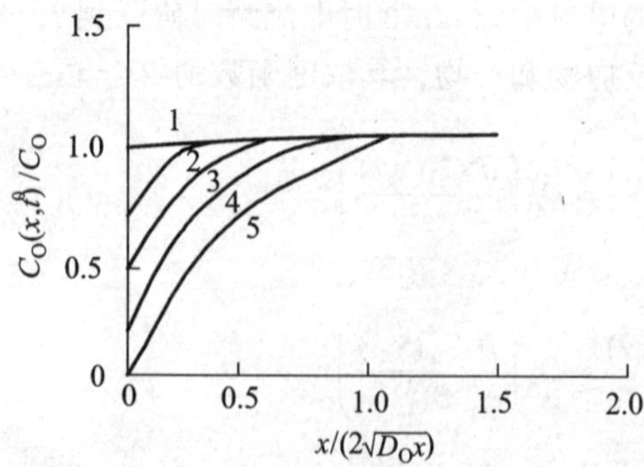

图 6-3-1　恒电流极化时电极表面液层中反应物粒子浓度分布曲线

另外，根据式（6-3-5）可得到不同时间的产物浓度分布曲线。其特点如图 6-3-2 所示，在过渡时间范围内，电极表面上（ $x=0$ 处）产物的浓度梯度也是定值。

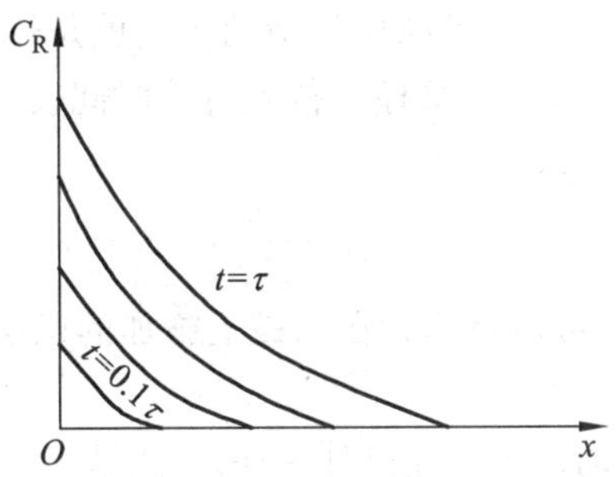

图 6-3-2　恒电流极化时电极表面液层中产物粒子浓度分布曲线

图 6-3-3 是大幅度电势阶跃法与电流阶跃法中反应物粒子浓度分布曲线示意图。两种情况下扩散层厚度都在随时间增加；电势阶跃中反应物表面浓度不变，而电流阶跃中反应物表面浓度随时间下降。

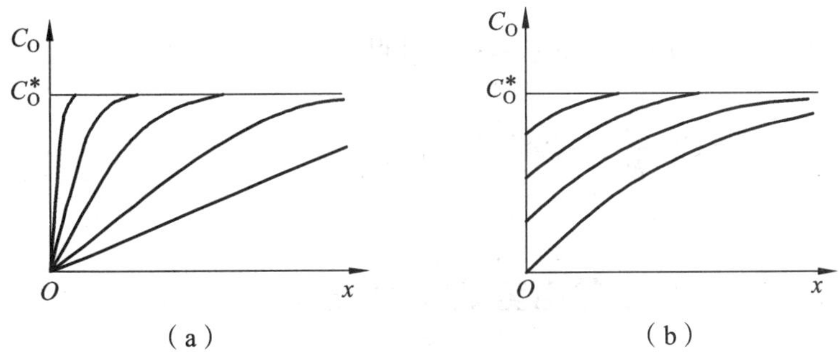

图 6-3-3　电势阶跃（a）与电流阶跃（b）反应物粒子浓度分布曲线比较

由于反应物的表面浓度同电极反应速率有关，因此有必要研究反应物的表面浓度。将 $x=0$ 代入式（6-3-4），得

$$C_O(x,t)=C_O^0-\frac{2j}{zF}\sqrt{\frac{t}{\tau D_O}} \tag{6-3-6}$$

上式表示，反应物粒子的表面浓度随 $t^{1/2}$ 而线性降低。同理将 $x=0$ 代入式（6-3-5），可得反应产物的表面浓度随 $t^{1/2}$ 线性增加。

6.3.2　过渡时间

当反应物的表面浓度下降至零时所对应的时间称为过渡时间，用 τ 表示。当 $t=\tau$ 时，反应并没有达到稳态，扩散层会继续增厚，但此时 O 粒子表面浓度已为 0，无法再继续下降，所以当 $t>\tau$ 时，$x=0$ 处的浓度梯度将比原恒定值减小，此时不再满足边界条件（3），所以上述公式只在 $t\leqslant\tau$ 时适用。达到过渡时间以后，现有反应物 O 已经无法维持此恒定的电流。只有依靠新的电极反应（比如电解水的反应）才可能维持电流不变，此时为了实现新的电极反应，电势会急剧变化以达到新反应发生的过电势。所以自开始恒电流极化到电极电势发生突跃所经历的时间就是过渡时间。

将 $C_O(0,t)=0$ 代入式（6-4-6），整理，得到过渡时间表达式

$$\tau=\frac{z^2F^2\pi D_O C_O^{02}}{4j^2} \tag{6-3-7}$$

式（6-3-7）称为 Sand 方程。可以看出，在电极上施加的恒定的电流越小或反应物浓度越大，过渡时间就越长。

根据实验中测得的过渡时间 τ，在已知 z 和 C_O^0 的情况下，可以测定扩散系数 D_0。另外，也可利用 $\sqrt{\tau}\propto C_O^0$ 进行反应物浓度的定量分析。

将式（6-3-7）代入式（6-3-6）中，将 $C_O(0,t)$ 用 C_O^S 表示，可得

$$C_O^S=C_O^0\left(1-\sqrt{\frac{t}{\tau}}\right)(0\leqslant t\leqslant\tau) \tag{6-3-8}$$

同理，根据式（6-3-7）和式（6-3-5），可得

$$C_R^S=C_O^0\sqrt{\frac{D_O}{D_R}}\sqrt{\frac{t}{\tau}}(0\leqslant t\leqslant\tau) \tag{6-3-9}$$

6.3.3 可逆电极反应的电势-时间曲线

对于可逆电极体系，电极表面上发生的电荷传递过程的平衡基本上未受到破坏，Nernst 方程仍然适用

$$\varphi=\varphi^{\ominus'}+\frac{RT}{zF}\ln\frac{C_O^S}{C_R^S} \tag{6-3-10}$$

将式（6-3-8）和式（6-3-9）代入上式中，可得

$$\varphi(t)=\varphi^{\ominus'}-\frac{RT}{zF}\ln\sqrt{\frac{D_O}{D_R}}+\frac{RT}{zF}\ln\left(\sqrt{\frac{\tau}{t}}-1\right) \tag{6-3-11}$$

注意到该式右方最后一项在 $t=\tau/4$ 时消失，因此，把相应于 $t=\tau/4$ 的电极电势定义为四分之一电势，用 $\varphi_{\tau/4}$ 表示。即

$$\varphi_{\tau/4}=\varphi^{\ominus'}-\frac{RT}{zF}\ln\sqrt{\frac{D_O}{D_R}} \tag{6-3-12}$$

这样，式（6-3-11）可简化为

$$\varphi(t)=\varphi_{\tau/4}+\frac{RT}{zF}\ln\left(\sqrt{\frac{\tau}{t}}-1\right) \tag{6-3-13}$$

由上式看出，当 $t=0$ 时，$\varphi\to\infty$，实际上，此时双电层充电并未完成，公式并不适用；当 $t=\tau$ 时，$\varphi\to-\infty$，实际上当 t 很接近 τ 时，电极电势就会向负方向急剧变化，直到发生新反应为止。所以此公式的适用范围应为双电层充电完成至电势突跃之前的时间段内。电势-时间曲线见图 6-3-4。

从式（6-3-12）可看出，$\varphi_{\tau/4}$ 与电流的阶跃幅值无关，这是可逆电极体系的特征，若假设 $D_{\rm O}=D_{\rm R}$，则 $\varphi_{\tau/4}=\varphi^{\ominus'}$，因此 $\varphi_{\tau/4}$ 与稳态极化曲线中的半波电势 $\varphi_{1/2}$ 有相似之处。

从式（6-3-13）可知，根据实验测得的电势-时间曲线，用 φ 对 $\lg(\sqrt{\tau/t}-1)$ 作图，则可以得到一条直线。可逆体系的判据是直线斜率为 $2.3RT/zF$ [25 °C 下为 $59/z$(mV)]。可逆条件的另一个判据是 $|\varphi_{3\tau/4}-\varphi_{\tau/4}|=(2.3RT/zF)\lg(2/\sqrt{3}-1)$ [25 °C 下为 $47.9/z$(mV)]。

如果已经判定电极反应为可逆反应，则由 φ-$\lg(\sqrt{\tau/t}-1)$ 直线的斜率能求出得失电子数 z 的数值；由直线的截距能求出 $\varphi_{\tau/4}$，进而能得到 $\varphi^{\ominus'}$ 的近似值。

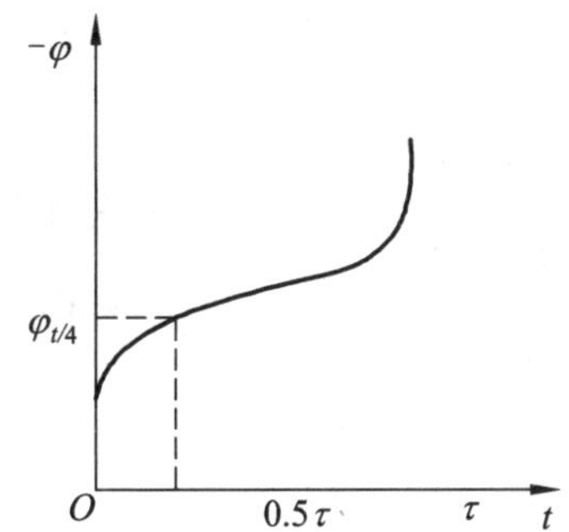

图 6-3-4　可逆电极体系的理论电势-时间曲线

若 $C_{\rm O}^0$ 较大，而且恒电流较小，τ 较大。这就有可能因对流的干扰，使得电极过程在到达 τ 之前已经达到稳态，因而在电势-时间曲线图中就不会出现电势急剧变化的线段。

前面分析的是产物可溶的情况，再来分析另外一种情况。若阴极还原反应产物 R 是不溶的，则恒电流极化下的电极电势满足下式

$$\varphi=\varphi^{\ominus'}+\frac{RT}{zF}\ln(C_{\rm O}^*) \tag{6-3-14}$$

此种情况仍可推出式（6-3-8），将式（6-3-8）代入，得

$$\varphi(t)=\varphi^{\ominus'}+\frac{RT}{zF}\ln C_{\rm O}^0+\frac{RT}{zF}\ln\left(\sqrt{\frac{\tau}{t}}-1\right) \tag{6-3-15}$$

显然，上式即

$$\varphi(t)=\varphi_{\rm c}+\frac{RT}{zF}\ln\left(1-\sqrt{\frac{t}{\tau}}\right) \tag{6-3-16}$$

从式（6-3-16）可知，根据实验测得的电势-时间的曲线，用 φ 对 $\lg(1-\sqrt{t/\tau})$ 作图，则可以得到一条直线。可逆体系的判据是直线斜率为 $2.3RT/zF$[25°C 下为 $59/z$（mV）]；

可逆体系的另一个判据是$|\varphi_{3\tau/4}-\varphi_{\tau/4}|=(2.3RT/zF)\lg(2-\sqrt{3})$[25 °C 下为 33.8/$z$（mV）]。

6.3.4 不可逆电极反应的电势-时间曲线

如果电极反应$O+ze^- \rightleftharpoons R$完全不可逆，即假设电极反应动力学较慢，或阶跃电流幅度比较大，通过恒电流时引起的过电势较大，可以忽略逆反应的影响。则可将 B-V 方程中第二项略去，将处于非稳态条件下的电流密度与过电势关系表示如下

$$j=j_0C_O^S\exp\left(-\frac{\alpha F\Delta\varphi}{RT}\right) \tag{6-3-17}$$

将式（6-3-8）代入，得

$$\eta_C(t)=-\Delta\varphi=\frac{RT}{\alpha F}\ln\frac{j}{j_0}-\frac{RT}{\alpha F}\ln\left(1-\sqrt{\frac{t}{\tau}}\right)$$

（6-3-18）

当 t=0 时，$\eta_C(0)=\dfrac{RT}{\alpha F}\ln\dfrac{j}{j_0}$，注意到这实际上就是不考虑浓差极化、只发生电化学极化时的过电势，将其用η_e表示。于是式（6-3-18）可写为

$$\eta_C(t)=\eta_e-\frac{RT}{\alpha F}\ln\left(1-\sqrt{\frac{t}{\tau}}\right) \tag{6-3-19}$$

其电势-时间曲线如图 6-3-5（a）所示。

虽然式（6-3-19）显示，当 t=0 时，即在接通电解电流的瞬间，电极电势应突变到η_e，但实际上此时由于双电层充电的影响，加之有响应时间，使实际曲线滞后。所以在实验曲线上只表现为初期过电势较快地上升，在双电层充电基本结束后实验曲线才和理论曲线重合，如图 6-3-5（b）。

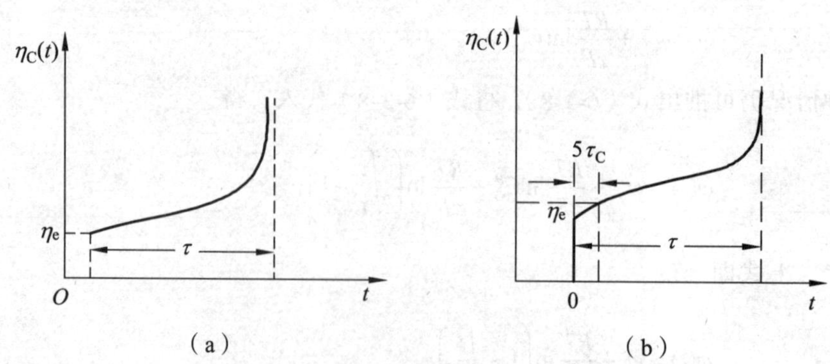

图 6-3-5　不可逆电极体系的电势-时间曲线

需要注意的是，测量动力学参数需选用$5\tau_C<t<\tau$时间段内的数据进行外推，但如果过渡时间短到与$5\tau_C$相当，则将受到充电电流的干扰而无法准确外推了。根据式

（6-3-7），τ 与 j^2 成反比，如果电极反应速率不太快，则选用不太高的电流值即可引起足够大的电化学极化，这种情况下往往 τ 较大，可正确外推；但是，如果电极反应很快，就必须采用较高的电流值才能忽略逆反应，但此时 τ 很小，因而可能无法正确外推。计算及实验表明，上述方法的测量上限约为标准速率常数 $k \leqslant 1$ cm/s。

对于准可逆过程的电流阶跃，由于其数学处理较复杂，只有在小幅度条件下才具有较简单的形式，因此不再进行讨论。

以上有关暂态扩散过程的讨论都是针对平面电极而言的。然而，在大多数情况下非稳态扩散过程不会持续很久。只要电极尺寸以及表面曲率半径不太小，则不论电极的形状如何，非稳态浓度极化过程往往是局限在厚度比电极表面曲率半径小得多的薄层液体中，因而大都可以近似地当作平面电极上的扩散过程来处理。换言之，本节中的主要结论对大多数电极上的非稳态扩散过程都有不同程度的适用性。

6.4 电流阶跃法的应用

6.4.1 研究氢在铂电极上的析出机理

关于氢的析出机理已进行了大量的研究。在不同的金属上氢的析出机理不同。按氢析出过电势的不同，金属大致可分为三类：① 高析氢过电势金属，如 Hg、Zn、Pb、Sn 等，这些金属的 $a = 10 \sim 1.5$ V；② 中析氢过电势金属，如 Fe、Co、Ni、Cu 等，这些金属的 $a=0.5 \sim 0.7$ V；③ 低析氢过电势金属，如 Pt、Pd、Ru 等，这些金属的 $a = 0.1 \sim 0.3$ V。

不同金属上氢的析出机理可用电流阶跃法（控制电流暂态法）来研究。

1. 析出机理分析

氢的析出反应历程中可能出现的表面步骤主要有下列方程：

（1）电化学步骤　　$H^+ + e^- \longrightarrow MH$

（2）复合脱附步骤　　$MH + MH \longrightarrow H_2$

（3）电化学脱附步骤　　$H^+ + MH + e^- \longrightarrow H_2$

若电化学步骤是控制步骤，则电极表面吸附氢原子的浓度应很小，氢原子的吸附覆盖度 θ_H 应远小于 0.01，此时符合“迟缓放电机理”。如果复合脱附步骤或电化学脱附步骤是控制步骤，则应有 $0.1 < \theta_H < 1$，即氢原子的吸附覆盖度比较大，此时符合“复合机理”。

2. 实　验

用电流换向阶跃法测量铂电极上氢原子的吸附覆盖度的电路如图 6-4-1 所示。

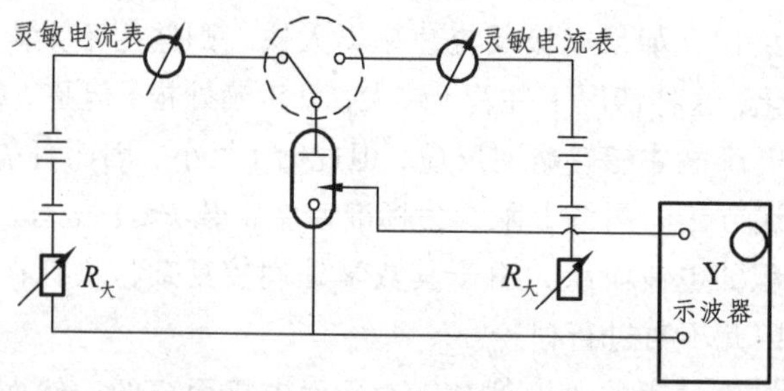

图 6-4-1　电流换向阶跃法测量铝电极上氢原子的吸附覆盖度的电路

实验中先以 $1\,mA \cdot cm^{-2}$ 的电流密度对铝电极进行阴极极化，也就是铂电极以 $1\,mA \cdot cm^{-2}$ 的速度发生氢原子的吸附反应。当反应达到稳态时，用快速电子开关把电极从稳态阴极极化换向到阳极极化，阳极极化电流密度为 $40\,mA \cdot cm^{-2}$。换向时间很短（不超过 $10^{-6}\,s$），以保证电流换向时间内表面氢原子浓度来不及发生明显变化，与此同时，记录下电势随时间变化的波形，如图 6-4-2 所示。

图 6-4-2（b）中，*AB* 段表示电极由阴极极化向阳极极化转变后的溶液欧姆压降和双电层充电过程引起的界面过电势改变值。*BC* 段表示，在阳极极化下，随着反应 $MH \longrightarrow H^+ + e^-$ 的进行，吸附氢原子被溶解。*BC* 段电势几乎不变，也就是说，氢的离子化反应把电子交给电极的速度，和外电路把电子拉走的速度相等，并达到稳态。*CD* 段表示当吸附氢原子被溶解完之后，双电层中的电子继续被外电路拉走，因而电势开始迅速变正。从图 6-4-2（b）上可以测出过渡时间为

$$\tau = 5 \times 10^{-3}\,s$$

因此，单位电极面积上吸附氢原子溶解所消耗的电量为

$$Q_\theta = i\tau = 40\,mA \cdot cm^{-2} \times 5 \times 10^{-3}\,s = 0.2\,mC \cdot cm^{-2} = 2\,C \cdot cm^{-2}$$

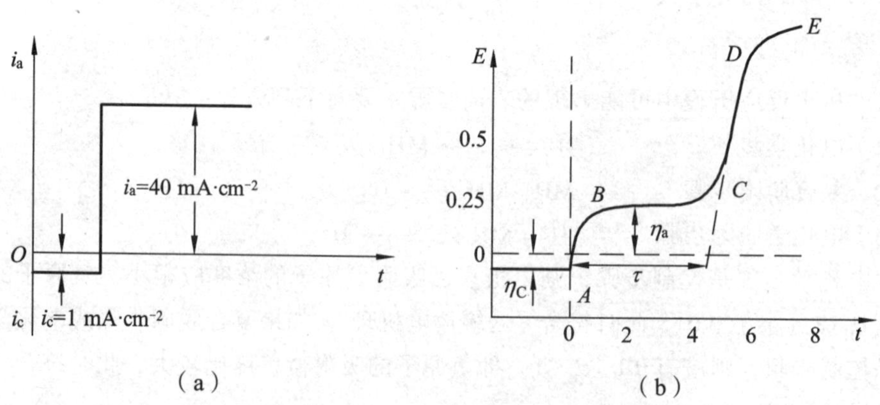

图 6-4-2　电流换向阶跃实验中电流信号（a）及相应的电势-时间响应曲线（b）

用 X 射线测得铂的晶格常数为 0.3942 nm，又由于铂为面心立方结构，其密排面为（111）晶面，（111）晶面的原子排列示意图如图 6-4-3 所示。

图 6-4-3　铂的密排面（111）晶面排列示意图

在密排面上等边三角形的边长为 $\sqrt{2}\times 0.3942\ \text{nm}$，在一个等边三角形内有 2 个原子。它的面积为

$$S=\frac{1}{2}(\sqrt{2}\times 0.3942\times 10^{-9})\left(\frac{\sqrt{3}}{2}\times 0.3942\times 10^{-9}\right)=13.46\times 10^{-20}(\text{m}^2)$$

所以，单位面积上的铂原子数目为

$$N=\frac{1}{13.46\times 10^{-20}}\times 2=1.5\times 10^{19}(\text{m}^{-2})$$

假设每个铂原子是一个氢的吸附位，则有

$$\theta=\frac{Q_\theta}{nqN}=\frac{2}{1\times(1.60\times 10^{-19})\times(1.5\times 10^{19})}=0.83$$

由于 $\theta>0.1$，说明在铂电极上，析氢反应的机理是复合机理，复合脱附步骤 $MH+MH \longrightarrow H_2$ 或电化学脱附步骤 $H^+ + MH + e^- \longrightarrow H_2$ 是速率控制步骤。

6.5　电极反应动力学参数研究方法小结

本书介绍的电极反应动力学参数的研究方法可分为两大类：一类是稳态法，即需要测量相应于每一电极电势的稳态电流值，包括直接测量稳态极化曲线的经典方法和旋转圆盘电极方法，测量时间较长；另一类是暂态法，即利用短暂电脉冲或交流电对电极体系进行激发，通过响应信号的分析进行测量，如电势阶跃法、电流阶跃法、循环伏安法、交流阻抗法等，测量时间很短。

在经典稳态极化曲线的测量中，要想得到 Tafel 直线段就要排除浓差极化的干扰，只有电化学反应速率比较慢才能保证浓差极化较小，所以该方法一般测量上限约为标准速率常数 $k\leqslant 10^{-5}$ cm/s。旋转圆盘电极方法采用间接测量的外推法，故可排除浓差极化的影响，如果电极的最大转速为 10 000 r/min，则测量上限为标准速率常数 k 在 0.1 ~ 1 cm/s。对于常规电极，电势阶跃法和电流阶跃法测量上限为 $k\leqslant 1$ cm/s，但是如果采用微电极，则可研究速度更快的电极反应。

与稳态法相比，暂态法有几方面的优点：① 暂态法有利于研究反应产物能在电极表面上累积或电极表面在反应时不断受到破坏的电极过程（如电沉积、阳极溶解反应等），有利于研究电极表面的吸脱附过程，有利于研究复杂电极过程，这是因为暂态法测量时间极短，电极表面破坏很小，液相中杂质粒子也来不及影响电极表面；② 暂态法适于研究快速电极反应，运用现代电子技术将测量时间缩短到几微秒要比制造每分钟旋转几万转的旋转圆盘电极简便得多。

习　题

1. 什么是电流阶跃法？
2. 电流阶跃暂态过程的特点。
3. 小幅度电流阶跃法测量等效电路元件参数的注意事项及适用范围。
4. 大幅度电流阶跃电极表面浓度分布曲线的特点，及与电势阶跃的区别与联系。
5. 什么是过渡时间？过渡时间的应用。
6. 怎么利用电流阶跃法的电势-时间曲线判断电极反应可逆性？
7. 怎么利用电流阶跃法测量电极反应动力学参数？
8. 测量电化学反应动力学参数的两类方法的选择原则及特点。

7 伏安法

第 5 章介绍了电势阶跃法，其是通过阶跃到不同电势的一系列阶跃实验，记录电流-时间曲线，从而获得相应体系的完整电化学行为。但是，为了获得好的电势分辨率，需要很小的电势阶跃间隔（如小至 1 mV）。若使用静止电极通过阶跃方法来进行，不但耗时，而且从电流-时间曲线也不易观察识别不同物种。如果能够随时间扫描电势，控制电势连续变化，直接记录 *i-E* 曲线，一次实验就可以获得更多的信息。因此，在本章中将介绍控制电势暂态研究方法中的另一种，即控制电势连续变化的伏安法。主要介绍线性电势扫描伏安法的基础理论，以及伏安法的作用和应用范围，尤其循环伏安法。

7.1 线性电势扫描伏安法概述

7.1.1 定 义

控制电势的测量方法除了电势阶跃法外，还可以通过预设程序控制电势随时间以恒定的速度变化，叫作线性电势扫描法。这种方法是在控制电极电势以恒定的速率变化扫描过程中，同时测量电极的效应电流随时间（或电势）的变化，所以也称为伏安法，即线性电势扫描伏安法（Linear Sweep Voltammetry，LSV）。而记录的 *i-E* 曲线也叫作伏安曲线（Voltammogram）。

7.1.2 线性电势扫描过程中响应电流特点

由 4.1 节对式（4-1-1）的分析可知，双电层充电电流 i_C 随着扫描速率（$v=\left|\frac{\mathrm{d}E}{\mathrm{d}t}\right|$）的增大而线性增大。由后面的讨论也可知，用于电化学反应的法拉第电流 i_F 也随 v 增大而增大，但并不是和 v 成正比例的关系。当扫描速率 v 增大时，扫描过程的响应电流增大。相反，当扫描速率 v 足够慢时，i_C 在总电流中所占比例极低，可以忽略不计，这时得到的 *i-E* 曲线即为稳态极化曲线。因此，扫描速率 v 对 *i-E* 曲线影响很大。但扫描速率的快慢是相对的，并没有一个绝对的数值，而与所测体系有关，比如几十毫伏

每秒的扫速，对常规电极而言是暂态过程，对微电极则可能是稳态过程（微电极的响应时间很短，极短时间内就能达到稳态）。

当进行大幅度线性电势扫描时[如图 7-1-1（a）]，对于反应物来源于溶液的具有四个电极基本过程的简单电极反应 $O+ze^- \rightleftharpoons R$，典型的伏安曲线如图 7-1-1（b）所示。当电势从没有还原反应发生的较正电势开始向电势负方向线性扫描时，还原电流先是逐渐上升，到达峰值后又逐渐下降。

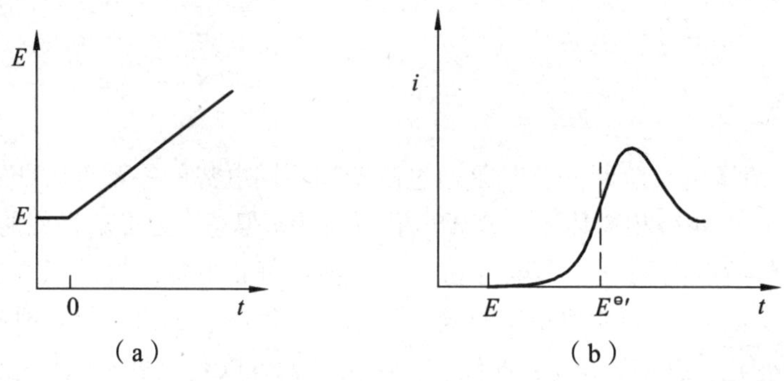

图 7-1-1　线性扫描电势波形（a）和线性电势扫描伏安曲线（b）

在电势扫描的过程中，随着电势的移动，电极的极化越来越大，电化学极化和浓差极化相继出现。随着极化的增大，反应物的表面浓度不断下降，扩散层中反应物的浓度差不断增大，导致扩散流量增加，扩散电流升高。当反应物的表面浓度下降为零时，就达到了完全浓差极化，扩散电流达到了极限扩散电流。但此时，扩散过程并未达到稳态，电势继续扫描相当于极化时间延长，扩散层的厚度越来越大，相应地扩散流量逐渐下降，扩散电流降低。

这样，在电势扫描伏安曲线上，就形成了电流峰。在越过峰值后电流的衰减符合 Cottrell 方程。

7.1.3　两种常用的扫描电势波形

除了图 7-1-1（a）所示的单程线性电势扫描波形外（对应单程线性电势扫描伏安法），常见的还有另一种电势扫描波形——循环电势扫描波形（对应循环伏安法），如图 7-1-2 所示。

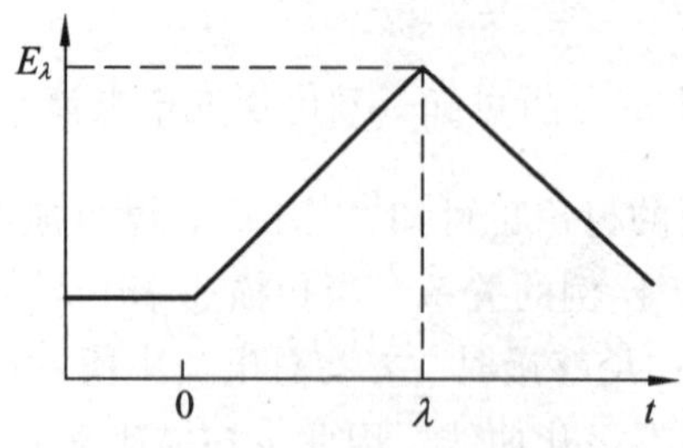

图 7-1-2　循环电势扫描波形

下面分别对两种扫描电势波形对应的伏安法进行详细介绍。

7.2 单程线性电势扫描伏安法

接下来讨论单程线性电势扫描伏安法在大幅度运用的情况，此时浓差极化不可忽略。

与前面章节类似，开始时溶液中只含氧化态物种 O，初始电极电势保持在不发生电极反应的电势 φ_i，并用半无限扩散条件，讨论简单反应 $O + ze^- \rightleftharpoons R$。电势以速度 v(V/S)进行线性扫描，任意时刻 t 时的电势为

$$\varphi(t) = \varphi_i - vt \tag{7-2-1}$$

从理论上研究其响应规律仍然是求解 Fick 第二定律

$$\frac{\partial C_O(x,t)}{\partial t} = D_O \frac{\partial C_O(x,t)}{\partial x^2}$$

$$\frac{\partial C_R(x,t)}{\partial t} = D_R \frac{\partial^2 C_R(x,t)}{\partial x^2}$$

其初始条件、半无限线性扩散条件、流量平衡条件为：

初始条件：$C_O(x,t) = C_O^0$，$C_R(x,t) = C_R^0 = 0$

边界条件 1：$C_O(\infty,t) = C_O^0$，$C_R(\infty,t) = C_R^0 = 0$

边界条件 2：$D_O\left(\frac{\partial C_O(x,t)}{\partial x}\right)_{x=0} + D_R\left(\frac{\partial C_R(x,t)}{\partial x}\right)_{x=0} = 0$

对于可逆、准可逆和不可逆电极过程，上述初始条件和边界条件都是一样的，关键是第三个边界条件不同。

7.2.1 可逆体系

7.2.1.1 伏安曲线的数值解

对于可逆电极体系，电极表面上发生的电荷传递过程的平衡基本上未受到破坏，Nernst 方程仍然适用：

$$\varphi(t) = \varphi^{\ominus'} + \frac{RT}{zF}\ln\frac{C_O(0,t)}{C_R(0,t)}$$

将式（7-2-1）带入 Nernst 方程可得到第三个边界条件：

边界条件 3：$\frac{C_O(0,t)}{C_R(0,t)} = \exp\left[\frac{zF}{RT}\left(\varphi_i - vt - \varphi^{\ominus'}\right)\right]$

根据上述 4 个条件，可求解 Fick 第二定律，求解过程比较复杂（对具体过程感兴趣的同学可以参照其他电化学教材），最终可通过数值方法得到如下结果：

$$i = zFAC_O^0(\pi D_O\sigma)^{1/2}\chi(\sigma t) \tag{7-2-2}$$

其中，$\sigma \equiv \frac{zF}{RT}v$。在任一给定点，$\chi(\sigma t)$ 是一纯数，这样式（7-2-2）就给出伏安曲线上任一点的电流和其他变量间的函数关系。特别是结论，电流 i 正比于反应物浓度和扫描速度的开方 $v^{1/2}$。用无因次电流函数表示的详细线性电势扫描伏安曲线如图 7-2-1 所示。

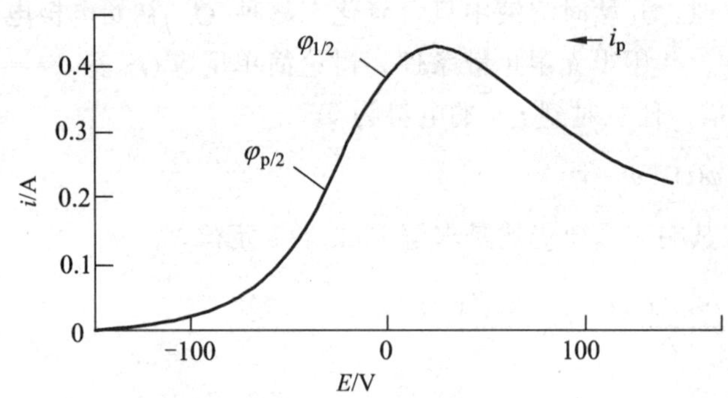

图 7-2-1　采用无量纲电流函数表示的详细电势扫描伏安曲线

7.2.1.2　峰电流和电势

函数 $\pi^{1/2}\chi(\sigma t)$ 存在一个极大值 $\pi^{1/2}\chi(\sigma t)=0.4463$。对应式（7-2-2）得到峰电流 i_p

$$i_p = 0.4463\left(\frac{F^3}{RT}\right)^{1/2} z^{3/2}AD_O^{1/2}C_O^0v^{1/2}$$

T=25 °C 时，上式变为

$$i_p = (2.69\times10^5)z^{3/2}AD_O^{1/2}C_O^0v^{1/2} \tag{7-2-3}$$

此时，对应的电势为峰电势 φ_p，其值如下

$$\varphi_p = \varphi_{1/2} - 1.109\frac{RT}{zF} = \varphi_{1/2} - 28.5/z\ (\text{mV})(25\ ^\circ\text{C}) \tag{7-2-4}$$

由于峰变宽，峰电势可能不易确定，有时使用 $i_{p/2}$ 处的半峰电势会更方便些，具体如下

$$\varphi_{p/2} = \varphi_{1/2} + 1.09\frac{RT}{zF} = \varphi_{1/2} + 28.0/z\ (\text{mV})(25\ ^\circ\text{C}) \tag{7-2-5}$$

注意 $\varphi_{1/2}$ 位于 φ_p 和 $\varphi_{p/2}$ 之间。

由式（7-2-4）和式（7-2-5）可得，φ_p 和 $\varphi_{p/2}$ 之间的差值是一个定值，不随扫速变化而变化

$$\left|\varphi_p - \varphi_{p/2}\right| = 2.20\frac{RT}{zF} = 56.5/z\ (\text{mV})(25\ ^\circ\text{C}) \tag{7-2-6}$$

7.2.1.3 可逆反应线性电势扫描伏安曲线的特点

对可逆反应，φ_p、$\varphi_{p/2}$和$\left|\varphi_p-\varphi_{p/2}\right|$与扫描速度无关，$\varphi_{1/2}$几乎位于$\varphi_p$和$\varphi_{p/2}$之间，这些电势关系可以用来判断电极反应的可逆性。

峰电流i_p及伏安曲线上任一点的电流都正比于$v^{1/2}$，也正比于C_O^0。在线性电势扫描伏安法中，$i_p/v^{1/2}C_O^*$（称为电流函数）取决于$z^{3/2}$和$D_O^{1/2}$。若已知D_O，就可以确定电极反应的电子数z。D_O一般可以从其他分子大小相同、结构类似物质的已知z值的线性电势扫描伏安法中得到。峰电流i_p及伏安曲线上任一点的电流都正比于$v^{1/2}$可以定性地理解为，v越大，达到伏安曲线上任意一点（不管是否峰电流）的电势所需时间越短，相应地暂态扩散层厚度越薄，扩散速率越大，因而电流越大。

7.2.1.4 影响因素

1. 干扰电流

与被测物的浓度无关的其他原因所引起的电流统称为干扰电流。常见的干扰电流有迁移电流、残余电流、氧波和氢波等。

（1）迁移电流：伏安法分析过程中，由静电引力而产生的电流即迁移电流。它与被测物质的浓度无关，应设法消除。消除方法：加入大量支持电解质。

（2）残余电流：包括两部分，一是溶液中存在可在电极上还原的微量杂质，在未达到分解物的分解电压前就已被还原，从而产生很小的电流；二是伏安法研究过程中产生的充电电流，它是残余电流的主要部分。

使用静止的、面积固定的电极，在电势阶跃法中，其充电电流在几倍时间常数的时间后消失。但是伏安法中的电势是按照一定的速率连续不断地变化的，充电电流总存在，且$|i_c|=AC_dv$，对线性扩散，i_p与$v^{1/2}$成正比，而i_c与v成正比，两者的比如下

$$\frac{|i_c|}{i_p}=\frac{C_dv^{1/2}}{2.69\times10^5z^{3/2}D_O^{1/2}C_O^0} \tag{7-2-7}$$

显然v越大、C_O^0越低时，双电层充电电流在总电流中所占比例就越高，伏安曲线受到的干扰越大。这一点常常限制了可用的最大扫速和最小浓度。同时，在确定伏安曲线的峰电流时，必须用充电电流作基线，从而扣除双电层充电电流的影响。

（3）氧波：溶液中的溶解氧在电极上还原产生的。消除方法：加入不干扰测定的化学除氧剂。主要如下，在溶液中通入氮气、氢气、二氧化碳等，将氧带出；在碱性溶液中加入Na_2SO_3，在微酸性溶液中通入抗坏血酸，在强酸性溶液中加入Na_2CO_3、Fe粉，还原氧。

（4）氢波：溶液中的氢离子（它的标准电极电位为0 V），极易在贵金属电极上还原为氢气而干扰测定。但它在汞电极上却有极大的过电势，以保证酸性溶液中在−1.2～−1.4 V电位区间内不发生氢还原反应，在中性溶液和碱性溶液中过电势甚至还可以达到−2.1 V，所以在用伏安法测定样品时一定要根据使用的电极材料严格控制溶液的pH

以消除氢波的干扰。

2. R_u 的影响

实际上，恒电势仪控制的是 $\varphi + iR_u$，而不是真正地研究电极电势。在电流增大到峰值的过程中，随着电流的增大溶液欧姆压降 iR_u 也在增大，所以真正电极界面上的电势的改变速率小于给定的扫描速率 v，因此峰值电流变得更小，峰值电势向扫描的方向移动，并且真正的界面电势和时间的关系也将偏离线性关系，导致伏安曲线的误差。当扫描速率增大时，响应电流增大，因而溶液欧姆压降 iR_u 也会增大，即电势的控制误差增大，伏安曲线的偏差更大。

7.2.2　完全不可逆体系

7.2.2.1　伏安曲线的数值解

对于完全不可逆的单步骤单电子反应 $O + e^- \xrightarrow{k^0} R$，上节中的 Nernst 边界条件式不再适用，需要使用 B-V 方程，只是，此时 B-V 方程第二项可以忽略，边界条件 3 可换用下式表示

$$\frac{i}{FA} = D_O\left[\frac{\partial C_O(x,t)}{\partial x}\right] = k^0 C_O(0,t)\exp\left[-\frac{\alpha F}{RT}(\varphi_i - vt - \varphi^{\ominus\prime})\right] \tag{7-2-8}$$

式中　k^0——形式电势 $\varphi^{\ominus\prime}$ 下的标准反应速率常数。

求解方法和 7.2.1 节类似，也需要数值法求解积分方程。最终结果如下

$$i = FAC_O^S(\pi D_O b)^{1/2}\chi(bt) \tag{7-2-9}$$

$$i = FAC_O^S D_O^{1/2} v^{1/2}\left(\frac{\alpha F}{RT}\right)\pi^{1/2}\chi(bt) \tag{7-2-10}$$

式中，$\chi(bt)$ 与 $\chi(\sigma t)$ 不同。但从式（7-2-10）仍然看出 i 与 $v^{1/2}$ 和 C_O^S 成正比变化。

7.2.2.2　峰电流和电势

在 25 °C 时，无因次电流函数 $\pi^{1/2}\chi(bt)$ 达到最大值为 0.4958，此时对应的电势坐标为−5.34 mV。将最大值带入式（7-2-10）得到峰电流为

$$i_p = (2.99\times10^5)\alpha^{1/2} AC_O^S D_O^{1/2} v^{1/2} \tag{7-2-11}$$

对应的峰电势 φ_p 是

$$\alpha(\varphi_p - \varphi^{\ominus\prime}) + \frac{RT}{F}\ln\left[\frac{(\pi D_O b)^{1/2}}{k^0}\right] = -0.21\frac{RT}{F} = -5.34\,(\text{mV}) \tag{7-2-12}$$

或

$$\varphi_p = \varphi^{\ominus\prime} - \frac{RT}{\alpha F}\left[0.780 + \ln\left(\frac{D_O^{1/2}}{k^0}\right) + \ln\left(\frac{\alpha F v}{RT}\right)^{1/2}\right] \tag{7-2-13}$$

如果实验中测得的伏安曲线峰电流较宽，峰值电势 φ_p 难以准确测定，可以用半峰电势 $\varphi_{p/2}$

$$\left|\varphi_p-\varphi_{p/2}\right|=\frac{1.857RT}{\alpha F}=\frac{47.7}{\alpha}(\mathrm{mV}) \tag{7-2-14}$$

对完全不可逆反应，结合式（7-2-11）和式（7-2-13）可得 i_p 和 φ_p 的关系，式中含有 $\chi(bt)$。求出有关常数，整理后得到

$$i_p=0.227FAC_O^S k^0\exp\left[-\frac{\alpha F}{RT}(\varphi_p-\varphi^{\ominus\prime})\right] \tag{7-2-15}$$

如果已知 $\varphi^{\ominus\prime}$，用一系列扫描速度下得到的 $\ln i_p$ 对 $\varphi_p-\varphi^{\ominus\prime}$ 作图，就会有等于 $-\frac{\alpha F}{RT}$ 的斜率和正比于 k^0 的截距。

如果是比单步骤单电子复杂的不可逆过程，一般不易得到明确的电流-电势关系方程。但是对于 z 个电子得失的电极反应，如果第一个速率控制步骤（因为速控步骤决定整个反应）是不可逆的异相单电子得失反应，则上述峰值电势的关系式仍可使用，而峰值电流的关系式，只需在方程右边乘以总的得失电子数 z 即可。

7.2.2.3 伏安曲线的特点

（1）峰值电流 i_p 以及伏安曲线上任意一点的电流都正比于 $C_O^S v^{1/2}$，这一点与可逆体系相同。用 i_p-$v^{1/2}$ 作图，则可得一条直线，由直线斜率可求出传递系数 α。

（2）由式（7-2-3）和式（7-2-11）可得峰值

$$i_p(\text{irrev，完全不可逆})=1.11\,z^{-3/2}\alpha^{1/2}i_p(\text{rev，可逆}) \tag{7-2-16}$$

当 $z=1$，$\alpha=0.5$ 时，$i_p(\mathrm{irrev})=0.785\,i_p(\mathrm{rev})$，即完全不可逆体系的 i_p 低于可逆体系的 i_p。

（3）φ_p 是扫描速率的函数。扫速增加 10 倍，φ_p 向扫描方向移动 $1.15\,RT/\alpha F$（25 °C 时是 $30/\alpha$）。$\left|\varphi_p-\varphi^{\ominus\prime}\right|$ 值与 k^0 有关，k^0 越小，这个差值越大，这正是反应受电荷传递过程影响时的动力学特征。

（4）对于可逆体系和完全不可逆体系，峰值电势和半峰电势的差值分别为 $\left|\varphi_p-\varphi_{p/2}\right|(\mathrm{irrev})=\frac{47.7}{\alpha}(\mathrm{mV})$，$\left|\varphi_p-\varphi_{p/2}\right|(\mathrm{rev})=\frac{56.5}{z}(\mathrm{mV})$。当 $z=1$，$\alpha=0.5$ 时，$\left|\varphi_p-\varphi_{p/2}\right|(\mathrm{irrev})=95.4\,(\mathrm{mV})$，$\left|\varphi_p-\varphi_{p/2}\right|(\mathrm{rev})=56.5\,(\mathrm{mV})$。可见，完全不可逆体系的 $\left|\varphi_p-\varphi_{p/2}\right|$ 大于可逆体系的 $\left|\varphi_p-\varphi_{p/2}\right|$。

7.2.3 准可逆体系

对于准可逆的具有四个电极基本过程的单步骤单电子的简单电极反应 $O+e^-$

$\longrightarrow$R，电化学极化和浓差极化同时存在，Nernst 方程不再适用，B-V 方程第二项不能忽略。扩散方程的第三个边界条件应为

$$\frac{i}{FA} = D_{\mathrm{O}}\left[\frac{\partial C_{\mathrm{O}}(x,t)}{\partial x}\right]_{x=0}$$

$$= k^0 \exp\left[-\frac{\alpha F}{RT}(\varphi_i - vt - \varphi^{\ominus\prime})\right]\left\{C_{\mathrm{O}}(0,t) - C_{\mathrm{R}}(0,t)\exp\left[\frac{F}{RT}(\varphi_i - vt - \varphi^{\ominus\prime})\right]\right\} \quad (7\text{-}2\text{-}17)$$

由扩散方程及其定解条件可以得到伏安曲线的数值解。

定义参数 Λ 为

$$\Lambda \equiv k^0 \sqrt{\frac{RT}{D_{\mathrm{O}}^{1-\alpha} D_{\mathrm{R}}^{\alpha} F v}} \quad (7\text{-}2\text{-}18)$$

当 $D_{\mathrm{O}} = D_{\mathrm{R}} = D$ 时，则 Λ 可简化为

$$\Lambda \equiv k^0 \sqrt{\frac{RT}{DFv}} \quad (7\text{-}2\text{-}19)$$

准可逆体系伏安曲线的形状及其电流峰的参数决定于传递系数 α 和参数 Λ。准可逆体系伏安曲线的峰值电流 i_{p}、峰值电势和半波电势的差值 $\left|\varphi_{\mathrm{p}} - \varphi_{1/2}\right|$、峰值电势和半峰电势的差值 $\left|\varphi_{\mathrm{p}} - \varphi_{\mathrm{p}/2}\right|$ 均介于可逆体系和完全不可逆体系相应数值之间。

Λ 值是决定电极体系可逆性的重要参数。当 $\Lambda \geqslant 15$ 时，电极体系处于可逆状态；当 $\Lambda \leqslant 10^{-2(1+\alpha)}$ 时，电极体系处于完全不可逆状态。

从式(7-2-20)可以看出，Λ 是表征传荷过程的参数 k^0 和表征传质过程的参数 $\sqrt{\frac{DFv}{RT}}$ 的比值，因此它是表征两个电极基本过程在总的电极过程中重要性的参量。可以看出，Λ 不仅决定于体系本身的性质，而且可以通过调节扫速 v 而发生变化，从而使体系表现出不同的可逆性质。例如，随着扫速 v 的增大，体系的峰值电流 i_{p} 可以从可逆行为变化到准可逆行为，再变化到完全不可逆行为，如图 7-2-2 所示。

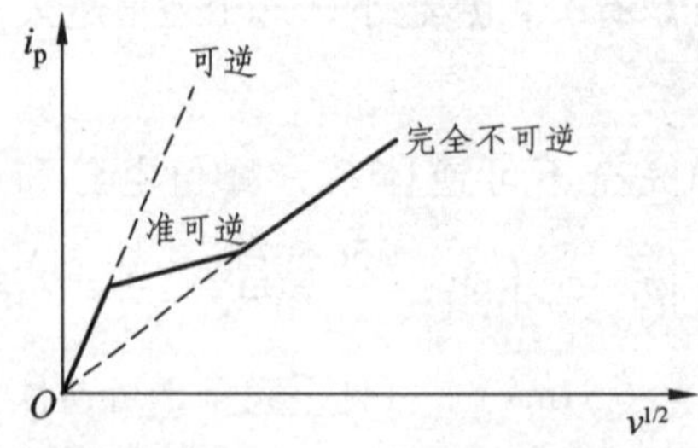

图 7-2-2　峰电流可逆行为与扫速的关系

这一现象可以定性地做如下理解：扫速 v 越快，达到一定电势下所需时间就越短，暂态扩散层厚度越薄，扩散流量越大，扩散速率越快，浓差极化在总极化中所占比例就越小，相应地电化学极化所占比例上升，逐步偏离电化学平衡状态，Nernst 方程不再适用，电极由“可逆”状态变为“准可逆”状态，进而成为“完全不可逆”状态。

7.3 循环伏安法

在伏安法中，应用最广泛的就是循环伏安法（Cyclic Voltammetry，CV）。该法控制电极电势以相同的速率随时间以三角波形一次或多次来回扫描，并记录电流-电势曲线。根据循环伏安曲线可以观察整个电势扫描范围内可能发生哪些电极反应及其氧化还原电势，可以判断电极反应的可逆性程度，判断中间体、相界吸脱附或新相形成的可能性，判断反应机理；另外，在电化学分析中还可以通过 CV 曲线对特定的分子、离子进行定性或定量分析，灵敏度非常高，检测限可达到 10^{-6} mol/L 的数量级。

循环伏安法施加到研究电极上的电势波形如图 7-3-1（a）所示。典型的循环伏安曲线如图 7-3-1（b）所示。

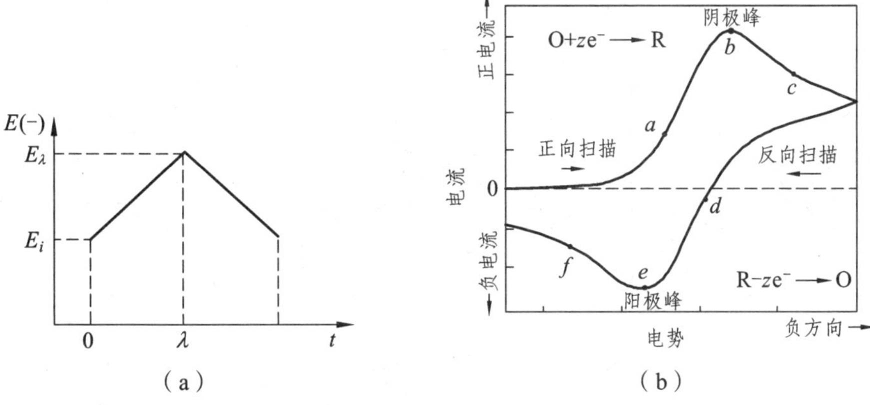

图 7-3-1　循环伏安法的电势信号（a）及典型的电流响应曲线（b）

循环伏安法的实验控制变量有：扫描电势区间、起始扫描方向、电势扫描速率以及扫描循环次数。此外，还可改变其他实验条件，如反应物浓度、电极材料、pH 和温度等，以获取更多的补充信息。除非有特殊原因，一般起始电势应选择在反应电流密度为零的区间内（这一点可以通过进行几个初步的循环伏安实验来确定），以便实验开始时反应组分在电极表面液层中浓度均匀分布。研究氧化反应时电势应先向正方向扫描，研究还原反应时电势应先向负方向扫描。电势扫描速率一般在 10 ~ 1000 mV/s。若采取一些措施排除欧姆压降和充电电流两个因素的干扰，则可将扫描速率提高到 100 V/s 以上（在微电极上，最快的扫描速率纪录达到 10^6 V/s）。对一些特殊的体系，比如在锂离子电池体系中，由于锂离子在电极材料中的扩散属于固相扩散，扩散系数非常小，扩散速率非常缓慢，则要采取比较慢的扫描速率，通常在 1 mV/s 以下。

7.3.1 扫描过程中浓度分布曲线变化

在此，仍然考虑简单的电子转移反应。$O + ze^- \longrightarrow R$。使用平面电极，半无限线性扩散，不搅拌溶液。假设 O、R 均可溶，实验前溶液中只有 O 存在，没有 R 存在。

现在让电极电势从开路电势往负方向扫描，发生阴极极化，到达换向电势后回扫至起始电势结束，所得典型循环伏安曲线如图 7-3-1（b）所示。图中标出了 a 至 f 六个点，图 7-3-2 给出了这六个点所对应的电极表面液层中的 O 与 R 的浓度分布曲线示意图。

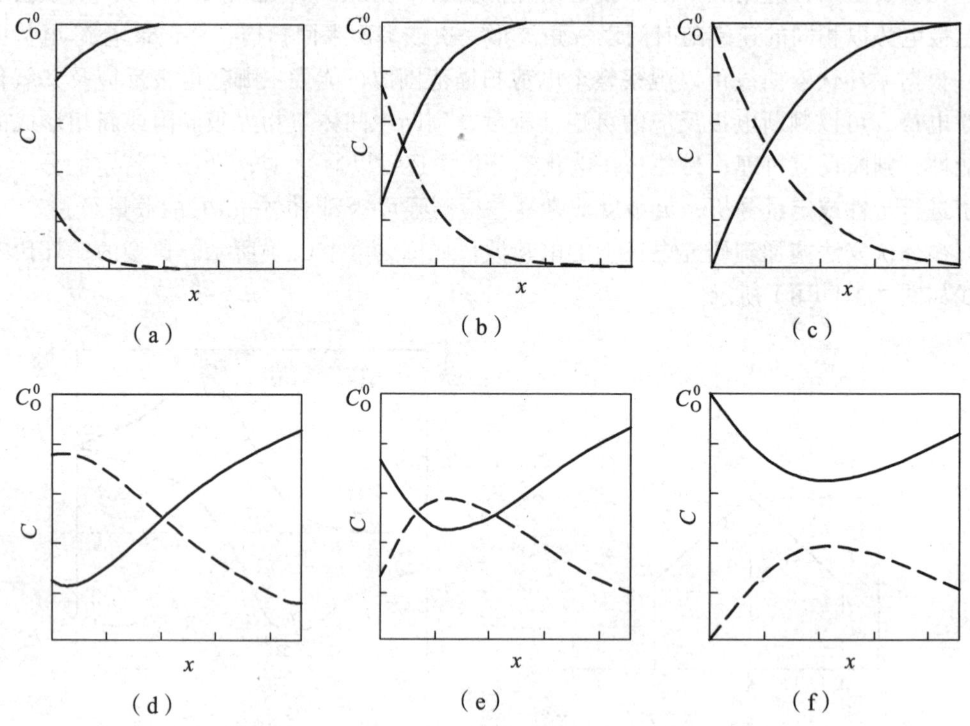

图（a）至图（f）分别对应图 7-3-1（b）中的 a～f 点，实线对应 O，虚线对应 R

图 7-3-2　循环伏安扫描过程中电极表面粒子浓度分布曲线示意图

下面对图 7-3-2 进行分析。因为起始电势是开路电势，没有电流通过，所以电极表面 O 和 R 的浓度分别等于各自的本体溶液浓度 C_O^0 和 0。随着电势的负向扫描，到达 O/R 电对的氧化还原电势时，会发生 O 的还原反应，开始出现还原电流，随着极化增大，电极表面的 O 粒子浓度逐渐减小，R 粒子浓度逐渐升高，扩散层厚度逐渐增大，所以 a 点浓度分布如图 7-3-2（a）所示。此时任一瞬间的反应电流密度可用下式表示：

$$j(t) = zFD_O \frac{C_O^0 - C_O^S(t)}{\delta(t)_{有效}}$$

式中，$[C_O^0 - C_O^S(t)]$ 随着时间逐渐增大，$\delta(t)_{有效}$ 也随着时间逐渐增大，开始时 $[C_O^0 - C_O^S(t)]$ 比 $\delta(t)_{有效}$ 变化更快，所以电流密度急剧升高，到 b 点的时候，二者的比值达到一个极大值，这就是还原电流峰的出现，此时浓度分布如图 7-3-2（b）所示。随着反应继续进行，$[C_O^0 - C_O^S(t)]$ 增长速度减慢，$\delta(t)_{有效}$ 增长速度加快，所以电流开始下降，在 c 点的时候，O 粒子达到完全浓差极化，$C_O^S = 0$，如图 7-3-2（c）所示。此后 $[C_O^0 - C_O^S(t)] = C_O^0$，而不再变化，而 $\delta(t)_{有效}$ 还在不断增加，因而电流仍会继续衰减，如果负扫时间足够长的话，$\delta(t)_{有效}$ 会逐渐变厚直到达到稳态扩散层有效厚度，则最终将会达到稳态极限电流密度。

在换向电势处把电势的扫描方向往正电势方向回扫时，此时电势仍然处于发生净还原反应的电势，即绝对电流密度 $\vec{j} > \overleftarrow{j}$，$j > 0$，但是由于电势往正方向变化，所以 $\vec{j}$ 逐渐减小、$\overleftarrow{j}$ 逐渐增大，当回扫到一定程度时，变成 $\vec{j} < \overleftarrow{j}$，此时开始发生净的氧化反应（$R - ze^- \longrightarrow O$），$j < 0$，R 变成了反应物，O 变成了产物，所以电极表面的 R 粒子浓度开始减小，O 粒子浓度开始升高，出现了反方向浓度梯度的新扩散层，*d* 点反映的正是这种情况，见图 7-3-2（d），但是因为扩散层往溶液内部延伸是一个逐渐变化的过程，所以浓度分布曲线在离表面较远处仍维持原浓度梯度方向。随后的变化情况与还原过程类似，在 *e* 点出现氧化电流峰，然后电流下降，在 *f* 点 R 粒子表面浓度降为 0，然后电流继续衰减，但是一般来说，回扫到起始电势处 R 粒子不会消耗完全，所以在此处电流并不为 0。如果此时开始第二次循环，则因为初始的 O 和 R 浓度与第一次扫描时不同，所以第二次扫描得到的曲线与第一次扫描并不重合，还原峰值电流略有下降，如图 7-3-3 所示。

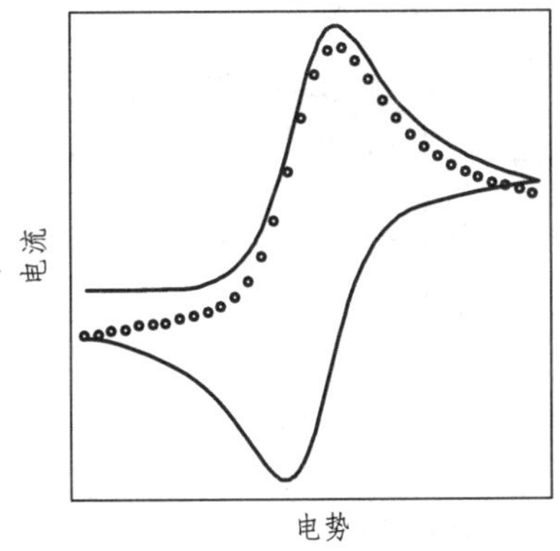

实线表示首次循环；小圈表示第二次循环。

图 7-3-3　第二次循环与首次循环伏安曲线对比

7.3.2　循环伏安法基础理论

循环伏安法的理论处理与 7.2 节相同。在 $t \leqslant \lambda$ 期间，正扫的循环伏安曲线规律与 7.2 节的单程扫描伏安法完全相同。在 $t > \lambda$ 期间，回扫的伏安曲线与 φ_λ [为与前面统一符号，相当于图 7-3-1（a）中的 E_λ]值有关，但是当 φ_λ 控制在越峰值 φ_p 足够远时，回扫伏安曲线形状受 φ_λ 的影响可被忽略。具体地说，对于可逆体系，φ_λ 至少要超过 φ_p (35/z) mV；对于准可逆体系，φ_λ 至少要超过 φ_p (90/z) mV，通常情况下 φ_λ 都控制在超过 φ_p (100/z) mV 以上。

循环伏安曲线上有两组重要的测量参数：① 阴、阳极峰值电流 i_{pc}、i_{pa} 及其比值 $\left|\dfrac{i_{pc}}{i_{pa}}\right|$；

② 阴、阳极峰值电势差值$\left|\varphi_{pa}-\varphi_{pc}\right|$。

在循环伏安曲线上测定阳极的峰值电流i_{pa}不如阴极峰值电流i_{pc}方便，如图 7-3-4 所示。这是因为正扫描时是从法拉第电流为零的电势开始扫描的，因此i_{pc}可根据零电流基线得到；而在反向扫描时，φ_{λ}处阴极电流尚未衰减到零，因此测定i_{pa}时就不能以零电流作为基准来求算，而应以φ_{λ}之后正扫的阴极电流衰减曲线为基线。在电势换向时，阴极反应达到了完全浓差极化状态，此时阴极电流为暂态的极限扩散电流，符合 Cottrell 方程，即按照$i\propto t^{-1/2}$的规律衰减。在反向扫描的最初一段电势范围内，R 的重新氧化反应尚未开始，此时电流仍为阴极电流衰减曲线。因此可在图上画出阴极电流衰减曲线的延长线，并用其对称曲线作为求算i_{pa}的电流基线，如图 7-3-4 所示。在图中，当分别在三个不同的换向电势$\varphi_{\lambda1}$、$\varphi_{\lambda2}$和$\varphi_{\lambda3}$下回扫时，所得三条回扫曲线各不相同，应以各自的阴极电流衰减曲线（图中虚线）为基线计算i_{pa}。

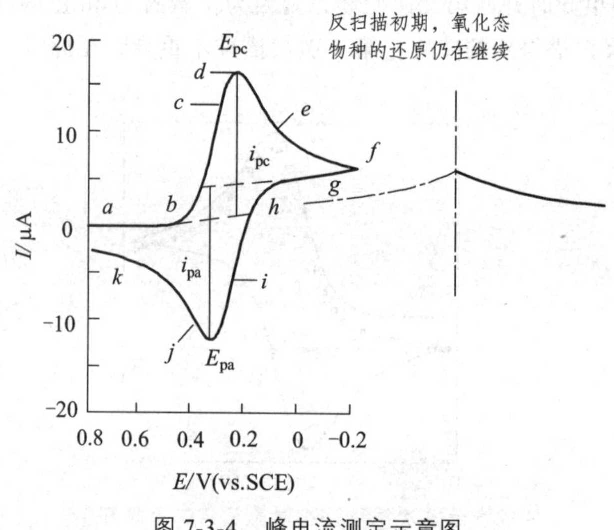

图 7-3-4　峰电流测定示意图

若难以确定i_{pa}的基线，可采用下式计算

$$\left|\frac{i_{pc}}{i_{pa}}\right|=\left|\frac{(i_{pa})_0}{i_{pc}}\right|+\left|\frac{0.485i_{\lambda}}{i_{pc}}\right|+0.086 \tag{7-3-1}$$

式中　$(i_{pa})_0$——未经校正的相对于零电流基线的阳极峰值电流；

i_{λ}——电势换向处的阴极电流。

在实际的循环伏安曲线中，法拉第电流是叠加在近似为常数的双电层充电电流上的，通可以双电层充电电流为基线对i_{pc}、i_{pa}，进行相应的校正。

接下来，结合 7.2 节的基础理论与循环伏安法的重要测量参数，总结分析循环伏安法在三种体系下的特征，具体如下。

1. 可逆体系

对于产物稳定的可逆体系，循环伏安曲线两组参数具有下述重要特征。

（1）$\left|\dfrac{i_{pc}}{i_{pa}}\right|=1$，且与扫速、换向电势和扩散系数等参数无关；

（2）$|\Delta\varphi_p|=|\varphi_{pa}-\varphi_{pc}|\approx\dfrac{2.3RT}{zF}$ 或 $|\Delta\varphi_p|=|\varphi_{pa}-\varphi_{pc}|\approx\dfrac{59}{z}(\text{mV})(25\ ^\circ\text{C})$。尽管 $|\Delta\varphi_p|$ 与换向电势稍有关系，但 $|\Delta\varphi_p|$ 基本上保持为常数，并且不随扫速的变化而变化。这是可以理解的，因为单程电势扫描时，可逆体系的峰值电势就不随 v 的变化而变化。但在实际测量中，由于正向扫描时间不可能无限长，所以回扫时 O 并没有全部变成 R，所以 $|\Delta\varphi_p|$ 要大于 $\dfrac{59}{z}\text{mV}$，根据换向电势距离峰电势的差值不同，理论计算结果通常在 $\dfrac{60}{z}\sim\dfrac{65}{z}\text{mV}$ 内，但在实际测量中，由于溶液电阻的欧姆压降及数据的电学修正处理所产生的偏差，可逆反应观察到的 $|\Delta\varphi_p|$，常为 $\dfrac{60}{z}\sim\dfrac{70}{z}\text{mV}$。

（3）$\varphi_{pc}=\varphi_{1/2}-\dfrac{28.5}{z}\text{mV}$，$\varphi_{pa}=\varphi_{1/2}+\dfrac{28.5}{z}\text{mV}$。

2. 准可逆体系

单步骤单电子的准可逆电极体系的循环伏安曲线以及其测量参数是 v、α、k^0 的函数。

准可逆体系循环伏安曲线两组测量参数的特征为：

（1）$|i_{pc}|\neq|i_{pa}|$。

（2）准可逆体系的 $|\Delta\varphi_p|$ 比可逆体系的大，即 $|\Delta\varphi_p|>\dfrac{59}{z}\text{mV}$（25 °C），并且伴随着扫速 v 的增大而增大。

从上一节我们知道，准可逆体系进行单程线性电势扫描时，随着扫描速率 v 的增大，峰电势向扫描的方向移动，即阴极峰电势 φ_{pc} 向电势负方向移动，阳极峰电势 φ_{pa} 向电势正方向移动，因此 $|\Delta\varphi_p|$ 随扫速增大而增大。

$|\Delta\varphi_p|$ 值以及 $|\Delta\varphi_p|$ 随扫描速率 v 的变化特征是判断电极反应是否可逆和不可逆程度的重要判据。如果 $|\Delta\varphi_p|\approx\dfrac{2.3\text{RT}}{zF}$，且不随 v 变化，说明反应可逆；如果 $|\Delta\varphi_p|$ 比 $\dfrac{2.3\text{RT}}{zF}$ 大，且随 v 增大而增大，则为准可逆反应。大得越多，反应的不可逆程度就越大。

3. 完全不可逆体系

当电极反应完全不可逆时，逆反应非常迟缓，正向扫描产物来不及发生反应就扩散到溶液内部了，因此在循环伏安图上观察不到反向扫描的电流峰。对可逆体系、准可逆体系和完全不可逆体系的循环伏安曲线进行比较，如图 7-3-5 所示。

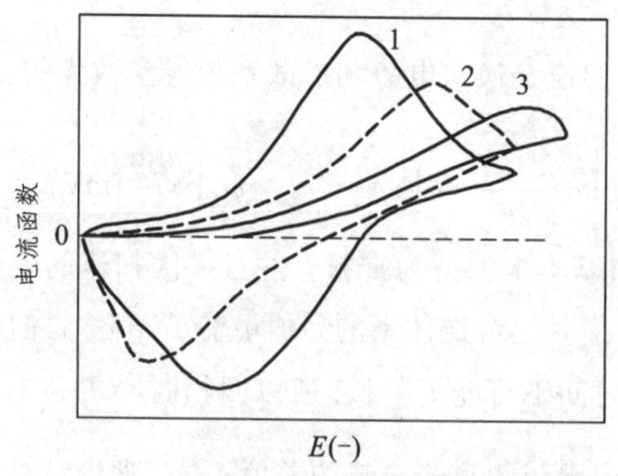

图 7-3-5　不同可逆体系的循环伏安曲线

接下来，思考一个问题，循环伏安图没有反向峰就一定不可逆吗？

答案肯定是不一定。如图 7-3-6 中 CV 曲线无反向峰，但电极反应不一定不可逆。因为扫速足够慢，氧化产物可能被随后化学反应消耗，需改变扫速观察反向峰是否会出现，如果加快扫速，反向峰出现，电极反应可逆，如反向峰仍不出现，电极反应不可逆。

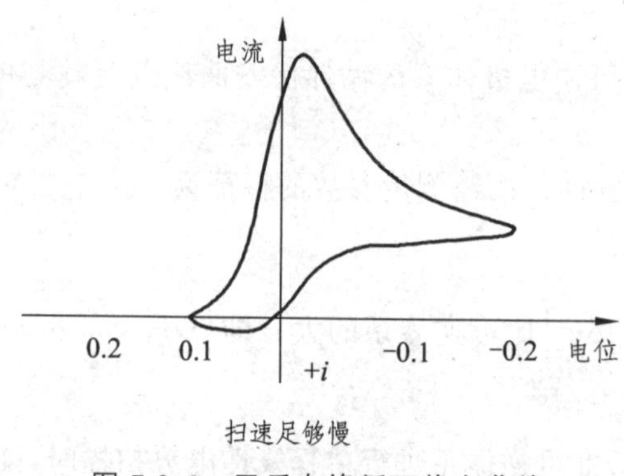

图 7-3-6　无反向峰循环伏安曲线

7.4　吸脱附体系的循环伏安曲线

当所研究的电极反应涉及表面吸附层的氧化/还原时，循环伏安曲线将具有完全不同的形状，这是由于反应物或电极表面活性位点有限引起的。

当电势扫描至接近反应的形式电势时，电流（或电流密度）也将急剧上升，但当反应发生后，有限数量的反应物将被逐渐消耗（或表面活性位点被逐渐占据），故电流必定经过一个峰值，然后由于所有反应粒子组分消耗殆尽而衰减至零。因此，吸脱附体系的电流峰比普通电极反应更加对称，而且在电流峰两端的电流都为零。对于一个限于单层吸附的反应，其电荷密度在 100 ~ 200 μC/cm^2 内。此外，电荷密度将仅由反应组分的数量决定，而与扫描速度无关，但是峰电流与扫描速度成正比。

对于可逆吸脱附反应，循环伏安曲线的形状如图 7-4-1 中曲线 a 所示，其显著的特

征是峰形上下完全对称、氧化峰和还原峰出现在同一电势处（$\Delta\varphi_p=0$）、氧化峰和还原峰的峰值电流相等（$|j_{pa}|=|j_{pc}|$）、氧化峰和还原峰的峰面积相等（电量平衡）以及峰值电流与扫描速率 v 成正比。因此，这类过程在伏安图中很容易辨认。

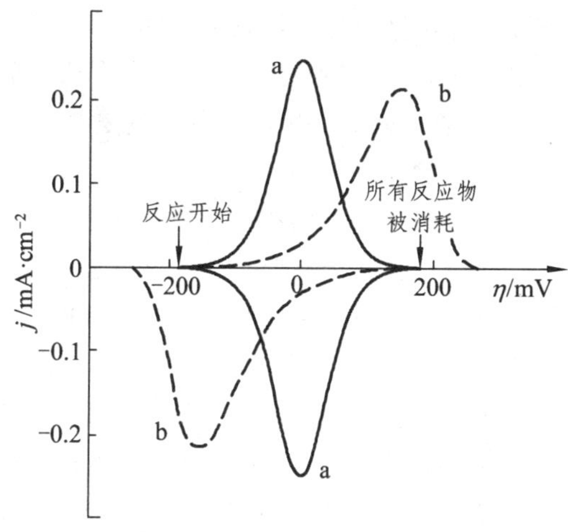

a—可逆体系；b—准可逆或不可逆体系。

图 7-4-1　吸脱附体系的循环伏安曲线

对于准可逆和不可逆吸脱附反应，则需要一定过电势来驱动氧化反应和还原反应发生，因此氧化峰和还原峰将变宽，峰距加大，$\Delta\varphi_p \neq 0$，但其他的特征仍保持不变。如图 7-4-1 中曲线 b 所示。需要注意的是，图 7-4-1 是所有反应产物都保留在电极表面进行逆反应时所得的 CV 曲线。如果产物继续发生化学反应或溶于电解液中，则反向扫描峰的形状和高度都将发生改变，不能观察到电量平衡。

7.5　循环伏安法可调节的参数和条件

循环伏安法在使用过程中，可以根据研究目的的不同，可调节的参数或条件分别是：初始电势、扫描电势范围、扫描速度、扫描圈数、停留时间（反应时间）与电解液的改变、微电极的使用等。

7.6　伏安法的作用及应用

伏安法是应用最为广泛的一种电化学研究方法，其作用大致如下：初步判断电极体系可能发生的电化学反应，判断电极反应的可逆性，估算电极反应涉及的电子数和扩散系数，电极反应机理的判断，判断电极反应的反应物来源，研究电活性物质的吸脱附过程，电化学分析中进行定性或定量分析与检测和单晶电极电化学行为的表征等。

这里举一些新能源材料与器件专业领域有代表性的应用例子。具体如下：

1. 循环伏安法研究锂离子电池充放电循环中的可逆性和电极反应过程

以两种典型的正负极材料为例，图 7-6-1 为由电化学工作站测试得到的 CV 曲线。图 7-6-1（a）为钨表面改性的镍钴锰三元正极材料首圈、第 5 圈和第 10 圈的 CV 曲线图，图中可以看到材料在循环过程中，除首圈外 CV 曲线几乎重合，说明材料有很好的循环可逆性。首圈 CV 曲线氧化峰有一定的变化，这是由于在第一次氧化时，电解液在电极表面发生反应，形成了锂离子电池中比较重要的 SEI 膜，而由于形成的 SEI 膜是电子绝缘的，隔绝了电子的传递，从而在后续循环过程中，电解液不会继续分解，因此后面的循环过程中 CV 曲线几乎完全重合。图中在 3.8 V 的氧化峰和 3.7 V 的还原峰，分别对应的是 Ni^{2+}/Ni^{4+}的氧化还原过程。可以看到曲线没有其他峰，说明了改性材料在此电压区间的电化学稳定性好。

CV 曲线也有利于分析锂离子电池复杂的电极反应过程。图 7-6-1（b）为常见的硫化钼负极材料的 CV 曲线，电压范围 0.01 ~ 3 V，扫描速率 0.1 mV/s。在首圈循环中，0.9 V 和 0.4 V 的还原峰对应锂离子插入硫化钼中将 Li_xMoS_2 还原为 Mo 和 Li_2S，1.8 V 和 2.3 V 的两个氧化峰对应 Li 从 Li_2S 中的脱出，而在第 2 圈循环中新的还原峰的出现表明硫化钼发生了不可逆的相转变。

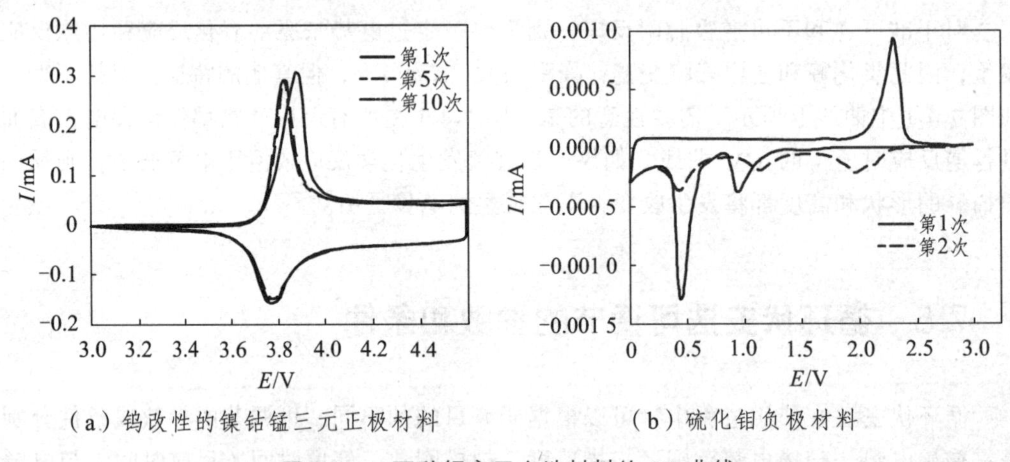

（a）钨改性的镍钴锰三元正极材料　　（b）硫化钼负极材料

图 7-6-1　两种锂离子电池材料的 CV 曲线

2. 研究锂离子扩散系数、电子转移数

图 7-6-2 为基于氧化钼的复合隔膜的锂离子电池在不同扫描速度下的 CV 曲线。由前面介绍可知，峰值电流 I_p、离子扩散系数 D 和扫描速度 v 存在以下关系式：

$$I_p = 2.69\times10^5 z^{3/2} AD^{1/2}v^{1/2}C$$

其中，电子转移数 z、电极面积 A 和锂离子的摩尔浓度 C 均为常数，所以 CV 测试中峰值电流和扫描速度的平方根存在线性关系。对于已知的电池材料体系，其 z、A 和 C 已知，对其进行变速循环伏安法测试，用所得峰值电流和扫描速度的平方根作图，得到一条直线，根据其斜率可以计算出相应的锂离子扩散系数的大小。如图 7-6-3（a）

所示，斜率越大，锂离子扩散系数越大，表明基于氧化钼复合隔膜的锂离子电池的动力学性能更好，可以有效增强电池的倍率性能。

同理，如果已知电池材料体系的扩散系数，但不知道其在充放电过程中的电子转移数，同样可以设计类似的实验测定其电子转移数 z。

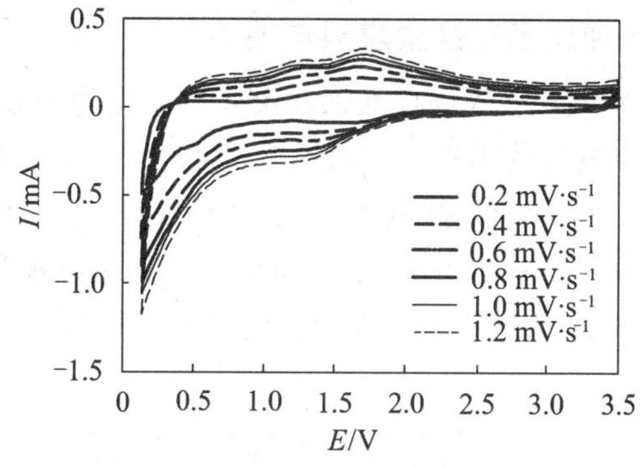

图 7-6-2　锂离子电池在不同扫速下的 CV 图

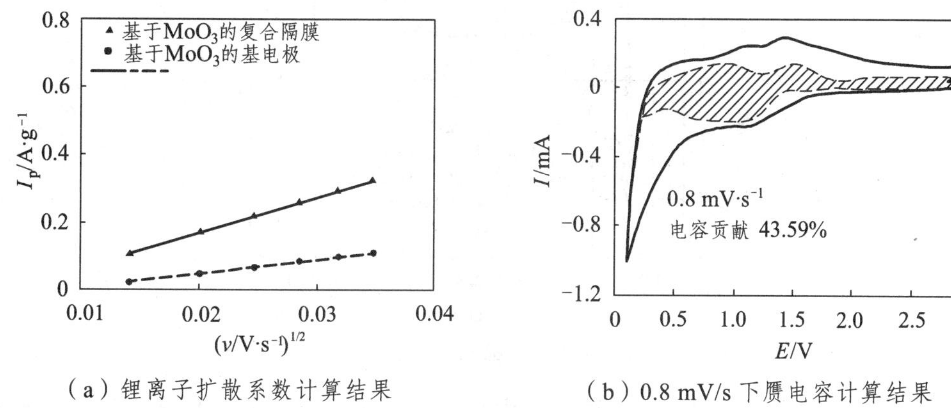

（a）锂离子扩散系数计算结果　　（b）0.8 mV/s 下赝电容计算结果

图 7-6-3　计算结果

3. 电池反应机理探索

通过变速 CV 测试图，还可以计算出电池充放电过程中电容行为和扩散控制的锂离子嵌脱反应行为对锂离子电池容量的贡献值，根据以下公式

$$i_{\mathrm{d}} = nFACD^{1/2}v^{1/2}\frac{\alpha nF^{1/2}}{RT}\pi^{1/2}\chi(bt)$$

式中　i_{d}——扩散控制电流。

扩散控制电流与扫描速度的平方根成正比，电容电流与扫描速度成正比，总的测量电流分为两部分：表面电容效应和扩散插入过程，可由下面公式进行表达

$$i = k_1 v + k_2 v^{1/2}$$

也可以表达为

$$\frac{i}{v^{1/2}} = k_1 v^{1/2} + k_2$$

通过在不同扫描速度下作图得到 k_1 和 k_2 的值，然后即可计算出各个电压值的电容电流 k_1v，可以得到总的电容贡献，如图 7-6-3（b）所示，赝电容效应对复合隔膜锂离子电池贡献率达到了 43.59%，这有助于锂离子电池在高电流密度下实现快速的电荷存储，从而呈现出快速的锂储存和高容量。

4. 循环伏安法对一种质子交换膜燃料电池的快速活化工艺验证

实验步骤如下：① 氢气、空气进口通入小流量的纯度为 100% 的 N_2 吹扫；② 电堆升温到 60 °C；③ 分别在电堆的阴极、阳极通入纯度为 100%、增湿的 N_2 和 H_2，N_2 流速 1 L/min，H_2 流速 0.5 L/min；④ 控制 N_2 和 H_2 的入口压力（表压）为 50 kPa；⑤ 电堆状态（压力、温度及流量）稳定 0.5 h 后，以阳极作为对电极和参比电极，阴极作为研究电极，连接恒电位仪；⑥ 进行 CV 检测，施加电压范围：0 ~ 1.2 V（vs.SHE），扫描速度：20 mV/s。

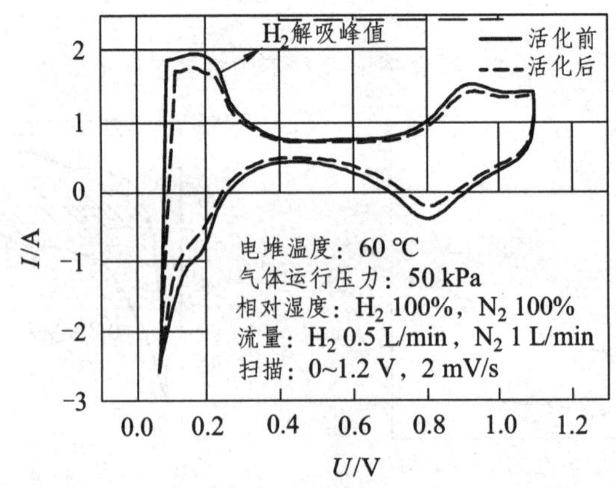

图 7-6-4 活化前后的 CV 曲线

图 7-6-4 为活化前后的 CV 曲线。活化后，H_2 解析峰值有了较大的提高，H_2 解析峰值对应于 Pt 催化剂晶体表面上的氢解吸反应，反映了 Pt 的电化学活性面积（ECA）。这是符合活化机理的，H_2 与 Pt 催化剂的表面氧化物（PtOH、PtO_x 等）发生化学反应，生成 Pt，提高了 Pt 的利用率，即增加了 Pt 的电化学活性面积。

基于氢解析反应可得到 Pt 电极的 ECA。氢的解吸峰值面积可由伏安曲线中解吸峰值下方的面积计算得到[图 7-6-3（b）中阴影部分]，Pt 的 ECA 可由下式计算

$$S_{ECA} = 0.1 \times S_H / (Q_r \times v \times M_{Pt})$$

式中 S_H——循环伏安曲线上氢的吸附峰面积；

Q_r——光滑 Pt 表面吸附氢氧化的吸附电量常数；

v——循环伏安测试的扫速；

M_{Pt}——电极中 Pt 的质量。

计算后可知 Pt 的 ECA 值活化前为 36.87 m²/g，活化后为 49.06 m²/g。

习 题

1. 线性电势扫描过程中响应电流的特点。
2. 扫速对伏安曲线的影响。
3. 单程线性电势扫描伏安曲线为什么出现电流峰？
4. 什么是循环伏安法？
5. 伏安曲线的影响因素？
6. 可逆体系、准可逆体系和不可逆体系的 CV 曲线各有何特点？
7. 双电层电容和未补偿溶液电阻对 CV 曲线的影响？
8. 循环伏安法的作用。
9. 怎么利用循环伏安法判断电极反应可逆性？
10. 利用循环伏安法，设计一个实验测定离子扩散系数。
11. 如果循环伏安曲线没有反向峰，电极反应一定不可逆吗？为什么？

8 电化学阻抗谱法

前面几章介绍的电势阶跃法、电流阶跃法和循环伏安法，主要都是应用大幅度电势或电流扰动信号，浓差极化不可忽略，采用方程解析的方法，通过求解 Fick 第二定律来进行研究。然而，除此以外，在暂态电化学研究方法中，还有一类方法是应用小幅度扰动信号，一定条件下浓差极化可以忽略，电极处于电荷传递过程控制，可采用等效电路的方法来进行研究，即电化学交流阻抗法，常叫交流阻抗法。交流阻抗法包括两种技术，电化学阻抗谱法和交流伏安法，其中，电化学阻抗谱法使用最广。因此，本章将介绍另一种最常用的暂态电化学研究方法——电化学阻抗谱（Electrochemical Impedance Spectroscopy，EIS）方法。主要介绍电化学阻抗谱法的基本原理、阻抗谱图的等效电路图及其电路描述码、如何进行简单的等效电路模拟，同时，介绍新能源材料与器件专业领域中具有代表性的多孔电极的阻抗。接下来，首先介绍电化学阻抗谱法的基本原理。

8.1 电化学阻抗谱法基本原理

电化学阻抗谱法是指在基准电势（一般选择开路电势，也可以根据需要选择某一直流极化电势）基础上，对电极施以一定频率的小振幅正弦波电势信号，测量电极系统的阻抗随正弦波频率的变化，进而分析电极过程动力学信息和电极界面结构信息的方法。电化学阻抗谱法研究的基本实验系统和电势阶跃法中所示系统一样。电化学阻抗谱方法施加到研究电极上的电势波形如图 8-1-1（a）所示。典型的电化学阻抗谱如图 8-1-1（b）所示。

在进行电化学阻抗谱研究时，基准电势一般选择开路电势以保持体系稳定。在施加极化信号时，正弦波电势的振幅应限制在 10 mV 以下（一般采用 5 mV），相对于对研究电极不断进行交替的阴阳极极化，且过电势小于 10 mV，在这种极化条件下，电化学极化电流与电势满足线性关系，电荷传递过程可等效成一个电阻（R_{ct}），而且双层微分电容（C_d）也可认为在这个小幅度电势范围内保持不变，因此整体电极过程可用等效电路来模拟，可通过电工学方法来研究电极体系的电阻、电容等参数，进而研究反应机理。

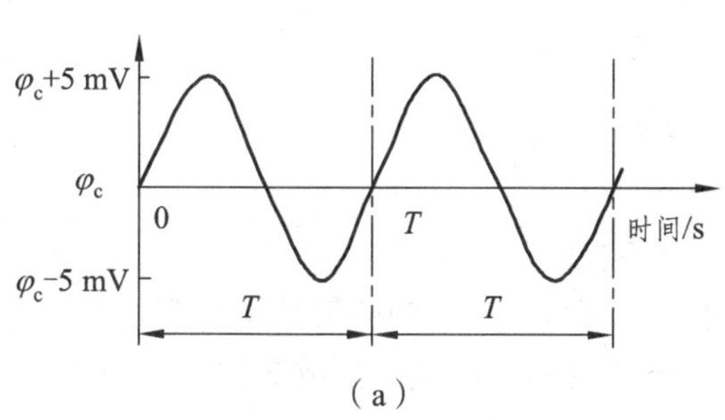

(a)

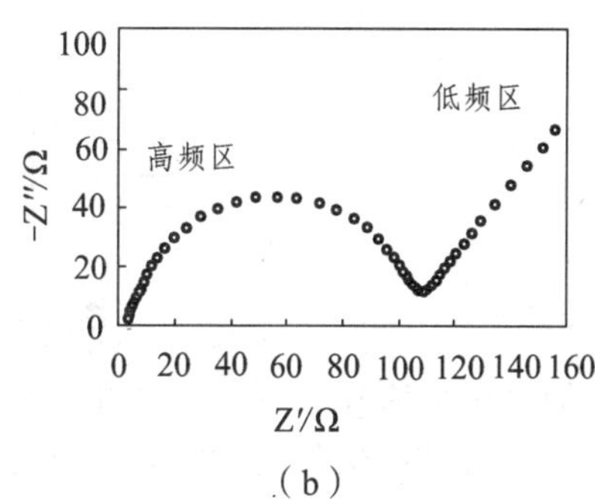

(b)

每一个点代表某一频率下测得的阻抗。

图 8-1-1　在开路电势基础上施加振幅为 5 mV 的正弦波电势信号（a）及典型的电化学阻抗谱曲线（Nyquis 图）示例（b）

阻抗谱要在一个非常宽的频率范围进行测量（最宽可达 10^6 ~ 10^{-5} Hz，常用 10^5 ~ 10^{-3} Hz），从高频到低频选择不同的频率进行阻抗测量，据此绘制该频率范围内的阻抗谱图，如阻抗复平面图、导纳复平面图、阻抗 Bode 图等，其中最常用的是阻抗复平面图。阻抗复平面图是以阻抗的实部为横轴，以阻抗的虚部为纵轴绘制的曲线，也叫 Nyquis 图。本节将重点介绍 Nyquist 图的原理与解析。

8.1.1　电化学阻抗谱法的特点

电化学阻抗谱方法是一种以小振幅的正弦波电位（或电流）为扰动信号的电化学研究方法。由于以小振幅的电信号对体系扰动，一方面可避免对体系产生大的影响，另一方面也使得扰动与体系的响应之间近似呈线性关系，这就使测量结果的数学处理变得简单。

电化学阻抗谱方法又是一种频率域的测量方法，它以测量得到的频率范围很宽的阻抗谱来研究电极系统，因而能比其他常规的电化学方法得到更多的动力学信息及电极界面结构的信息。如反应速率常数、界面电容、扩散系数、导电性及反应机理等。

8.1.2　电化学系统交流阻抗的含义

电化学阻抗谱法是基于电化学系统的交流阻抗概念进行研究。为此，首先需要明确电化学系统交流阻抗的概念。

一个未知内部结构的物理系统 M 就像一个黑箱，其内部结构是未知的。从黑箱的输入端施加一个激烈信号（扰动信号），在其输出端得到一个响应信号。如果黑箱的内部结构是线性的稳定结构，输出的响应信号就是扰动信号的线性函数。用来描述对物理系统的扰动与物理系统的响应之间关系的函数，被称为传输函数。一个系统的传输函数是由系统的内部结构所决定的。通过对传输函数的研究，可以研究物理系统的性质，获得关于这个系统内部结构的有用信息（图 8-1-2）。

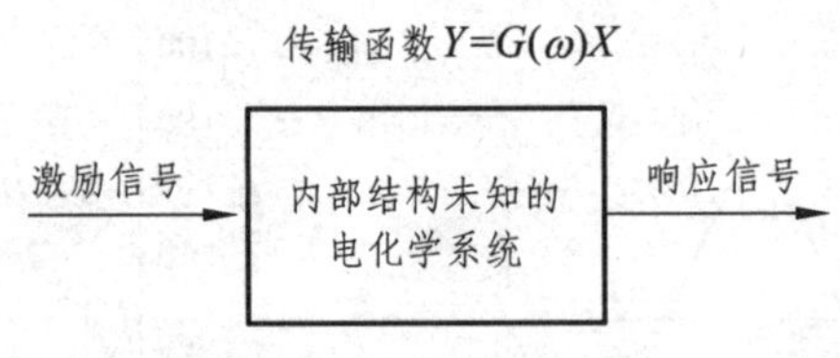

图 8-1-2　黑箱实验示意图

如果扰动信号 X 是一个小幅度的正弦波电信号，那么响应信号 Y 通常也是一个同频率的正弦波电信号。此时传输函数 $G(\omega)$ 被称为频率响应函数或简称为频响函数。Y 和 X 之间的关系可用下式来描述

$$Y = G(\omega)X \tag{8-1-1}$$

$G(\omega)$ 为角频率 ω 的函数，反映了系统 M 的频响特性，由 M 的内部结构所决定。可以从 $G(\omega)$ 随角频率的变化情况获得系统 M 内部结构的有用信息。

如果扰动信号 X 为正弦波电流信号，而响应信号 Y 为正弦波电势信号，则称 $G(\omega)$ 为系统 M 的阻抗（Impedance），用 Z 来表示；如果扰动信号 X 为正弦波电势信号，而响应信号 Y 为正弦波电流信号，则称 $G(\omega)$ 为系统 M 的导纳（Admittance），用 Y 来表示。有时也把阻抗和导纳总称为阻纳（Immittance）。

要保证响应信号 Y 是和扰动信号同频率的正弦波，从而保证所测量的频响函数 $G(\omega)$ 有意义，必须满足以下三个基本条件。

1．因果性条件（Causality）

系统输出的信号只是对于所给的扰动信号的响应。这个条件要求我们在研究对系统施加扰动信号的响应信号时，必须排除任何其他噪声信号的干扰，确保对体系的扰动与系统对扰动的响应之间的关系是唯一的因果关系。很明显，如果系统还受其他噪声信号的干扰，则会扰乱系统的响应，就不能保证系统会输出一个与扰动信号具有同样频率的正弦波响应信号，扰动与响应之间的关系就无法用频响函数来描述。

2．线性条件（Linearity）

系统输出的响应信号与输入系统的扰动信号之间应存在线性函数关系。正是由于这个条件，在扰动信号与响应信号之间具有因果关系的情况下，两者是具有同一角频率 ω 的正弦波信号。如果在扰动信号与响应信号之间虽然满足因果性条件但不满足线性条件，响应信号中就不仅具有频率为 ω 的正弦波交流信号，还包含其谐波。

3．稳定性条件（Stability）

稳定性条件要求对系统的扰动不会引起系统内部结构发生变化，因而当对于系统的扰动停止后，系统能够回复到它原先的状态。一个不能满足稳定性条件的系统，在受激励信号的扰动后会改变系统的内部结构，因而系统的传输特征并不是反映系统固有的结构特征，而且停止测量后也不再能回到它原来的状态。在这种情况下，就不能再由传输函数来描述系统的响应特性了。系统内部结构的不断改变，使得任何旨在了

解系统结构的研究失去了意义。

阻纳是一个频响函数，是一个当扰动与响应都是电信号而且两者分别为电流信号和电压信号时的频响函数，故频响函数的三个基本条件，也就是阻纳的基本条件。

阻纳的概念最早是应用于电学中，用于对线性电路网络频率响应特性的研究，后来引入电化学的研究中。如果被研究的物理系统是电化学系统，那么所确定的频响函数就是电化学交流阻抗。

通常情况下，电化学系统的电势和电流之间是不符合线性关系的，而是由体系的动力学规律决定的非线性关系。当采用小幅度的正弦波电信号对体系进行扰动时，作为扰动信号和响应信号的电势和电流之间则可看作近似呈线性关系，从而满足了频响函数的线性条件要求。

在电化学阻抗谱法的研究过程中，在保证适当的频率和幅度等条件下，总是使电极以小幅度的正弦波对称地围绕某一稳态直流极化电势进行极化，不会导致电极体系偏离原有的稳定状态，从而满足了频响函数的稳定性条件要求。

8.1.3 电工学基础知识

一个正弦交流电压信号如图 8-1-3（a）所示。正弦量变化一次所需要的时间（s）称为周期 T，每秒内变化的次数（Hz）称为频率 f。正弦量变化的快慢还可用角频率 ω 来表示：

$$\omega = \frac{2\pi}{T} = 2\pi f \tag{8-1-2}$$

式中，ω 的单位是 rad/s。

一个正弦量可以用旋转的有向线段表示，如图 8-1-3（b）所示。而有向线段可以用复数表示，因此正弦量可以用复数来表示。把正弦量用复数表示，可以把烦琐的三角函数运算转变成代数运算，大大简化了交流电路分析。由复数知识可知，虚数单位 j 为 90°旋转因子，任意一个相量乘上+j，即向前旋转了 90°；乘上−j，即向后旋转了 90°。

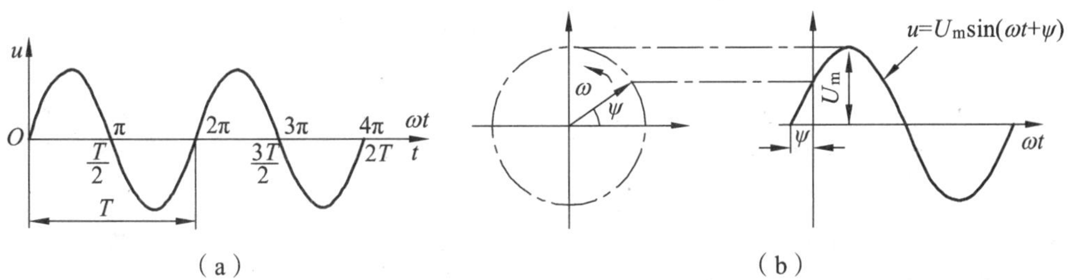

图 8-1-3　正弦交流电压信号（a）及其相量表示（b）

交流阻抗是一个电学概念：在具有电阻、电容和电感的电路里，它们对交流电流所起的阻碍作用就叫交流阻抗，常用 Z 表示，它是一个复数：

$$Z = Z' + jZ'' \tag{8-1-3}$$

式中　Z'——阻抗的实部；

Z''——阻抗的虚部；

j——虚数单位，$j=\sqrt{-1}$。

复数阻抗的实部为“阻”，虚部为“抗”。

通过电工学知识可知，对于电阻元件，其阻抗只有实部，就是电阻 R：

$$Z_R = R \tag{8-1-4}$$

电阻的单位是Ω。

对于电容元件，其阻抗只有虚部，由电容 C 决定：

$$Z_C = -j\frac{1}{2\pi fC} = -j\frac{1}{\omega C} = \frac{1}{j\omega C} \tag{8-1-5}$$

式中　$\frac{1}{\omega C}$——电容的容抗，Ω。

对于电感元件，其阻抗也只有虚部，由电感 L 决定：

$$Z_L = j2\pi fL = j\omega L \tag{8-1-6}$$

式中　ωL——电感的感抗，Ω。

在交流电路中，阻抗的连接形式最常见的就是串联和并联。当电路中有多个元件串联时，总的阻抗等于各串联元件的阻抗之和。例如一个电阻 R 和一个电容 C 串联时，总阻抗为：

$$Z = Z_R + Z_C = R - j\frac{1}{\omega C} \tag{8-1-7}$$

当电路中有多个元件并联时，总阻抗的倒数等于各并联阻抗的倒数之和。例如，一个电阻 R 和一个电容 C 并联时，总阻抗的倒数为：

$$\frac{1}{Z} = \frac{1}{Z_R} + \frac{1}{Z_C} = \frac{1}{R} + j\omega C \tag{8-1-8}$$

故总阻抗为：

$$Z = \frac{R}{1 + j\omega RC} = \frac{R}{1 + (\omega RC)^2} - j\frac{\omega R^2 C}{1 + (\omega RC)^2} \tag{8-1-9}$$

8.1.4　阻抗复平面图

任何一个复数都可以用复平面上的一个点来表示。所谓复平面，就是它的横坐标是实数轴，以实数 1 为标度单位，它的纵坐标为虚数轴，以虚数单位 j 为标度单位。复数阻抗 $Z' + jZ''$ 和 $Z' - jZ''$ 在复平面上对应的点如图 8-1-4 所示。

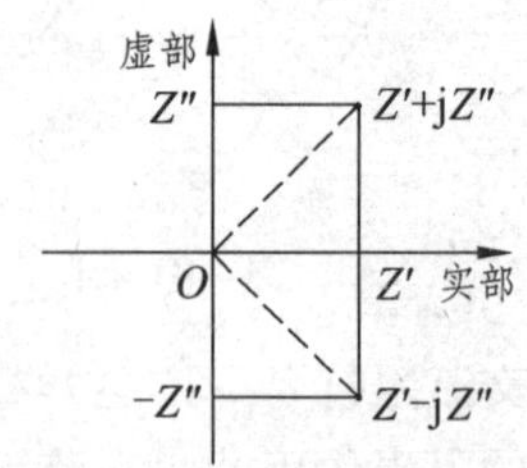

图 8-1-4　复数阻抗在复平面图上的对应点

在电化学阻抗谱的数据解析中，需要把不同频率下测得的阻抗点放在同一个复平面图上观察，这就是阻抗复平面图（Nyquist 图）。在电化学等效电路中，主要电路元件是电阻（R）和电容（C），由 RC 串联或并联电路的总阻抗[式（8-1-7）和式（8-1-9）]都是 $Z'-\mathrm{j}Z''$ 的形式，对应的点应该在复平面图第四象限，但为了方便观察阻抗谱，通常把 Nyquist 图的虚轴的负方向朝上，这样就可以把 $Z'-\mathrm{j}Z''$ 对应的点画到第一象限。Nyquist 图容易得到电阻的贡献，使串联的元件间的关联容易看出。

对于电阻元件，它的阻抗就是电阻 R，与电压信号频率无关，在 Nyquist 图中表现为实轴上的一个点。对于电容元件，如式（8-1-5）。它的阻抗只有虚部 $-\dfrac{1}{\omega C}$，所以某一频率下的电容阻抗在 Nyquist 图中表现为虚轴上的一个点，又因为它的阻抗随电压频率变化，所以不同频率下的点连起来就是一条与虚轴负半轴重合的射线，如图 8-1-5 所示。

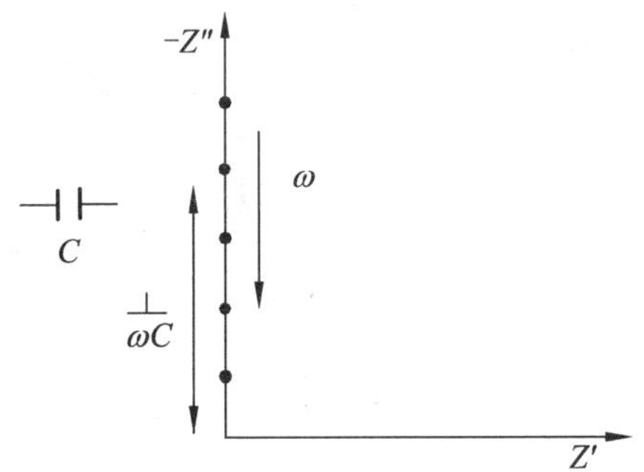

图 8-1-5　电容的阻抗复平面图

对于电感元件，如式（8-1-6）。它的阻抗只有虚部 ωL，所以某一频率下的电感阻抗在 Nyquist 图中表现为虚轴上的一个点，又因为它的阻抗随电压频率变化，所以不同频率下的点连起来就是一条与虚轴正半轴重合的射线，如图 8-1-6 所示。

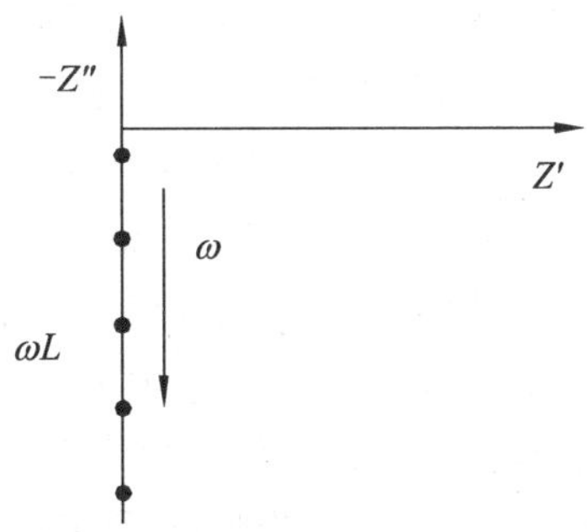

图 8-1-6　电感的阻抗复平面图

对于 RC 串联电路，如式（8-1-7），它的阻抗实部是电阻 R，虚部是容抗 $-\dfrac{1}{\omega C}$，所以其 Nyquist 图为一条与实轴相交于 R 而与虚轴负半轴平行的射线，如图 8-1-7（a）所示。

对于 RC 并联电路，如式（8-1-9），它的阻抗实部 $Z'=\dfrac{R}{1+(\omega RC)^2}$，虚部

$Z''=-\frac{\omega R^2C}{1+(\omega RC)^2}$，通过数学推导可得出 Z' 和 Z'' 之间有如下关系：

$$\left(Z'-\frac{R}{2}\right)^2+Z''^2=\left(\frac{R}{2}\right)^2 \tag{8-1-10}$$

式（8-1-10）代表一个圆心为（$\frac{R}{2}$，0），半径为 $\frac{R}{2}$ 的圆方程。由于实部 $Z'>0$，虚部 $Z''<0$，所以其 Nyquist 图为一个位于第一象限的半圆，如图 8-1-7（b）所示。根据图中半圆与实轴的交点可以直接读出电阻 R 的数值。

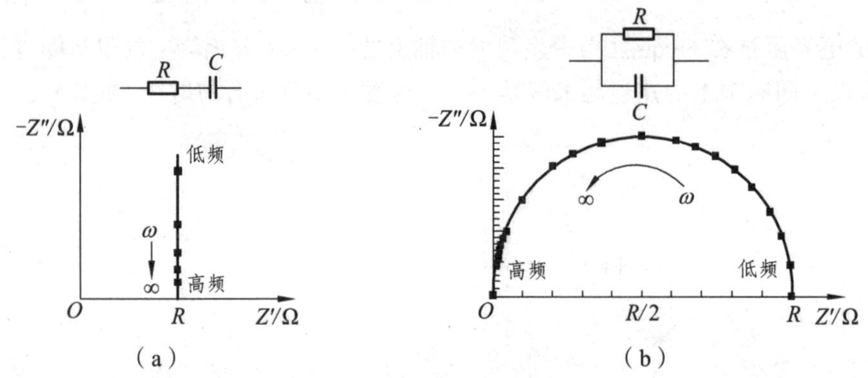

图 8-1-7　RC 串联电路（a）与 RC 并联电路（b）的 Nyquist 图

8.2　电化学体系的等效电路与阻抗谱

如果能用一系列的电学元件来构成一个电路，它的阻抗谱同测得的电化学阻抗谱一样，那么就称这个电路为电化学体系的等效电路，而所用的电学元件就叫作等效元件。

在三电极电化学体系中，电极体系的基本等效电路如图 8-2-1（a）所示，图中 A 端代表研究电极，B 端代表参比电极，R_L 代表研究电极与参比电极鲁金毛细管口之间的溶液电阻（如果研究电极自身的电阻不可忽略，则为未补偿电阻 R_u），R_{ct} 代表电荷传递电阻（反映电化学极化），C_d 代表电极界面双层微分电容，Z_W 代表 Warburg 半无限扩散阻抗（反映浓差极化）。此等效电路可通过以下分析得出。如第四章所述，如果不考虑扩散过程，R_{ct} 和 C_d 之间是并联关系，R_L 与之串联。扩散传质和电荷传递是电极过程中接续进行的两个基本单元步骤，两个步骤进行的速度是相同的，因此，R_{ct} 和 Z_W 之间是串联关系。因为界面极化过电势由浓差极化过电势和电化学极化过电势两部分组成，也就是说，Z_W 两端电压与 R_{ct} 两端电压之和为总电压。很明显，总电压是通过改变双电层荷电状态建立起来的，等于双电层电容 C_d 两端的电压。因此，三个元件之间的关系：R_{ct} 和 Z_W 串联，然后整体与 C_d 并联。

这个等效电路的总阻抗比较复杂，下面把它在高频区和低频区分别简化来进行讨论。

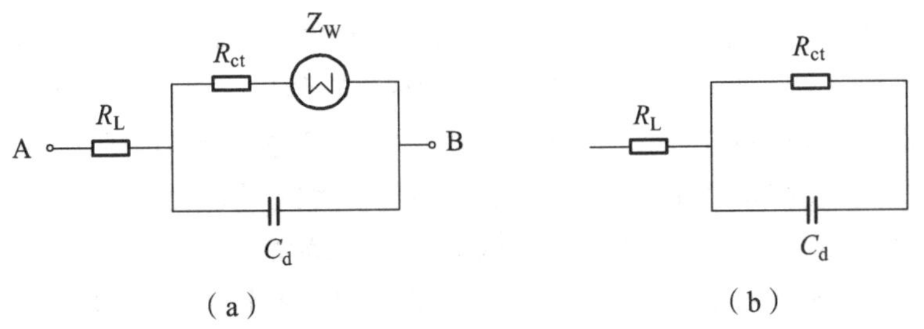

图 8-2-1　电极体系的基本等效电路（a）及其在高频区的简化（b）

1. 高频区

当正弦波频率足够高时，在电极上交替进行的阴极过程与阳极过程每半周期持续时间都很短，不会引起明显的浓差极化及表面状态变化，也不会引起表面浓度变化的积累性发展。在此情况下，浓差极化可以忽略，电极过程由电荷传递过程控制，因此可忽略扩散阻抗 Z_W，等效电路简化为图 8-2-1（b）。此时的阻抗就是在 $R_{ct}C_d$ 并联电路阻抗的基础上加上一个电阻 R_L，所以其 Nyquist 图仍然是一个半圆，只不过此半圆在实轴上的起点由 0 变为了 R_L，如图 8-2-2 示。该图的特点非常明显，可以方便地从图中半圆起点直接读出 R_L 的值，从半圆直径直接读出 R_{ct} 的值。

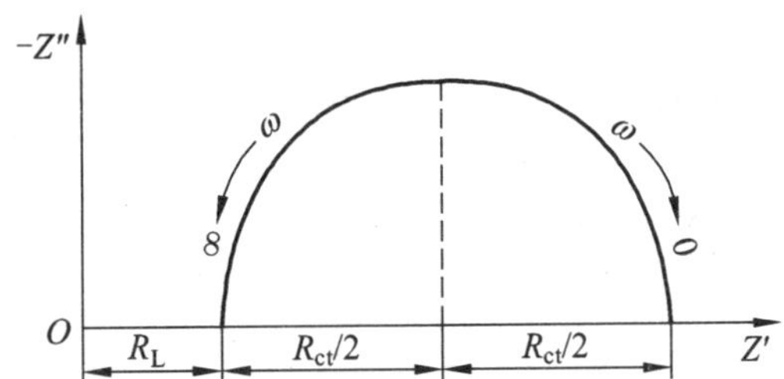

图 8-2-2　图 8-2-1（b）所示等效电路的 Nyquist 图

2. 低频区

当正弦波频率很低时，每半周期持续的时间就很长，这时候相当于进行长时间的阴极极化或阳极极化，就会引起明显的表面浓度变化，从而造成较大的浓差极化。因此在低频区域，电极过程由扩散步骤控制，整体阻抗表现为扩散阻抗 Z_W 的阻抗特征，研究表明，它是一条斜率为 1（即倾斜角度为 45°）的直线。

在实际测量中，要测量从高频逐渐过渡到低频的不同频率下的阻抗，所以实际的 Nyquist 图结合了上述两种极限情况的特点：高频区出现电荷传递过程控制的特征阻抗半圆，低频区出现扩散控制的特征 45°直线，如图 8-2-3 所示。在此图中，可分别按照半圆和直线的分析方法，得到等效电路元件参数的数值及动力学信息，也就是可直接通过高频区阻抗半圆的起点和半径读出 R_{ct} 和 R_L 的值，然后通过对低频区直线的分析估算扩散系数。

对于低频区的扩散阻抗，只有满足平面电极的半无限扩散条件才会出现 45°的直线，如果不满足此条件，则低频区的阻抗谱就会出现不同情况的变形。比如对于球电极的半无限扩散，其低频区首先会出现一条小于45°的斜线，当频率继续降低时，此斜线开始向下弯曲，最后会逐渐下弯直至与实轴相交，形成一个扁的半圆弧，如图8-2-4所示。再比如，如果在离电极表面距离为l处有一个壁垒阻挡扩散的物质流入，于是扩散过程只能在厚度为l的溶液层中进行，这种扩散过程称为阻挡层扩散。对于平面电极的阻挡层扩散，其低频区首先会出现一条45°的直线，然后此直线会急剧上翘接近垂直，如图8-2-5（a）所示。对于球电极的阻挡层扩散，其低频区首先会出现一条小于45°的末端略微弯曲的斜线，然后此斜线会急剧上翘，如图 8-2-5（b）所示。另外，对于表面很粗糙的平面电极，其扩散过程可能会部分地相当于球面扩散，在低频区就会出现部分球面扩散的阻抗特征，如图8-2-6所示。总之，低频区扩散阻抗的图谱经常会比较复杂，需要结合实际情况具体分析。

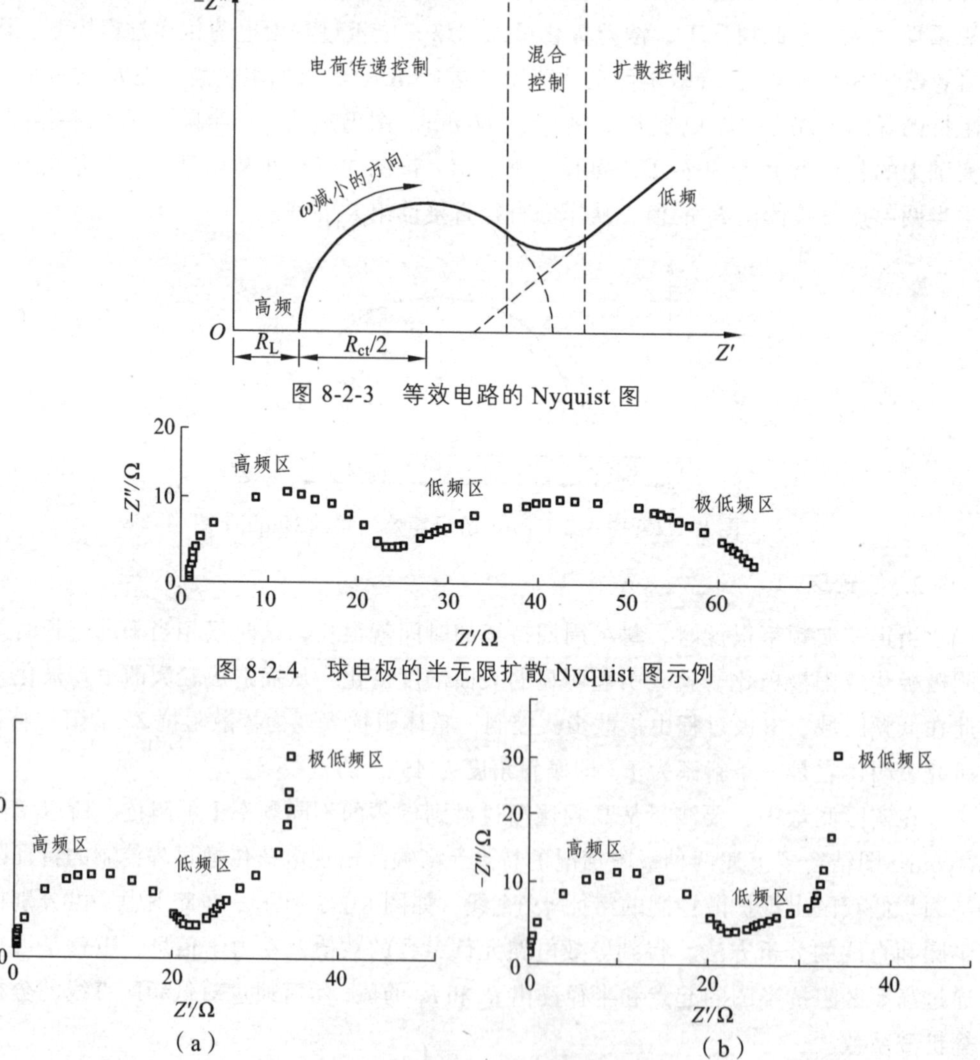

图 8-2-3　等效电路的 Nyquist 图

图 8-2-4　球电极的半无限扩散 Nyquist 图示例

图 8-2-5　平面电极（a）和球电极（b）的阻挡层扩散 Nyquist 图示例

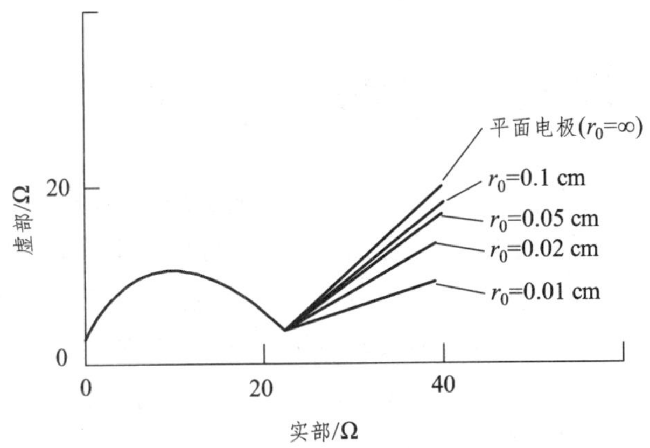

图 8-2-6　不同曲率半径（不同粗糙度）的平面电极上的扩散阻抗曲线

此外，有时交流阻抗实验是在两电极体系（如微电极体系或锂离子纽扣电池体系）中进行的，极化电压施加在整个电解池两端，因此整个电解池体系的等效电路要包括研究电极和辅助电极两部分，如图 8-2-7（a）所示，图中 A 端代表研究电极，B 端代表辅助电极，R_s 代表研究电极和辅助电极之间的溶液欧姆电阻（如果研究电极和辅助电极自身的电阻不可忽略，则为未补偿电阻 R_u），R_{ct1} 和 R_{ct2} 分别代表研究电极和辅助电极的电荷传递电阻，C_{d1} 和 C_{d2} 分别代表研究电极和辅助电极的界面双层电容（F），Z_{W1} 和 Z_{W2} 分别代表研究电极和辅助电极的 Warburg 扩散阻抗。

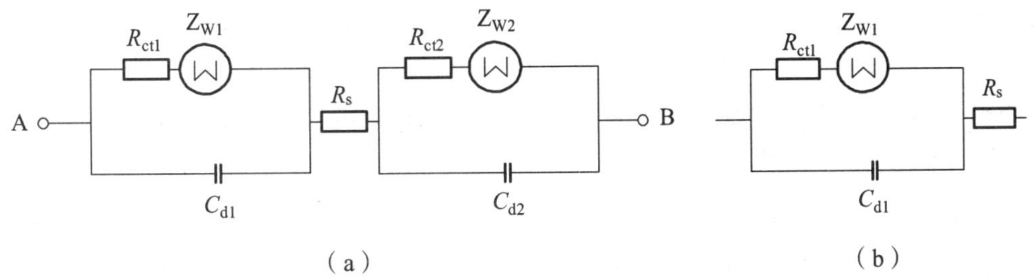

图 8-2-7　两电极体系的基本等效电路（a）及其在辅助电极阻抗可忽略时的简化（b）

若辅助电极面积很大，远大于研究电极，则 C_{d2} 远远大于 C_{d1}，电容的容抗（$\frac{1}{\omega C}$）和电容成反比，因此辅助电极的容抗很小，C_{d2} 支路相当于短路状态，因而辅助电极的阻抗可以忽略，等效电路可进一步简化为如图 8-2-7（b）所示，这样研究电极的阻抗部分就被孤立出来了。可以看出，图 8-2-7（b）和图 8-2-1（a）中的等效电路具有完全相同的结构，所以此时两电极体系的阻抗谱就和三电极体系的特点一致了。

如果辅助电极的阻抗不能忽略，则 Nyquist 图的高中频区会出现两个连续的半圆，两个半圆的直径分别是 R_{ct1} 和 R_{ct2}。至于哪个半圆对应 R_{ct1}，哪个半圆对应 R_{ct2}，则要根据相应的电容拟合数值和体系实际情况来综合解析判断。

8.3 弥散效应与常相位角元件

理想的阻抗模型都是基于如下假设：电极表面为均匀的活性表面，并且在表面上每一个反应都具有单一的时间常数。然而，对于实际电化学体系，通常上述假设并不能得到很好的满足，电流、电势在电极表面不能均匀分布，因此经常观察到时间常数的弥散效应。引起电流、电势在电极表面不均匀分布的因素很多，比如，多晶电极上的晶粒边界、晶面变化引起的二维表面不均匀性，锂电池和燃料电池等的多孔、粗糙的电极表面引起的三维表面不均匀性等。

时间常数的弥散效应导致双电层电容的频响特性与“纯电容”并不一致，有或大或小的偏离，进而导致了阻抗半圆的旋转现象，即测出的阻抗曲线或多或少地偏离了半圆的轨迹，而表现为一段实轴以上的圆弧。在等效电路中，一般要使用常相位角元件（Constant Phase Element，CPE）来代替纯电容元件，才能对旋转的半圆取得较好的拟合效果。

CPE 元件常用符号 Q 来表示，其阻抗为

$$Z_Q = \frac{1}{Y_0\omega^n}\cos\left(\frac{n\pi}{2}\right) - \mathrm{j}\frac{1}{Y_0\omega^n}\sin\left(\frac{n\pi}{2}\right) \tag{8-3-1}$$

上式有两个参数：一个参数是 Y_0，其单位是 s^n/Ω，由于 Q 是用来描述双电层偏离纯电容 C 的等效元件，所以它的参数 Y_0 与电容的参数 C 一样，总是取正值；另一个参数是 n，它是无量纲的指数，有时也被称“弥散指数”。随着 n 的取值不同，CPE 元件也表现出不同的阻抗特性：

当 n=0 时，Q 就相当于一个电阻 R，$Z_Q = R$；

当 n=1 时，Q 就相当于一个电容 C，$Z_Q = -\mathrm{j}\left(\frac{1}{\omega C}\right)$；

当 n=0.5 时，Q 就相当于由半无限扩散引起的 Warburg 阻抗；

当 $0.5<n<1$ 时，Q 具有电容性，可代替双电容层作为界面双电层的等效元件。

对于 RC 并联电路，其阻抗是 Nyquist 图中位于第一象限的半圆[图 8-1-7（b）]；当用 Q 代替 C，变成 RQ 并联电路后，这个半圆就会向第四象限旋转。计算表明，此时这个半圆的圆心为 $\left[\frac{R}{2}, \frac{R\cot(n\pi/2)}{2}\right]$，半径为 $\frac{R}{2\sin(n\pi/2)}$，如图 8-3-1 所示。可以证明，圆弧与实轴相交的一段弧长正好等于电阻 R。也就是说，无论半圆是否旋转，都可通过 Nyquist 图中圆弧与实轴的交点直接读出电阻 R 的数值。

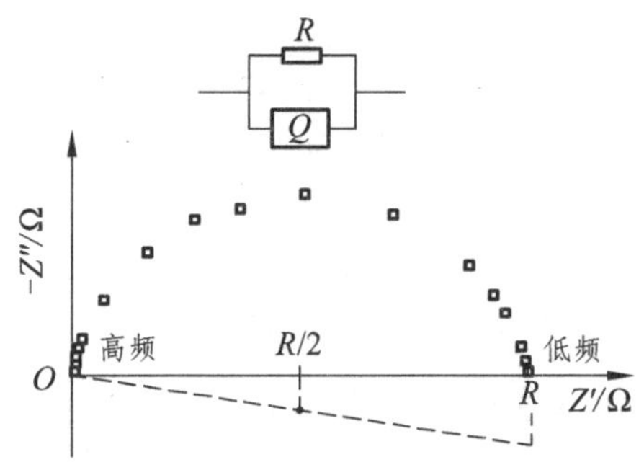

图 8-3-1　*RQ* 并联电路的 Nyquist 图

采用 CPE 元件有如下优点：使得原本极为复杂的等效电路简化，而不需要过多的电路元件来模拟；由于采 用了更简单的等效电路，提高了所表述电极过程性质的准确性和有用性。但是利用 CPE 元件的时候要特别的注意根据自己体系的特点设计合适数量的 CPE 元件。

8.4　阻抗谱的拟合与解析

测量得到阻抗谱后，必须对谱图进行分析，最常采用的分析方法是曲线拟合法。对电化学阻抗谱进行曲线拟合时，首先要建立电极过程合理的等效电路模型，然后通过数学方法（一般采用非线性最小二乘法）进行拟合，可通过专门的阻抗谱分析软件来进行拟合，从而确定等效电路中待定的元件参数值，据此进行进一步分析。

在拟定等效电路模型时，必须综合多方面的信息，例如，可以考虑阻抗谱的特征（如阻抗谱中高中频区含有的半圆弧的个数，一般一个半圆弧对应一个 *RC* 并联电路），也可考虑与待测体系相关的电化学知识（往往是特定研究领域中所积累的知识），还可以对阻抗谱进行分解，逐个求解阻抗谱中各个半圆弧所对应的等效元件的参数初值，在各部分阻抗谱的求解和扣除过程中逐渐建立起等效电路的具体形式。

为了方便观察阻抗谱半圆弧的弧度和扩散直线的倾角，Nyquist 图一定要注意保持横纵坐标刻度的一致性，即横纵坐标的单位长度应该一样长，否则图像会有变形，不利于观察判断。

需要注意的是，电化学阻抗谱和等效电路之间并不存在一一对应的关系。很常见的一种情况是，同一个阻抗谱可用多个等效电路进行很好的拟合，等效电路模型不是唯一的。例如，图 8-4-1（a）至（c）所示的 3 个等效电路是由 3 个完全不同的物理模型得出的，但是却具有相同的频率响应，其阻抗谱图像是一样的，都是具有两个容抗弧的阻抗谱，如图 8-4-2 所示。电路图 8-4-1（a）可用来描述为两个电阻层，并作为度量模型；电路图 8-4-1（b）可用来描述包含两个电化学步骤的反应原理，或者是描述由涂层电极组成系统的反应机理；电路图 8-4-1（c）在电化学中则没有明确的对应体系。

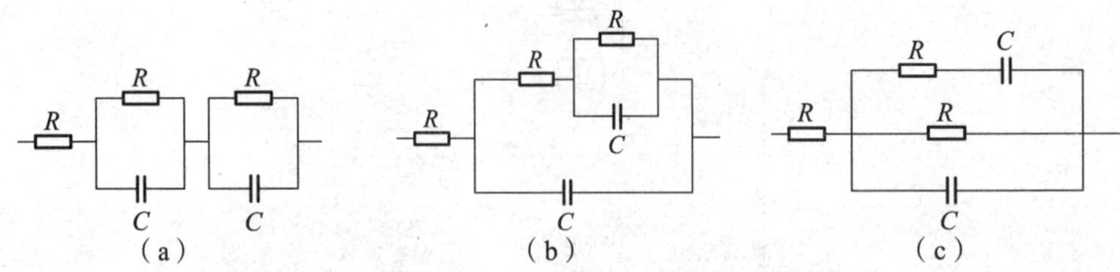

图 8-4-1　具有相同的频率响应的 3 个等效电路模型

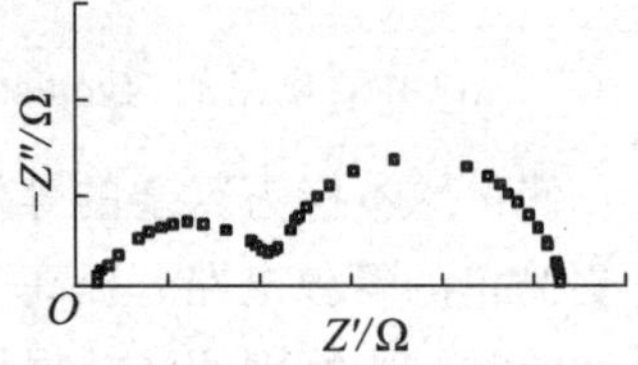

图 8-4-2　具有相同的频率响应的 3 个等效电路模型的阻抗谱

显然，与实验数据拟合度较高，并不能确保所用电路模型是正确的，一定要考虑该等效电路的每一个元件在具体的被测体系中是否有明确的物理意义，能否合理解释物理过程，才能最终确定模型的有效性。

8.4.1　电路描述码（Circuit Description Code）

而为了方便、准确及清晰地记录各种不同等效电路图，需要有一套统一的表示方法，即电路描述码。电路描述码描述一个等效电路图的具体规则依次如下：

（1）串联 RLC 或 CLR；

（2）并联（RLC）（第一级）；

（3）奇数级括号表示并联组成的复合元件，偶数级括号表示串联组成的复合元件；

（4）对于复杂的电路，分解成 2 个或 2 个以上互相串联或并联的“盒”；

（5）若在右括号后紧接着有一个左括号与之相邻，则前后两括号中的复合元件级别相同。这两个括号中的复合元件是并联还是串联，决定于二者是放在奇数级还是偶数级的括号中，如 R(QR(RL)(RL))。

为了更好地理解上述描述规则，举例说明如图 8-4-3 所示。

按规则(1)，将这一等效电路表示为：
R CE-1
按规则(2)，CE-1可以表示为：
(Q CE-2)
因此整个电路可进一步表示为：
R (Q CE-2)
将复合元件CE-2表示成：
(W CE-3)
整个等效电路就表示成：R(Q(W CE-3))
将简单的复合元件CE-3表示出来。应表示为(RC)，于是电路可以用如下的CDC表示：R(Q(W(RC)))

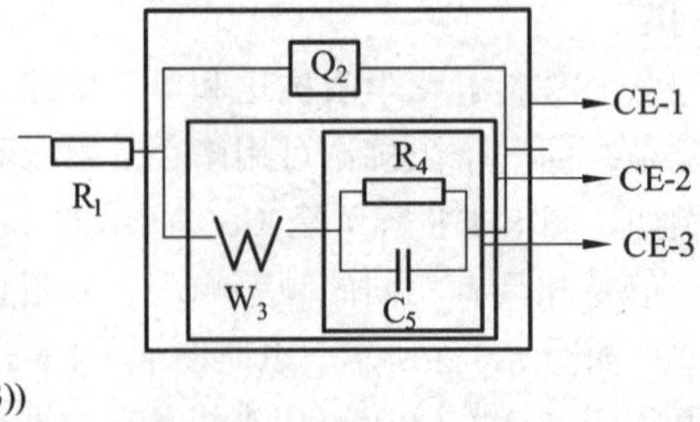

Q_2
R_4
R_1
W_3
C_5
CE-1
CE-2
CE-3

图 8-4-3　等效电路图电路描述码书写示例

8.4.2 阻抗谱图等效电路拟合

因为实际体系测得的电化学阻抗谱或多或少都偏离了理想阻抗谱曲线，不能直接从图谱上读取一些元件参数数值。因此，需要对阻抗谱进行等效电路拟合。但是从上述介绍中可以看出，电化学阻抗谱和等效电路之间并不存在一一对应的关系。因此，选取正确的等效电路图对于阻抗谱拟合十分重要。

下面对具体的阻抗谱等效电路拟合步骤及注意事项进行介绍。

拟合步骤如下（根据拟合软件 ZSimpWin 总结而得）:

（1）运行软件：导入阻抗谱数据（有直接打开、拖入或复制三种方式），数据格式为 txt 文档。

（2）电极面积校正：因为默认面积为 1 cm^2，要根据实际体系的电极面积进行校正。

（3）删除阻抗谱数据中异常点。

（4）等效电路选取：根据阻抗谱图形状，选取合适的电路图，一定要注意电路图中元件是否具有明确的物理意义，能否合理解释体系电化学过程。等效电路选取的标准如下：

① 具有明确的物理意义；

② 结构；

③ 每个元件的数值能和实验数据很好地拟合；

④ 可以被其他技术所证实；

（5）数据拟合；

（6）精细拟合：根据拟合误差，修改一些元件参数数值，逐一拟合，确保误差在可接受范围内，一般为小于 5%;

（7）获得元件参数具体数值。

模拟图会出现以下两种情况：一是模拟图与实际测试图重合度好，但误差很大；二是模拟图与曲线偏差很大，但误差很小。到底如何取舍要根据所得的元件参数是否具有明确的物理意义和拟合结果是否能合理解释体系的具体物理/电化学过程而决定。

8.4.3 电化学阻抗实验注意事项

为了快速、准确和合理地拟合电化学阻抗谱，首先要保证电化学阻抗谱测试过程的操作都是正确的，所得的数据是能真实反映体系具体反应过程的。根据前人的经验，电化学阻抗实验的主要注意事项总结如下。

（1）实验准备。要尽量减少测量连接线的长度，减小杂散电容、电感的影响。因为互相靠近和平行放置的导线会产生电容，长的导线特别是当它绕圈时就成为电感元件。测定阻抗时要把仪器和导线屏蔽起来，防止其他实验噪声的干扰，破坏因果性条件。

（2）频率范围要足够宽。一般使用的频率范围是 $10^5 \sim 10^{-4}$ Hz。阻抗测量中特别重视低频段的扫描。反应中间产物的吸脱附和成膜过程，只有在低频时才能在阻抗谱上表现出来。但是，测量频率很低时，实验时间会很长，电极表面状态的变化会很大，所以扫描频率的低值还要结合实际情况而定。

（3）阻抗谱必须指定电极电势。电极所处的电势不同，测得的阻抗谱必然不同，阻抗谱与电势必须一一对应。为了研究不同极化条件下的电化学阻抗谱，可以先测定极化曲线，在电化学反应控制区（Tafel 区）、混合控制区和扩散控制区各选取若干确定的电势值，然后在响应电势下测定阻抗。

8.5 电化学阻抗谱在新能源材料与器件专业领域的应用

8.5.1 界面性质分析

8.5.1.1 分析正极材料界面改性效果

Luo 等采用钨对 $LiNi_{1/3}Co_{1/3}Mn_{1/3}O_2$（NMC）正极材料进行表面改性，并利用 EIS 验证其改性效果，阻抗谱如图 8-5-1 所示。从图中可以看出，NMC 和 NMC-3% W 材料所测得的 Nyquist 谱由两个半圆组成。高频区与实轴的截距点对应溶液电阻 R_{sol}，中高频区第一个半圆对应表面膜电阻 R_{sf}，包括固体电解质膜（SEI）和表面包覆层，低频区的半圆对应的是电极/电解液界面的电荷转移电阻 R_{ct}。随着循环的进行，R_{sol} 基本保持不变；而 R_{sf} 存在一个先减小后增大的过程，这与循环时 NMC 材料活化以及 SEI 形成过程有关；NMC 的 R_{ct} 在第 5 圈时为 71.01 Ω，循环至第 50 圈后增加到 328.50 Ω，而循环 100 圈后增加到 731.00 Ω，这说明循环过程中正极材料与电解液界面受到破坏，界面电荷转移受阻。在包覆 WO_3 后，NMC-3% W 材料的 R_{ct} 明显减小，在 100 圈时 R_{ct} 为 73.27 Ω，仅为 NMC 材料的 1/10。这表明 W 表面改性能有效抑制电解液对正极材料的破坏，提升界面稳定性，减少界面电荷转移电阻。在电池中，R_{sf} 与 R_{ct} 的电阻之和是影响电池充放电性能的关键因素之一。如图 8-5-1（d）所示，在 W 表面改性后，NMC-3% W 材料的总电阻值明显较小。因此，材料的循环稳定性和倍率性能明显提高。

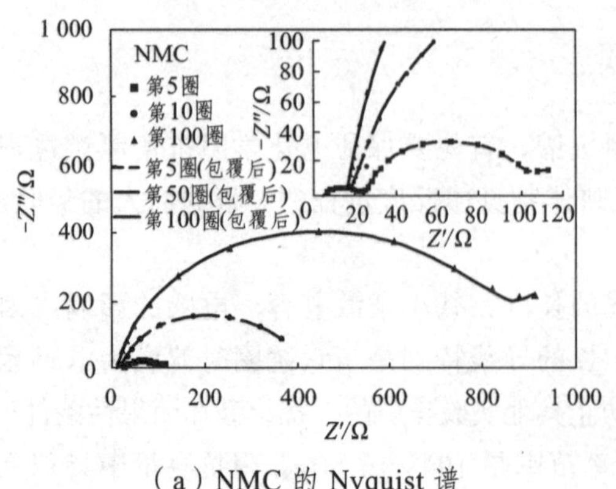

（a）NMC 的 Nyquist 谱

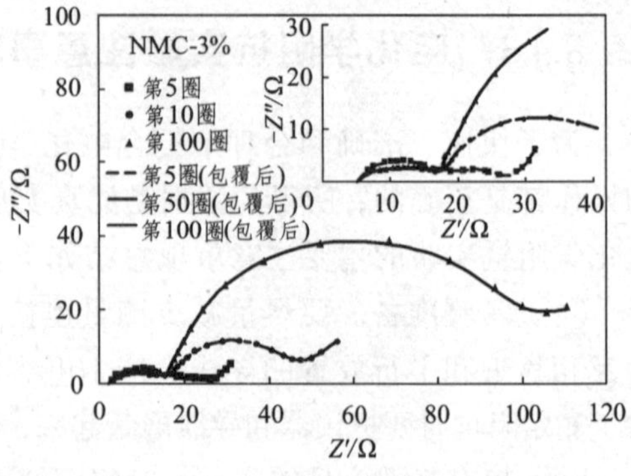

（b）NMC-3%的 Nyquist 谱

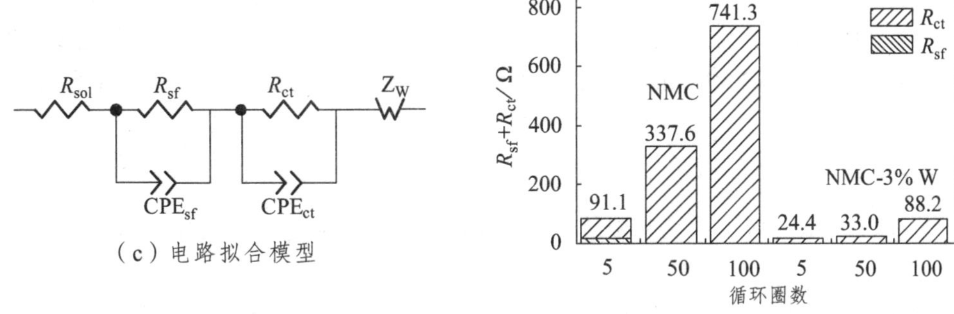

（c）电路拟合模型

（d）电荷转移电阻与表面膜电阻之和对比图

图 8-5-1　NMC 和 NMC-3% W 的阻抗谱

8.5.1.2　分析负极表面复合包覆层的界面改性效果

Liu 等采用球磨法和溶胶-凝胶法制备 SiO@C/TiO_2 纳米球，并将其作为锂离子电池的负极材料。由于碳和 TiO_2 涂层的双重保护作用，复合材料具有良好的可逆容量、良好的倍率性能和循环性能。对 SiO@C/TiO_2、SiO@C、N-SiO 3 种材料进行 EIS 测试，绘制 Nyquist 图（图 8-5-2），可观察到 3 种曲线具有相似的形状，均由高频区的半圆以及低频区的倾斜直线组成。其中高频区的半圆代表 Li^+通过活性颗粒表面 SEI 膜的阻抗，低频区代表 Li^+在活性颗粒内部的扩散阻抗，即 Warburg 扩散阻抗。经拟合后，SiO@C/TiO_2 复合材料高频电阻为 3 Ω，低于 N-SiO 的 8.2 Ω 以及 SiO@C 的 5.4 Ω。电化学阻抗谱（EIS）测试结果表明 TiO_2 包覆层的引入，提高了 SiO@C/TiO_2 复合材料的电化学动力学，从而提高了其电化学性能。

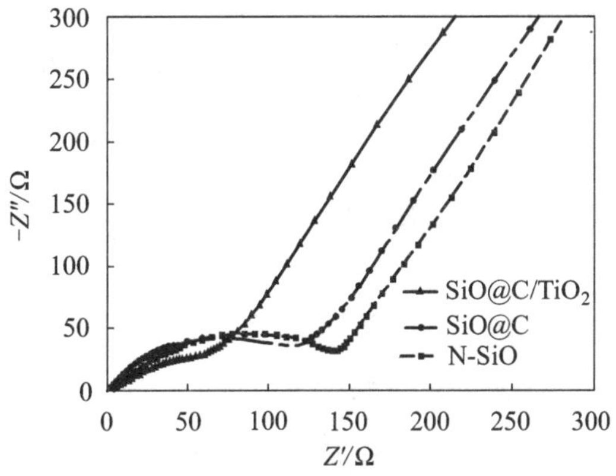

图 8-5-2　SiO@C/TiO_2、SiO@C、N-SiO 3 种材料的阻抗谱

8.5.2　锂离子扩散系数测定

锂离子电池的正负极材料大多选用能够脱嵌锂离子的层状化合物，充放电过程主要步骤是锂离子在正负极材料中的脱出和嵌入，因此测定锂离子在正负极材料中的扩

散系数具有非常重要的意义。计算扩散系数常采用循环伏安法（CV）、电化学阻抗谱法（EIS）和恒电流间歇滴定技术（GITT）等。其中 EIS 计算离子扩散系数主要有两种计算方法。一种为基于 Goodenough 等建立的理论模型，Myung 等计算扩散系数的方法：

$$D=\frac{\pi f_{\mathrm{T}} r^2}{1.94} \tag{8-5-1}$$

式中 f_{T}——半无限扩散到有限扩散的转折频率，可以通过分析电化学阻抗谱图得到；

r——样品的平均粒径。

另一种方法是根据半无限扩散阻抗的定义，通过 EIS 可以计算扩散系数：

$$\sigma=\frac{RT}{z^2F^2A\sqrt{2DC}}$$

$$D=\frac{R^2T^2}{2A^2z^2F^2C^2\sigma^2} \tag{8-5-2}$$

式中 R——气体常数；

T——绝对温度；

A——电极表面积；

z——每摩尔物质参与电极反应转移的电子数；

C——电极中离子的浓度；

σ——Warburg 系数。

由于扩散系数的本身性质，对其计算一般只着重于其变化的数量级范围，并不苛求精确值，所以用 EIS 计算锂离子扩散系数是十分适用的，计算得到的锂离子扩散系数的变化范围一般为 $10^{-12} \sim 10^{-9}$ cm^2/s。

具体例子如下。

图 8-5-3 所示为 $LiFePO_4$ 在不同嵌锂量条件下的阻抗谱。由图可以看出，在嵌锂初始阶段，随着嵌锂量的增加材料的阻抗增大，达到一定值后便随着嵌锂量的增大，阻抗开始逐渐变小。这是由于在初始阶段，随着嵌锂量增加，材料的电化学极化增大，阻抗变大，当阻抗达到极大值后，随着电化学过程的进行，材料被逐渐活化，阻抗开始降低。

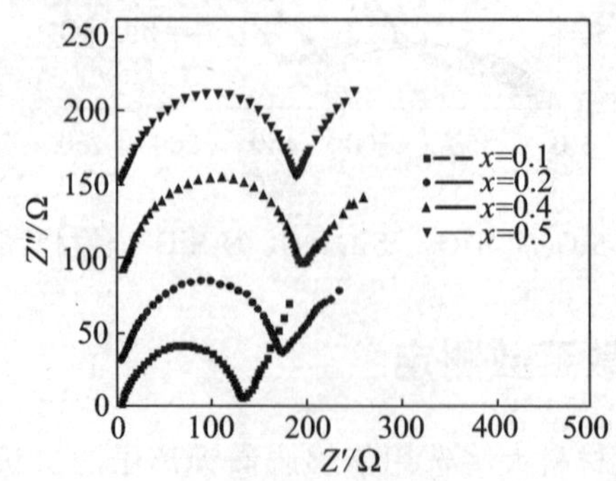

图 8-5-3　不同嵌锂量条件下的 $Li_{1-x}FePO_4$ 阻抗谱

图 8-5-4 所示为上述阻抗谱嵌锂量为 0.1（x=0.9）时，Warburg 阻抗实部与角频率平方根的关系图。根据 $Z_W=\sigma(1-j)\omega^{-\frac{1}{2}}=Z'-jZ''$，用 Warburg 阻抗实部对角频率平方根作图，结果如图 8-5-4 所示，可得到一定嵌锂量条件下的 Warburg 系数 σ，在确定 Warburg 系数 σ 和 dE/dz 后，由 $\sigma=\dfrac{V_m\left(\dfrac{dE}{dz}\right)}{\sqrt{2}zFS\sqrt{D_{Li^+}}}$，可求得活性材料的化学锂离子扩散系数。由于电极活性物质涂层较薄（30 μm），因而采用电极的几何表面积代替。采用 EIS 法测定 $Li_{1-x}FePO_4$ 的扩散系数 D_{Li^+} 与嵌锂量的关系如图 8-5-5 所示。由图可知，锂离子在 $LiFePO_4$ 活性材料中的扩散系数的变化范围为 $10^{-13}\sim10^{-16}$ cm²/s。曲线中 D_{Li^+} 先出现一个极大值，后出现一个极小值，随后随嵌锂量的增加而增大。这可能是由于电化学活化过程与相间相互转化共同作用的结果。

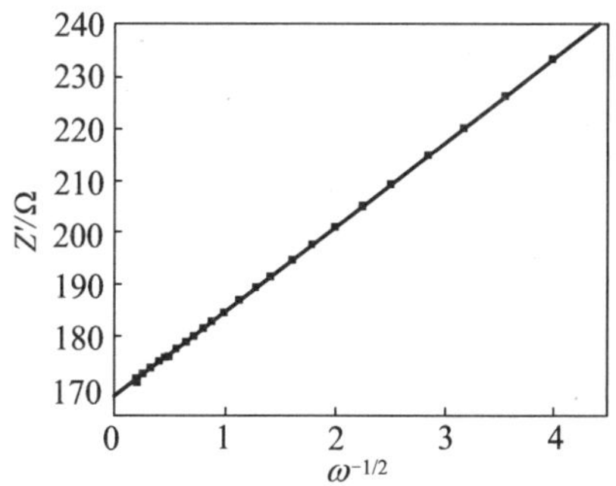

图 8-5-4　$Li_{0.1}FePO_4$ Warburg 阻抗实部与角频率平方根的关系

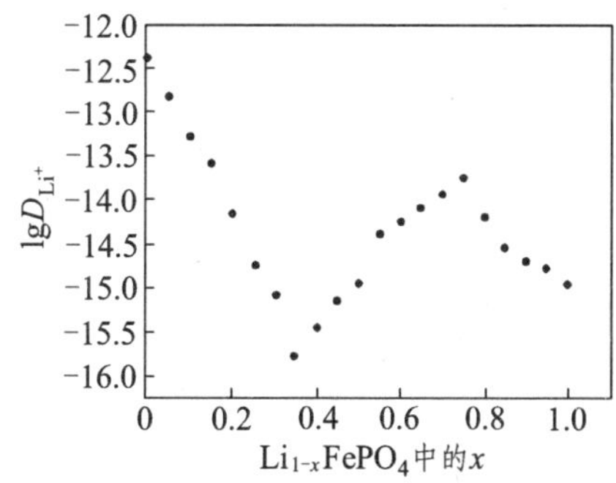

图 8-5-5　EIS 法测定的 $Li_{1-x}FePO_4$ 的扩散系数与嵌锂量的关系

习　题

1. 电化学阻抗谱法的定义。

2. 何为电化学阻抗谱的等效电路？电化学体系的等效电路包括哪些基本电路元件？分别阐述它们的物理意义。

3. 电化学阻抗谱在高频区和低频区的电极过程控制步骤有何不同？为什么？

4. 等效电路选取的标准。

5. EIS 法测量的三个前提条件。
6. EIS 法的优点。
7. 电阻、电容和电感的阻抗图特点。
8. EIS 出现弥散效应的原因。
9. 采用 CPE 常相位角元件的优点。
10. 低频区直线倾角的变化及原因。
11. 电路描述码规则。能根据电路描述码画出等效电路图，反之亦然。
12. 能对 Nyquist 图进行直观分析。
13. 分析 R_u、R_{ct}、C_d 对阻抗谱的影响。

9 化学电源中的特殊电化学研究方法

除了前面几章介绍的几种常用的电化学研究方法外，在新能源材料与器件专业领域发展过程中，也产生了一些特殊的电化学研究方法。本章将简要介绍其中比较重要的化学电源中的一些特殊电化学研究方法，主要包括化学电源的基础知识及相应的特殊电化学研究方法的简要介绍。以便同学们了解学习。

9.1 化学电源的基本原理及结构

1. 理论能量密度

化学电源是可实现电能和化学能的相互转变的系统。根据物理化学基础知识可知，一个封闭体系对外做的最大非体积功是其吉布斯自由能的变化值，即 ΔG 。而化学电源对外做的最大非体积功是电功。因此，电池的化学能和电能的转换关系如下式

$$\Delta G = -zEF = -W_{\mathrm{f}} \tag{9-1-1}$$

其电压、容量、能量密度等最终取决于正负极、活性材料及具体的化学反应。从而可得活性物质理论容量为

$$C = \frac{zF}{3.6M}(\mathrm{mA\cdot h\cdot g^{-1}}) \tag{9-1-2}$$

化学电源能量密度计算公式如下

$$W = \frac{FEz}{\sum M_i} \tag{9-1-3}$$

从公式（9-1-3）可以得出，提高一个化学电源的能量密度，可以从以下几个方面入手：选择较大电势差的正负极反应，尽可能提高电池工作电压；降低活性物质的电化学当量（轻元素+多电子）；选择不消耗电解质的电池反应。

2. 电池反应的基本类型

电池反应类型有很多种，但常见的主要分为以下几种类型：嵌入/脱出型（如目前商业化锂离子电池的反应类型）；溶解/沉积型或者沉积/剥离型（如锂金属负极的反应

类型）；合金/去合金化型（如硅负极的反应类型）；转换反应/置换反应型（如金属氧化物和硫化物负极）。各类型电池反应的典型代表如图 9-1-1 所示。

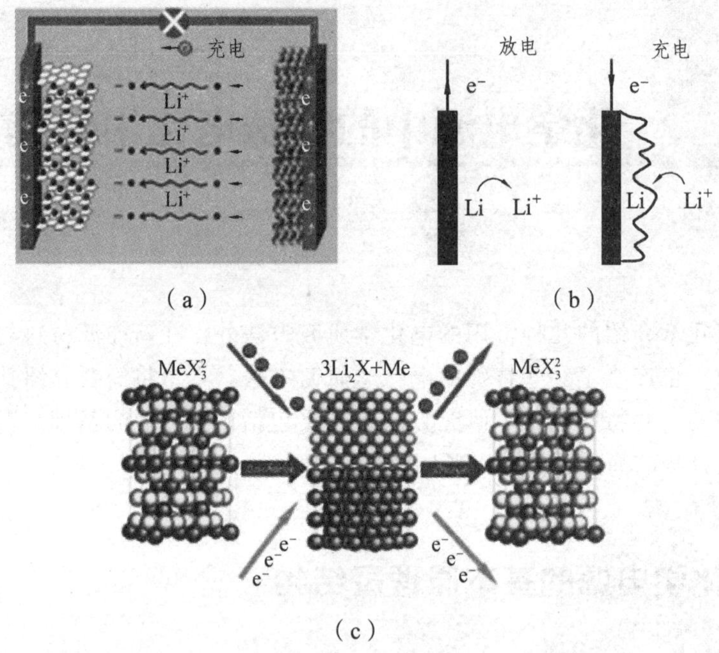

图 9-1-1　各类型电池反应的典型代表示意图

3. 化学电源/电池的基本构成

如图 9-1-2 所示，电池核心部件主要由正极、负极、电解质（含隔膜）几部分构成，其中正极或负极又包括活性材料、导电剂、黏结剂和集流体。其是一个多组分、多体系的复杂组件。要想可控地改变或设计电池性能，需要了解各部分的作用或各部分对电池性能的影响和贡献，需要对电池进行全方面研究。

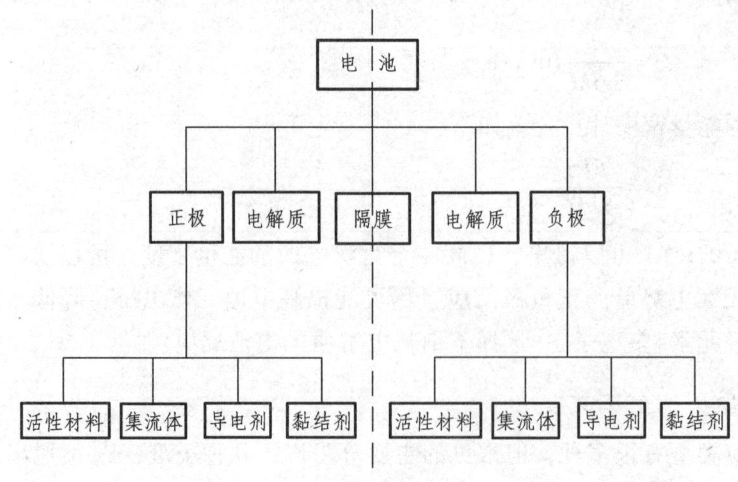

图 9-1-2　电池的基本构成示意图

9.2 化学电源研究、表征的一般方法和步骤

化学电源/电池研究的总体方法和步骤和其他研究体系一样，总体上遵循确定研究对象、建立测试系统、选择测试/研究方法和分析讨论实验结果的步骤，如图 9-2-1 所示。

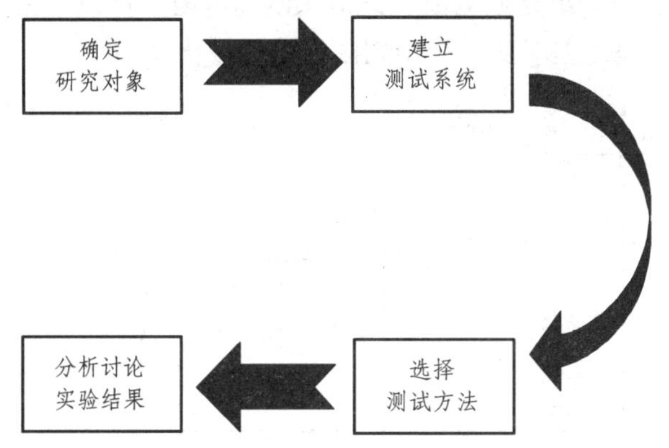

图 9-2-1 化学电源表征的一般方法和步骤

根据化学电源的基本组成，要想弄清楚各部分对电池性能的影响，化学电源表征的研究对象为：活性材料（决定化学电源体系的电压和容量）、电解质（决定离子传输情况）、电极/电解质界面（决定化学电源循环稳定性）、隔膜（决定离子传输情况、是否短路）和体系集成等。

一般的电化学研究方法可直接或略加改造后用于化学电源体系的研究。但化学电源是一种比较复杂的电化学体系。虽然按反应类型分，化学电源的电极反应是一种氧化还原反应。然而，电池反应涉及多步骤，反应不仅有电化学过程，还有化学过程、相变过程等，其电极参与了电化学过程，在反应过程中电极材料的化学性质、电极结构在不断发生变化。同时化学电源的电极通常是一种多孔电极，电极由大小不同的固体颗粒组成，这样的电极难于实验模拟，给电池反应机理的研究带来了不少困难。化学电源体系涉及材料众多，从金属到半导体到非金属皆可作为电极活性材料，其形态可以是固体、液体或气体，一些化学电源的电极材料，如锂离子电池的 $LiCoO_2$ 材料，其电导率较低，属于半导体材料。这些因素大大增加了研究的难度。

下面介绍几种主要电化学研究方法，只强调其在化学电源（以锂电池为代表，其他电池体系也适用）中的一些应用特点，其一般性原理不再赘述。

9.3 主要电化学研究方法概述

9.3.1 充放电曲线

充放电曲线是化学电源的最基本电化学研究方法，可反映出电池电极的许多信息。

如极化、反应机理、容量、活性材料状态变化等。如图 9-3-1 所示，可以从充放电曲线中看出三种极化对电池性能的影响。如图 9-3-2 所示，可以从充放电曲线中看出硫正极在放电条件下的放电容量、放电平台等基本电池性能参数，也可以看出放电过程中的放电平台对应的一些具体反应过程，从而间接推出电池反应机理。

同时，也可以利用一组充放电曲线近似求欧姆电阻；可以根据充放电曲线上的充电平台和放电平台的电压差对比，初步判断电池的极化大小。

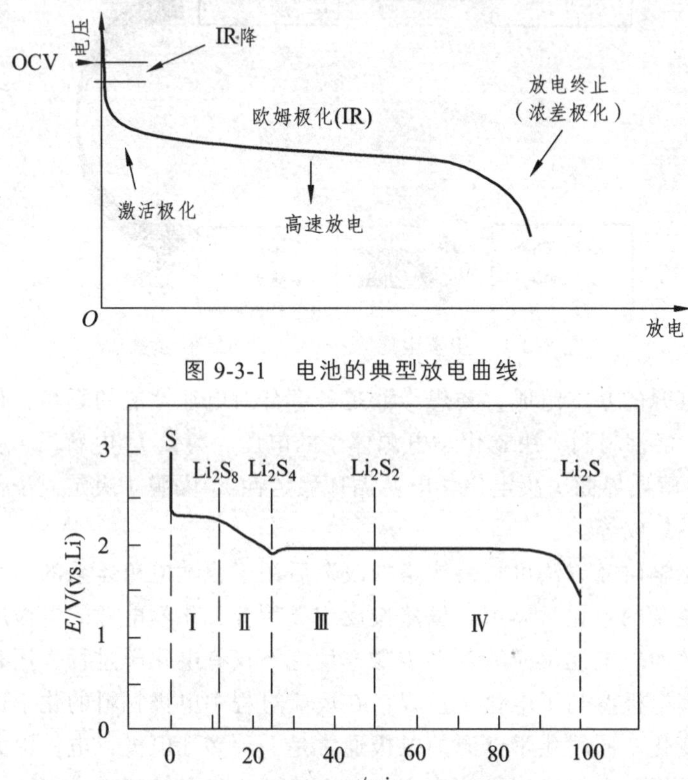

图 9-3-1　电池的典型放电曲线

图 9-3-2　硫正极放电曲线示意图

9.3.2　锂离子电导率研究方法

锂离子电池电极材料在电池充放电过程中一般经历以下几个步骤：① 溶剂化的锂离子从电解液内迁移到电解液/固体电极的两相界面；② 溶剂化的锂离子吸附在电解液/固体电极的两相界面；③ 去溶剂化；④ 电荷转移，电子注入电极材料的导带，吸附态的锂离子从电解液相迁移至活性材料表面晶格；⑤ 锂离子从活性材料表面晶格向内部扩散或迁移；⑥ 电子从集流体向活性材料的迁移。

通常，锂离子电池中的电子输运过程比离子扩散迁移过程快很多，锂离子在电解液相中的扩散迁移速度远大于锂离子在固体相中的扩散迁移速度。由于锂离子在固相中的扩散系数很小，一般在 $10^{-14}\sim10^{-9}$ cm^2/s 数量级，而颗粒尺寸一般在微米量级，因此，锂离子在固体活性材料颗粒中的扩散过程往往成为二次锂电池充放电过程的速率控制步骤。由于电极过程动力学直接关系到电池的充放电倍率、功率密度、内阻、循环性和安全性等性质。对电池与电极过程动力学反应特性的理解以及动力学参数随着充放电过程的演化的定量掌握，对于理解电池中的电化学反应，监控电池的状态，设计电源管理系统具有重要的意义。

目前，已有多种方法被开发并相继用于锂离子电池电极过程动力学信息的测量，如循环伏安法（CV），电化学阻抗谱法（EIS），恒电流间歇滴定技术（GITT），恒电位间歇滴定技术（PITT）等。CV 和 EIS 法测锂离子扩散系数在第 7、第 8 章中已经介绍，这里就不再赘述。下面将详细介绍 GITT 和 PITT 两种常用的方法。

9.3.2.1 恒电流间歇滴定技术

恒电流间歇滴定技术（Galvanostatic Intermittent Titration Technique，GITT）由德国科学家 W. Weppner 提出，基本原理是在某一特定环境下对测量体系施加一恒定电流并持续一段时间后切断该电流，观察施加电流段体系电位随时间的变化以及弛豫后达到平衡的电压，如图 9-3-3 所示。通过分析电位随时间的变化可以得出电极过程中电位的弛豫信息，进而推测和计算反应动力学信息。

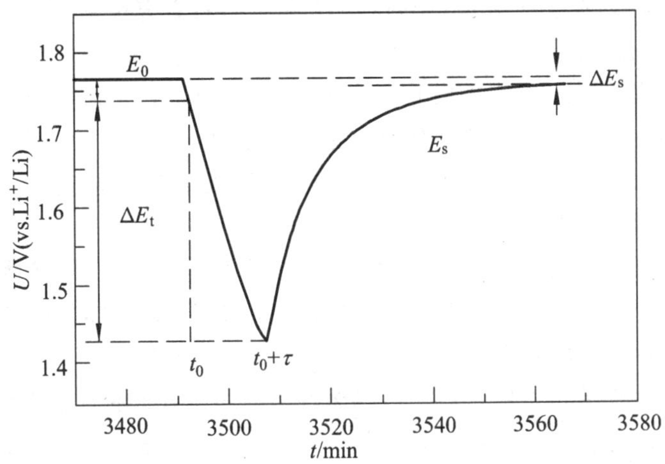

图 9-3-3　施加电流段体系电位随时间的变化以及弛豫后达到平衡的电压曲线图

当电极体系满足：① 电极体系为等温绝热体系；② 电极体系在施加电流时无体积变化与相变；③ 电极响应完全由离子在电极内部的扩散控制；④ $\tau \ll L^2/D$，L 为离子扩散长度；⑤ 电极材料的电子电导远大于离子电导等条件时，采用恒电流间歇滴定技术测量锂离子化学扩散系数的基本原理可用下式表达。

$$D_{Li^+} = \frac{4}{\pi}\left(\frac{I_0 V_m}{zAF}\right)\left[\frac{\left(\frac{dE}{dx}\right)}{\left(\frac{dE}{dt^{1/2}}\right)}\right] \tag{9-3-1}$$

式中　D_{Li^+} ——Li^+在电极中的化学扩散系数；

V_m——活性物质的体积；

A——浸入溶液中的真实电极面积；

F——法拉第常数，F=96 487 C/mol；

z——参与反应的电子数目；

I_0——滴定电流值；

$\frac{dE}{dx}$——开路电位对电极中 Li^+浓度曲线上某浓度处的斜率（即库仑滴定曲线）；

$\frac{dE}{dt^{1/2}}$——极化电压对时间平方根曲线的斜率。

利用 GITT 方法测量电极材料中的锂离子化学扩散系数基本过程如下：① 在电池充放电过程中的某一时刻，施加微小电流并恒定一段时间后切断；② 记录电流切断后的电极电位随时间的变化；③ 作出极化电压对时间平方根曲线，即 $\frac{dE}{dt^{1/2}}$ 曲线；④ 测量库仑滴定曲线，即 $\frac{dE}{dx}$ 曲线；⑤ 代入相关参数，利用式（9-3-1）求解扩散系数。

固态离子学一般对离子在不同方向上的扩散系数不加区分。对于嵌入化合物而言，从结构的角度考虑，离子嵌入与脱出过程的扩散系数存在着区别。

以正极材料 $LiNiO_2$ 为例，在放电态时，锂离子已占满所有八面体空位 Li_xNiO_2（$x=1$），此时锂离子嵌入时受到 Li 层已占离子的库仑斥力，而脱出则较为容易。在充电态 $Li_{1-x}NiO_2$（$x<1$），Li 层中只有较少的 Li^+，这时 Li^+进一步脱出可能会破坏晶体结构，因此受到骨架离子较大的吸引力，而 Li^+的嵌入则有可能起到稳定结构的作用，此时嵌入阻力小于脱出阻力。

以负极材料石墨为例，Li^+的嵌入使石墨层发生膨胀，因此对于初始的石墨材料，Li^+的嵌入阻力要大于脱出阻力。当石墨层中已经占满 Li^+时（LiC_6）。Li^+的嵌入要克服已占离子的库仑斥力，因此嵌入阻力仍应大于脱出阻力。

因此，根据上述分析，对于正极材料而言，离子嵌入或脱出扩散系数的大小与材料中 Li^+所占据的量有关，对于负极材料（石墨），锂离子嵌入的扩散系数应小于脱出的扩散系数。对式（9-3-1）分析可以看出，假设嵌入与脱出过程的扩散系数不相等，我们可以通过对处于同一平衡态的电极施加正反向的电流来测得嵌入扩散系数 D_-（施加负向电流，即放电）与脱出扩散系数 D_+（施加正向电流，即充电）。

对于同一状态的同一电极，所有参数都一致，因此可以精确比较 D_+ 与 D_- 的区别，如式（9-3-2）所示：

$$D_+ / D_- = \left[\left(\frac{dE}{dt^{1/2}}\right)_-\right]^2 \Big/ \left[\left(\frac{dE}{dt^{1/2}}\right)_+\right]^2 \tag{9-3-2}$$

我们对以不同 Li/Ni 比的 Li_xNiO_2（x 从 1.4 ~ 0.5）进行 GITT 研究证明，D_+ 与 D_- 的比值随 x 的增加确实出现了交叉变化的现象。在 x 较大时，D_- 较小，x 较小时 D_+ 较大。

即在组成比 $n(Li)/n(Ni)>1$ 时，锂离子的嵌入更困难；而 $n(Li)/n(Ni)<1$ 时，锂离子的脱出更困难。与前述的设想一致。

在实际锂离子电池中，发现锂离子电池可以快速放电但不能快速充电，充电的过程就是锂离子从正极脱出嵌入碳负极的过程，而锂离子电池的动力学主要受碳材料制约。这种现象与我们用 GITT 正反电流测试的结果一致，原因正是锂离子嵌入碳电极的速率要低于脱出的速率。因此，用这种方法。可以在较短的时间内测定电极材料嵌入脱出扩散系数的差异。结合库仑滴定，可以得到在不同嵌锂量时扩散系数的差异性，从而深入研究结构与动力学之间的关系。

9.3.2.2　恒电位间歇滴定技术

恒电位间歇滴定技术（Potentiostatic Intermittent Titration Technique，PITT）是通过瞬时改变电极电位并恒定该电位值，同时记录电流随时间变化的测量方法。通过分析电流随时间的变化可以得出电极过程电位弛豫信息以及其他动力学信息，类似于恒电位阶跃，只是 PITT 是多电位点测量。

使用恒电位间歇滴定技术测量锂离子化学扩散系数基本原理如下：

$$\ln i = \ln(2\Delta Q D_{\mathrm{Li}} / d^2) - (\pi^2 D_{\mathrm{Li^+}} / 4d^2)t \tag{9-3-3}$$

式中　i——电流值；

t——时间；

ΔQ——嵌入电极的电量；

$D_{\mathrm{Li^+}}$——Li^+在电极中的扩散系数；

d——活性物质的厚度。

基本操作如下：① 以恒定电位步长瞬间改变电极电位，记录电流随时间的变化；② 利用方程（9-3-3）作出 $\ln i$-t 曲线；③截取 $\ln i$-t 曲线线性部分的数据，求斜率即可求出锂离子的化学扩散系数。

对于在充放电过程中动力学明显存在差异的反应体系，电位阶跃能更加突出电流响应的差别，实际上这与循环伏安的结果有类似之处。

9.3.2.3　几种测定离子扩散系数研究方法的比较和分析

循环伏安方法计算得到 $LiFePO_4$ 薄膜中的表观化学扩散系数为 $2.1\times10^{-14}\sim1.8\times10^{-14}\ \mathrm{cm^2/s}$。通过 GITT 和 EIS 方法得到的锂离子化学扩散系数分别在 $10^{-14}\sim10^{-18}\ \mathrm{cm^2/s}$ 和 $10^{-14}\sim10^{-19}\ \mathrm{cm^2/s}$，这两种方法由于计算的过程中均用到了 $\mathrm{d}E/\mathrm{d}x$，而对于两相反应 $\mathrm{d}E/\mathrm{d}x$ 的数值不可能准确测得，且在平台区域其数值近乎为零，所以所得结果均在反应的中段，即平台中部测得了与两端相差四个数量级的最小值，这主要是归因于使用了不准确的 $\mathrm{d}E/\mathrm{d}x$。计算所得的锂离子扩散系数在反应中段具有最小值这一现象并不能反映真实的物理过程。因此，GITT 和 EIS 方法本身只适用于固溶体体系。相应地，在回避使用 $\mathrm{d}E/\mathrm{d}x$ 数值的 PITT 方法中，最终的计算结果并没有显示出锂离子扩散系数随锂含量的明显变化规律。PITT 方法测得的锂化学扩散系数基本在 $10^{-13} \sim 10^{-14}$ cm^2/s。这种方法测得的扩散系数在整个区域范围内变化不大。

以上举例可以看出，电化学研究方法在研究不同反应体系的电极过程动力学时需要慎重考虑。GITT，EIS 计算两相反应扩散系数是假设反应时扩散控制，服从 Fick 扩散定律。而两相反应材料的浓度梯度为一定值，非连续变化，因此数学处理上存在问题。

同时，从几种方法的原理上可以看出，CV 方法测定的是一段电势区间的表观平均锂离子扩散系数，而 EIS、GITT 和 PITT 都可以测定某个电极电势下的锂离子扩散系数。

9.3.3 离子迁移数

离子迁移数是某个离子迁移产生的电流占所有离子迁移产生的电流的分数。其也是化学电源中的一个重要参数，对电池性能具有重要意义。

电解质离子迁移数的测试方法包括核磁共振（NMR）检测法、恒流极化法、恒压极化法等。其中恒压极化法被广泛使用：电解质两侧采用锂的可逆电极，向电解质施加一定的偏压，离子在电场的作用下运动，同时电极发生锂的溶解及沉积。由于电极反应的发生，锂离子可以通过电解质连续地从电极一侧转移到另一侧；而对于阴离子，锂电极为不可逆电极，阴离子会在电极一侧聚集，在电极另一侧耗尽，同时为了维持电解质局部的电荷平衡，相应地，锂离子会在一侧聚集，在另一侧耗尽。浓度梯度的建立会驱动离子的扩散，离子的扩散方向与电势驱动的运动方向相反，经过一定的时间，会建立偏压下电解质内部离子输运的稳态，如图 9-3-4 所示。

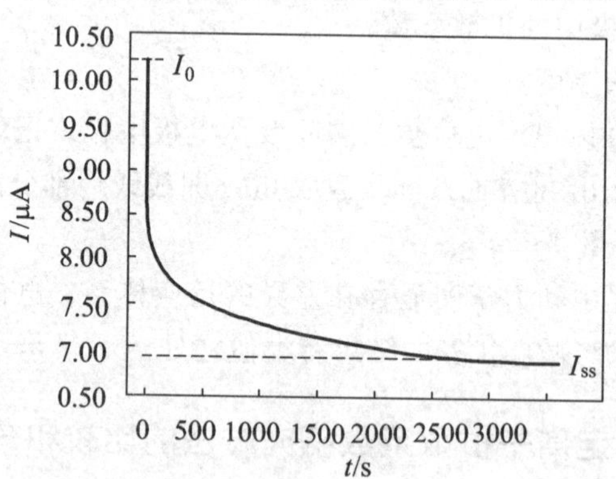

图 9-3-4 采用锂的可逆电极，在施加一定偏压情况下，电流随时间的变化

恒电位直流极化法和交流阻抗法结合测试电解质的离子迁移数的具体步骤如下：

（1）组装测试电池：在手套箱中，将两个对称的金属锂电极用电解质隔开（含隔膜），组装锂锂对称扣式电池；

（2）静置：将电池在一定条件下静置 2 h 再开始测试，以促进金属锂与电解质之间的接触；

（3）交流阻抗法测试：频率范围为 $10^{-2} \sim 10^6$ Hz，偏压为 5 mV；

（4）恒电位直流极化测试：极化电压为 10 ~ 50 mV，极化时间 1 ~ 10 h；

（5）极化完成后再次进行交流阻抗法测试：频率范围为 $10^{-2}\sim10^{6}$ Hz，偏压为 5 mV。

（6）按下列公式计算。

$$t_{Li^+/Na^+}=\frac{I_{ss}(\Delta V-I_0R_0)}{I_0(\Delta V-I_{ss}R_{ss})} \tag{9-3-4}$$

式中 I_0——初始电流；

I_{ss}——稳态电流；

R_0——极化前的界面阻抗；

R_{ss}——极化后的界面阻抗；

ΔV——电压偏置。

9.4 原位电化学研究方法

常规的电化学研究方法是以电信号为激励和检测手段，得到的是电化学体系的各种微观信息的总和，难以直观、准确地反映出电极/溶液界面的各种反应过程、物种浓度、形态的变化，这对正确解释和表述电化学反应机理带来很大的问题。原位研究是深入认识、探究反应机理的最有效方法，可以直接“观察”反应进行的过程及细节。这种方法的困难在于如何设计“原位电解池”及与测试设备的“接口”。

随着新能源材料与器件专业领域的发展需求，为了更好地解释或探究一些反应机理，通过把谱学方法（紫外可见光、拉曼和红外光谱）和形貌表征技术应用于电化学原位（In-situ）测试，从分子和微观形貌水平上认识电化学过程，形成了光谱电化学和显微电化学新的测试体系，比较方便地得到了电极/界面分子的微观结构、吸附物种的取向和键接、参与电化学中间过程的分子物种，表面膜的组成与厚度等信息，特别是近年光谱电化学引入了非线性光学方法新技术，开展了时间分辨为毫秒或微秒级的研究，使研究的对象从稳态的电化学界面结构和表面吸附扩展、深入表面吸附和反应的动态过程；而扫描隧道显微镜及相关技术的应用，提高了空间分辨率，可以观察到电极表面结构和重构现象、金属沉积过程、金属或半导体表面的腐蚀过程，极大地拓宽了电化学原位测试应用范围，已经成为在分子水平上原位表征和研究电化学体系的不可缺少手段。主要分为原位电化学光谱和原位电化学显微测试技术。如原位电化学XRD、原位电化学 Raman、原位电化学 XPS、原位电化学 SEM 和原位电化学 TEM 等。

接下来主要以原位电化学 Raman 光谱法为例，展开介绍一下原位电化学测试技术的原理、特点、应用和最新的进展。本书就不对原位电化学表征技术进行展开介绍，如果感兴趣，可以参考其他相关教材。

原位电化学 Raman 光谱法，是利用物质分子对入射光所产生的频率发生较大变化的散射现象，将单色入射光（包括圆偏振光和线偏振光）激发受电极电位调制的电极表面，通过测定散射回来的拉曼光谱信号（频率、强度和偏振性能的变化）与电极电位或电流强度等的变化关系。一般物质分子的拉曼光谱很微弱，为了获得增强的信号，可采用电极表面粗化的办法，可以得到强度高 $10^4 \sim 10^7$ 倍的表面增强拉曼散射（Surface Enhanced Raman Scattering，SERS）光谱，当具有共振拉曼效应的分子吸附在粗化的电极表面时，得到的是表面增强共振拉曼散射（SERRS）光谱，其强度又能增强 $10^2 \sim 10^3$。

原位电化学拉曼光谱法的测量装置主要包括拉曼光谱仪和原位电化学拉曼池两个部分。拉曼光谱仪由激光源、收集系统、分光系统和检测系统构成，光源一般采用能量集中、功率密度高的激光，收集系统由透镜组构成，分光系统采用光栅或陷波滤光片结合光栅以滤除瑞利散射和杂散光以及分光检测系统采用光电倍增管检测器、半导体阵列检测器或多通道的电荷偶合器件。原位电化学拉曼池一般具有研究电极、辅助电极和参比电极以及通气装置。为了避免腐蚀性溶液和气体侵蚀仪器，拉曼池必须配备光学窗口的密封体系。在实验条件允许的情况下，为了尽量避免溶液信号的干扰，应采用薄层溶液（电极与窗口间距为 0.1 ~ 1 mm），这对于显微拉曼系统很重要，光学窗片或溶液层太厚会导致显微系统的光路改变，使表面拉曼信号的收集效率降低。电极表面粗化的最常用方法是电化学氧化-还原循环（Oxidation-Reduction Cycle，ORC）法，一般可进行原位或非原位 ORC 处理。

目前采用原位电化学拉曼光谱法测定的研究进展主要有：

（1）通过表面增强处理把检测体系拓宽到过渡金属和半导体电极。虽然原位电化学拉曼光谱是现场检测较灵敏的方法，但仅能有银、铜、金三种电极在可见光区能给出较强的 SERS。许多学者试图在具有重要应用背景的过渡金属电极和半导体电极上实现表面增强拉曼散射。如 Fleischmanm 等人采用电化学沉积和真空蒸镀法，在具有较高 SERS 活性的银或金电极表面沉积一层极薄的过渡金属层，利用 SERS 效应的长程作用机制获得过渡金属表面吸附物种的 SERS 信号；Cotton 等人则采用在半导体（如硫化镉、三氧化二铁、二氧化钛等）电极表面上沉积一些银微粒以诱导出 SERS 效应，取得了一定效果；而田中群等则利用电沉积的方法直接将 Fe、Co、Ni、Ru、Rh、Pd 和 Pt 等不同的金属沉积到非活性的玻碳基底上，可获得吸附在这些有一定粗糙度表面上吡啶分子的高质量的拉曼光谱。

（2）通过分析研究电极表面吸附物种的结构、取向及对象的 SERS 光谱与电化学参数的关系，对电化学吸附现象进行分子水平上的描述。如厦门大学采用表面增强拉曼光谱法获得了铂电极上多种吸附物种的拉曼信号，在此基础上测试了铂电极上吸附氢的信号，首次观察到不同电位和 pH 下氢吸附在铂电极的拉曼光谱及其与吡啶共吸附行为。原位电化学拉曼光谱法还可以用于检测电化学氧化还原反应产物及中间产物，确定电极反应机理。SERS 技术结合常规的电化学方法可提供大量的分子水平的信息，通过分析谱峰随外加电位、电解质性质、环境等的变化来确定电极反应中电子传递的可能途径和反应机理。Weaver 等采用原位拉曼光谱，详细研究了电沉积金电极上的 MnO_2 和 $Mn(OH)_2$ 薄膜的氧化还原过程中的结构变化和反应机理。原位电化学拉曼光谱法可以用于研究电沉积过程，特别是添加剂在电沉积过程的作用机理。通过原位 SERS 观察，可以发现在电极表面上配合剂（如 CN^-）的配合行为和光亮剂（如硫脲）的吸附行为存在着明显的差异，说明其作用机理是不同的。又如曾跃等采用原位表面拉曼光谱来研究 Ni-P 合金电沉积的机理，观察到磷的共沉积过程。

在化学电源反应机理研究方面也获得了充分应用。例如，锂硫电池在充放电过程中，会产生许多多硫化锂中间体，这些中间体在充放电过程中是怎么变化的，对锂硫电池性能的改善策略的设计十分重要。但是，如果采用非原位的表征方法，由于多硫化锂本身的化学性质特殊，如自身很容易发生化学氧化还原反应，或与空气中的水发生反应生产硫化氢，所以非原位时其电化学状态很难保持。因此，原位表征技术十分重要。采用原位电化学 Raman 表征技术，就能方便原位检测每一个电化学状态下的中间体信息，结果如图 9-4-1 所示。从图中可以明显看出每个电极电位下的多硫化锂中间体的组分、含量等信息，如 OCV 至 2.232 V，硫逐渐反应，峰强减弱，但无明显可见的其他物质的拉曼峰出现；2.145 V 之后，峰的位置发生明显的改变。这样就便于更好地推导反应机理。

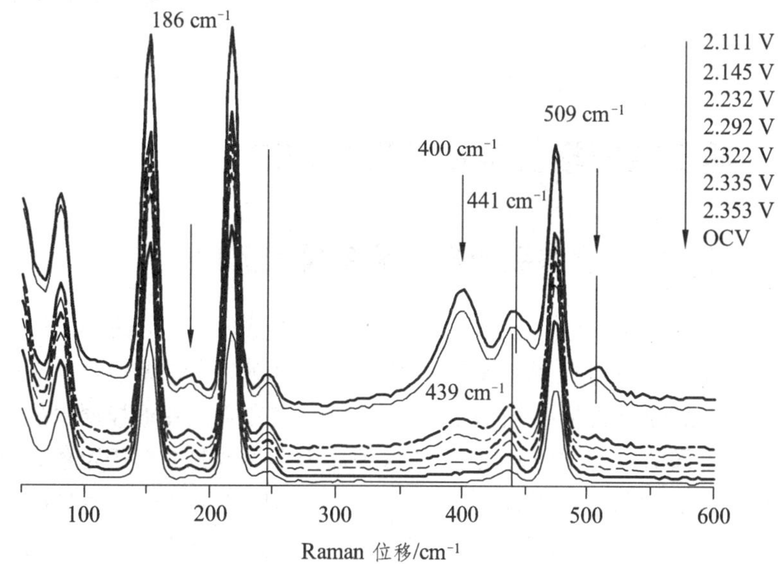

图 9-4-1 原位电化学 Raman 表征锂硫电池放电过程中硫物种的变化

（3）通过改变调制电位的频率，可以得到在两个电位下变化的“时间分辨谱”，以分析体系的 SERS 谱峰与电位的关系，解决了由于电极表面的 SERS 活性位随电位而变化而带来的问题。能比较好提供电化学暂态过程（循环伏安、电位阶跃）中界面结构变化的信息，有利于电化学机理的解释。

原位电化学拉曼光谱法还可以用于研究金属腐蚀过程和缓蚀剂的作用机理、电聚合过程和氧化还原机理、分子的自组装膜和生物膜的修饰电极及电催化研究中。

习 题

1. 怎样提高化学电源能量密度？
2. 常用测定离子扩散系数的方法有几种，并简述其特点。
3. 查看相关文献，了解不同化学电源的具体电化学反应过程。
4. 查看相关文献，了解相应的原位电化学表征技术。

10 电化学研究方法综合应用

前面几章主要介绍了常用电化学研究方法的原理、适用范围、注意事项和实验细节等。本章主要介绍这些常用电化学研究方法在新能源材料与器件专业领域综合应用的代表性实例。

10.1 基于微电极的电化学研究方法

10.1.1 研究电化学参数如何影响金属锂沉积

锂金属作为下一代锂（Li）电池的负极材料已经引起了极大的兴趣。然而，由于其在反复循环过程中，在常用的电解质中形成枝晶的倾向，它尚未在二次电池中实现商业化应用。锂枝晶的形成是由 Li^+被还原的相对速度和它们在电极周围的补充速度决定的。然而，在不同的电解质中量化 Li^+的这种动力学参数是非常困难的，更不用说确定所需的电解质配方以缓解锂枝晶的形成。在此，我们使用微电极通过测量不同电解质中 Li^+的扩散系数（D_{Li^+}）和交换电流密度（i_O）来研究沉积锂的生长机制。在微电极上形成的不同锂形态与它们在电极上的扩散速度和电化学还原速度有很好的关联，为筛选金属锂电池的兼容电解质提供了一个快速的电化学工具。

由于金属锂的低密度（0.534 $g \cdot cm^{-3}$）和高质量比容量（3680 $mA \cdot h \cdot g^{-1}$），可充电的金属锂电池被认为是最有前途的下一代电池技术之一。然而，以下几个问题仍然阻碍了锂金属负极的进一步商业化应用。首先，锂在几乎所有的液体电解质中都具有反应性，产生一个钝化层，称为固体电解质界面（SEI），覆盖在金属锂电极的表面。此外，与所有沉积金属类似，由于对流的存在，锂更倾向在液体电池中形成树枝状的微结构。在某些情况下，树枝状的锂可能增长到足以穿透隔膜并导致内部短路，这有可能导致额外的性能缺陷和严重的安全隐患。与锂箔相比，枝晶的锂有更大的表面积，在这些新暴露的表面上会产生更多的副反应，在牺牲电解液的情况下产生更多的 SEI。SEI 层的存在干扰了锂金属负极上电场的均匀分布，这进一步诱发了沉积过程中锂的不均匀生长。此外，当锂被剥离时，SEI 层部分会被破坏，并在锂沉积过程中形成新的 SEI。

SEI 的持续积累导致了电解液的不断消耗，并且当一些锂颗粒被厚厚的 SEI 层包裹并与锂负极断开时，会产生“死”锂沉积。

为了克服使用锂金属负极的障碍，需要考虑导致锂金属负极不均匀生长的内在原因。即使没有 SEI 层，其他金属如 Ag、Cu 或 Zn 的电化学沉积，在没有光亮剂或平整剂的情况下，与金属离子物种在电解液中的传质有内在联系，很少能顺利沉积。在电解质溶液中，Li^+从电解液到达负极表面的扩散速度（类似于电沉积过程）在锂枝晶状物的形成中起着关键作用。

沉积离子（Li^+）快速传输到达慢速（低电流密度）沉积电极（Li）导致在沉积过程中形成光滑和有光泽的金属层，而沉积离子缓慢传输到达快速沉积电极（高电流密度）的导致形成纤维状的 Li 枝晶。这解释了为什么在高电流密度下，形成树枝状锂的机会大大增加，因为Li^+被还原成 Li 的速度更快。如果Li^+不能及时得到补充，就会形成高浓度梯度，并诱导 Li 向电解液体相生长。使用高浓度的电解液可以增加电极附近的 Li^+的丰度，从而减少低浓度电解质溶液中 Li^+的浓度梯度，并有助于形成平滑锂枝晶状物（假设电化学反应利用相同的电流密度）。在理解锂枝晶生长时，需要考虑液体电解质中的锂离子传输和电化学反应的反应速率。

因此，根据电化学研究方法的特性，研究者整合了不同的电化学研究方法来量化Li^+在各种电解质溶液中扩散和反应的动力学特性，主要包括微电极线性伏安法（LSV）、微电极计时安培法测 D_{Li^+}、Tafel 曲线法测 i_O。

在电化学研究中使用了微电极，其明确的目的是利用微电极的优点——排除对流的干扰和快速的信号响应，这为理解和比较各种电解质溶液提供了新的见解。具体研究过程如下。

10.1.1.1 Li^+在电解质溶液中扩散的影响

图 10-1-1 中，区域 I 代表成核和电荷转移阶段的开始。在这个阶段，电流密度随着电位的增长而增加，由于对流的干扰最小化，金属锂的形态在微电极上相对平滑[图 10-1-2（a）]，没有表现出尖锐的锂枝晶生长。区域 I 的尾端（c 点）标志着电流密度的缓慢增长，表明 Li^+在微电极表面的浓度降低，也就是说，浓度梯度在这个区域被加强了。在这一点上，一些枝晶开始演变[图 10-1-2（b）]。

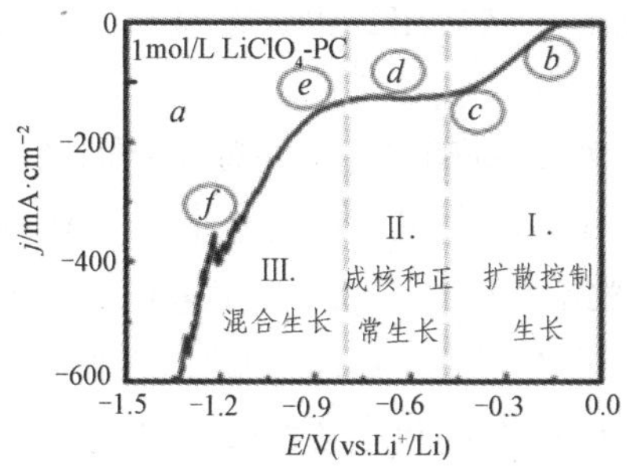

图 10-1-1　125 μm 的微电极获得的 LSV 曲线

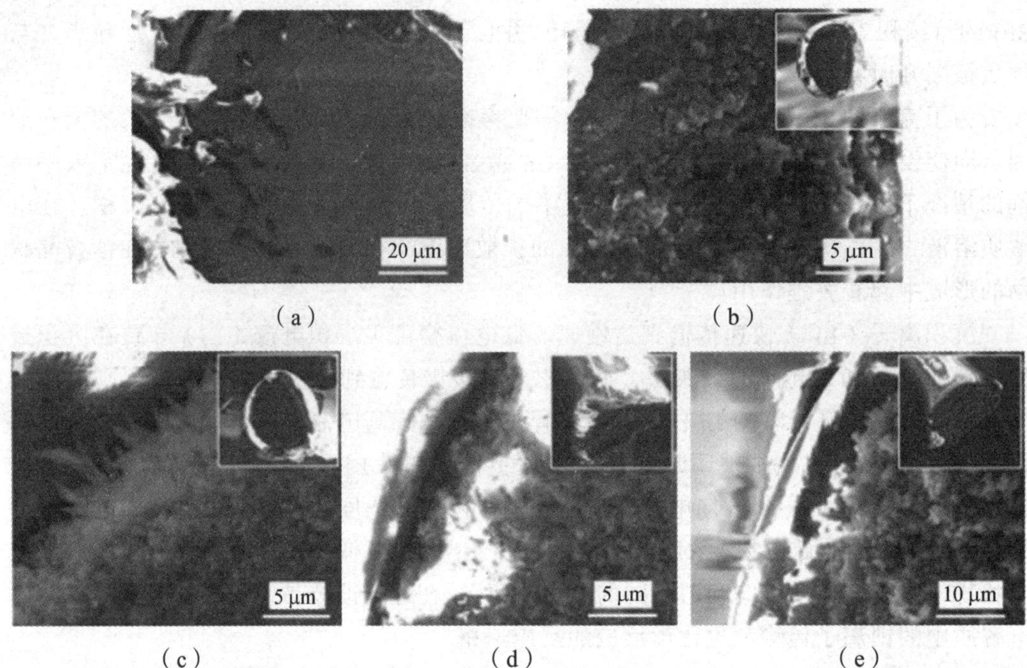

（a）　（b）　（c）　（d）　（e）

图 10-1-2　在 1 mol/L $LiClO_4$-PC 中 125 μm 的微电极上不同电位的锂离子沉积的 SEM 图像

注：电位步骤从 1 V 到−1.5 V（相对 Li^+/Li），温度为 23 °C，扫描速率为 130 mV/s。

一旦电位达到图 10-1-1 中的区域Ⅱ，即扩散控制区域，Li^+在扩散区域的浓度梯度已经大大上升，达到 Li^+浓度的极限，因此电流由 Li^+的到来和它们在微电极表面还原成 Li 之间的平衡决定，这也解释了为什么电流密度在这个区域保持不变。在这一点上，Li 枝晶被积极地诱导形成向电解质溶液体相的传播[图 10-1-2（c）]，因为在那里有更多的 Li^+可用。电流密度仅在一段时间内保持不变，然后再继续增加。这是由于金属锂，一旦沉积到足够大[图 10-1-2（d）]，可以被视为一个新的集流体，金属锂可以不断地被镀在上面，并在这些锂尖上建立新的浓度梯度。在不断增加的锂表面形成 SEI 层也会消耗电子，这些电子被计入测量的电流（Ⅲ）。因此，在通过扩散控制区域后，沉积的锂表现出非常多孔的结构，向不同的方向延伸[图 10-1-2（e）]。

D_{Li^+}是衡量 Li^+在电解质溶液中扩散难易程度的指标，它是通过使用 Cu 微电极的计时安培法（CA）技术来确定。然后用公式计算 D_{Li^+}，其中 α 代表微电极尖端的半径，S 是斜率。

图 10-1-3 中的锂沉积物的 SEM 图像是通过使用相同的微电极研究方法从扩散控制区域选择的，在该区域中锂树枝状物正在积极地生长。图 10-1-3 中锂沉积物的形态与不同电解质溶液中的 Li^+扩散系数密切相关。一般来说，较高的 D_{Li^+} 通常会导致 Li 在电极上更平滑的沉积，即使在扩散控制区域，因为 Li^+的快速扩散可以及时充分地补充电极表面消耗的 Li^+，从而平滑电极附近的浓度梯度，这种现象可以在图 10-1-3 和图 10-1-4 中看到。对于 D_{Li^+} 在 2×10^{-6} cm^2/s 左右的电解液[图 10-1-3（a）和 10-1-4（a）]，大部

分镀层的 Li 形成了一个很大的颗粒和不光滑的表面，这表明 Li^+的快速耗尽，因此在电极表面附近建立了一个强大的浓度梯度。当 D_{Li^+} 增加到大约 4×10^{-6} cm^2/s 时，形态趋向于较少的颗粒结构[图 10-1-3（b）和 10-1-4（b）]，表明由于 Li^+更快地到达电极表面，浓度梯度降低。在 1.2 mol/L 的 LiFSI-TEP-BTFE 电解液中[图 10-1-3（c）和 10-1-4（c）]，具有最高的 D_{Li^+}，为 8.796×10^{-6} cm^2/s，导致最平滑的沉积。在这个系统中，即使在浓度梯度最强的扩散控制区，电化学沉积的 Li 也非常光滑。

交换电流密度/$mA\cdot cm^{-2}$		
8.585	6.686	2.718
扩散系数/10^{-6} $cm^2\cdot s^{-1}$		
2.440	4.018	8.796

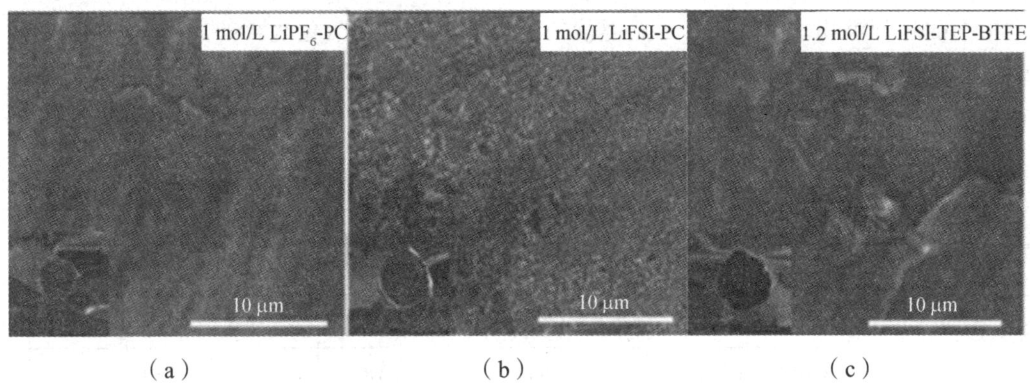

（a）　　　　（b）　　　　（c）

图 10-1-3　不同溶液中锂沉积在微电极上的 SEM 图像

注：通过 LSV，电位从 1 V 到−0.4 V（相对 Li^+/Li），在 23 °C，扫描速率为 130 mV/s。

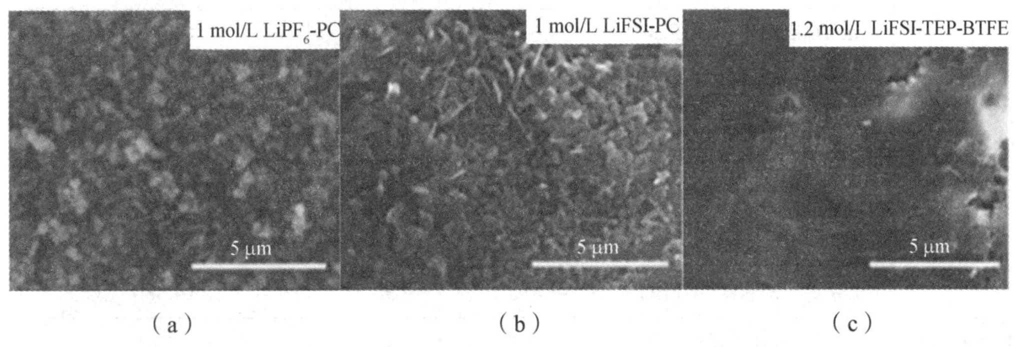

（a）　　　　（b）　　　　（c）

图 10-1-4　在扩散控制状态下各自放大的 SEM 图像

10.1.1.2　交换电流密度

Li^+/Li 氧化还原反应的交换电流密度是衡量 Li 沉积速率快慢的重要动力学参数。假设 Li 的沉积速度在所有的电解质溶液中都以类似的速度发生，较高的 D_{Li^+} 可实现光滑的 Li 电化学沉积。然而，Li^+和 Li 之间的氧化还原反应速率在不同的电解质溶液中也是不同的，因为 Li 表面上衍生的 SEI 层会影响整个界面的反应速率。如果 Li^+被还原得太快，Li^+的快速扩散可能仍然无法“重新填满”电极表面附近消耗的 Li^+，导致强烈的浓度梯度的演变。因此，应用 Tafel 曲线来量化不同电解质中 Li^+/Li 氧化还原的交换电流。交换电流密度是在反应过程中维持两个物种平衡的双向（净零）电流。它是平衡电极上物种间氧化和还原速率的代表。较高的交换电流密度代表微电极表面的反应速度较快，这意味着不需要太高的过电位来驱动电化学反应的发生。

表 10-1-1 中列出了所有研究的电解质的比较。对于 1.2 mol/L LiFSI-TEP/BTFE，交换电流密度最低，而 D_{Li^+} 是所有电解质溶液中最高的。在基于 TEP/BTFE 的电解质溶液中，较低的 i_O 使得 Li^+/Li 氧化还原需要一个较高的过电位来驱动反应。众所周知，较高的沉积过电位会促进沉积过程中金属的成核速率，这将导致沉积金属的表面不那么粗糙。再加上 TEP/BTFE 电解质溶液本体相对较快的 Li^+扩散，最终的结果是 Li 在微电极上的顺利沉积。这表明，虽然锂盐的阴离子对发生在溶化边界的反应速率有影响，但其影响不如溶剂的影响大。从这个观察到的现象可以理解为，电极表面的内亥姆霍兹层仍然是由极化的溶剂分子主导的。因此，改变的 SEI 层更多地是由溶剂决定的。只有当电解质浓度增加时，阴离子才开始更多地参与 SEI 层的形成。

表 10-1-1　所研究的各种电解质的列表扩散系数、黏度和交换电流密度值

溶剂	锂盐	扩散系数/10^{-6}	黏度/cP	交换电流密度/$mA\cdot cm^{-2}$
EC-DMC	1 mol/L LiFSI	1.509	1.07	18.174
	1 mol/L $LiClO_4$	1.687	1.18	29.964
	1 mol/L $LiPF_6$	1.649	1.33	36.598
	1 mol/L LiTFSI	1.893	1.17	40.447
	1 mol/L $LiPF_6$ + 5% FEC	4.651	1.21	44.701
PC	1 mol/L LiFSI	4.018	2.62	6.686
	1 mol/L $LiClO_4$	4.263	2.60	7.389
	1 mol/L $LiPF_6$	2.440	2.89	8.585
	1 mol/L LiTFSI	2.049	3.22	11.023
	1 mol/L $LiPF_6$ + 5% FEC	5.885	3.17	14.880
TEP-BTFE	1.2 mol/L LiFSI	8.796	1.05	2.718

综上，当设计一种与金属锂配对的电解质溶液时，理想的情况是寻求一种具有高 D_{Li^+} 和低 i_O 的电解质溶液，因为这可以确保在电极表面始终有足够的 Li^+供应，以防止/抑制树枝状结晶的形成。然而，在现实中，低的 i_O 需要高极化来驱动沉积过程，这将在低电位下引起更多的电解质溶液分解。SEI 的存在确实使单一电化学工具的应用变得复杂。但一般的经验法则是，如果电解液不产生覆盖在锂上的高抗性 SEI 层，较高的 D_{Li^+}

和适度的 i_0 总是有益的。

10.2 GITT 和充放电曲线分析锂离子扩散对石墨负极性能的影响

锂离子电池充放电过程中的主要步骤是 Li^+ 在正负极材料中嵌入/脱出。因此，测定 Li^+ 在正负极材料中的扩散系数对锂离子电池的性能改善具有非常重要的意义。在电化学测试中，可用多种方法测定离子的扩散系数，如电位步进计时安培法、电流脉冲法、电化学阻抗法和循环伏安法（CV）等。对于锂离子电池来说，常用的电化学测试方法有电流脉冲弛豫法（CPR）、恒电流间歇滴定法（GITT）、交流阻抗法（AC）和电位阶跃法（PSCA）等。其中威普纳（Weppner）和赫金斯（Huggins）提出的 GITT 由于设备简单，结果较准确，被作为计算锂离子电池中电极材料化学扩散系数的常用方法。GITT 测试方法最初是在平面电极的基础上发展起来的，其电化学反应只发生在电极与电解质接触的表面，离子的扩散是在一维平面上的扩散。GITT 可以用于测定层状正极材料中 Li 的固相扩散系数（D_{Li^+}），但在测试时需要满足 2 个条件：① 充电时间（t）需要满足 $t \ll L^2/D_{Li^+}$，其中 L 为电极的厚度；② 在充电过程中，E（充电电压）对 $t^{1/2}$ 作图，在整个充电周期内需呈直线关系。

10.2.1 GITT 测试原理

GITT 的基本原理是在单位时间 t 内，施加恒电流 I_0 发生总的暂态电位 ΔE_t 的变化，同时由于 I_0 的施加会引起静置平衡后开路电压的变化（$\Delta E_t=E_t-E_0$），此外，在单次滴定过程中还存在一定的欧姆极化电位降和过电位。电池通过 I_0 的电流，在时间 t 内，锂离子在电极中嵌入，从而引起电极中锂浓度的变化，为了计算电流通过电池电压（E）随时间（t）的变化关系，根据 Fick 第二定律

$$\frac{\partial C_{\mathrm{i}}(x,t)}{\partial t}=D\frac{\partial^2}{\partial x^2}C_{\mathrm{i}}(x,t) \tag{10-1-1}$$

以及锂离子扩散的初始条件和边界条件

$$C_{\mathrm{i}}\left(x,t=0\right)=C_0\left(0\leqslant x\leqslant L\right)-D\left|\frac{\partial C_{\mathrm{i}}}{\partial x_{x=0}}=\left(\frac{I_0}{ZSq}\right)(t\geqslant 0)\right|\frac{\partial C_{\mathrm{i}}}{\partial x_{x=0}}(t\geqslant 0) \tag{10-1-2}$$

式中 x——达到活性物质/电解液界面的距离；

$C_{\mathrm{i}}(x,t)$——x 处锂离子的浓度；

L——电极的厚度；

C_0——初始浓度；

I_0——恒流充电的电流；

Z——转移的电荷数（价态）；

q——元电荷，其值为 $1.602\,177\,33\times10^{-19}$C；

S——电极与电解质接触的有效表面积，cm^2；

t——充电时间，s。

当 $t \ll L^2/D_{Li^+}$ 时，式（10-1-1）和（10-1-2）可以通过数学变换得到锂离子扩散系数的方程

$$D_{Li^+}=\frac{4}{\pi}\left(\frac{m_B V_M}{M_B S}\right)^2\left[\frac{\Delta E_t}{t\left(\frac{dE}{d\sqrt{t}}\right)}\right]\left(t \ll \frac{L^2}{D}\right)$$

式中 D_{Li^+}——Li^+的扩散系数，$cm^2 \cdot s^{-1}$；

m_B——活性物质的质量，g；

V_M——电极材料的摩尔体积，$cm^3 \cdot mol^{-1}$；

M_B——正极材料的相对分子质量，$g \cdot mol^{-1}$。

在进行测试过程，用0.05 C的电流恒流充电1 h，充电过程中电池E值的变化为ΔE_t，然后保持电池的开路电压（OCV）静置 5 h，使电压降到一个新的准平衡电位（E_s）。整个过程的总电压变化为 ΔE_s。该过程在 1.5 ~ 0.06 V 重复循环 20 次。

GITT 实验是确定准平衡开路电位和锂离子扩散系数作为石墨中锂离子浓度的函数。利用恒电流间歇滴定技术作为插层锂离子浓度（x 在 $LiC_{6/x}$）和电势的函数，测定了石墨电极的效率。为了研究石墨的准平衡开路电位和锂离子扩散系数，采用充放电速率为 0.05 C。在 0.22、0.12 和 0.08 V 附近的准平衡开路电位曲线上，可以识别出三个明显的平台；第一个高电压平台 ~ 0.22 V（$0.08 \leqslant x \leqslant 0.17$）对应于相变从 LiC_{72} 到 LiC_{36}，第二个高电压平台 ~ 0.12 V（$0.25 \leqslant x \leqslant 0.50$）的相变从 LiC_{24} 到 LiC_{12}，第三个高电压平台 ~ 0.08 V（$x \geqslant 0.55$）对应于相变从 LiC_{12} 到 LiC_6。因此，一旦建立了可逆的电化学插层/脱插层条件，恒电流间歇滴定技术可以作为一种广泛应用的强有力的工具来确定石墨的离子扩散系数。

10.3 基于充放电曲线和电化学阻抗谱判断电池状态

退役三元锂离子电池失效/老化的宏观外在表现即容量衰减和内阻增加，是由电池内部的一系列微观的物理-化学过程所决定。引起锂离子电池失效/老化的内部诱因多样且复杂，但整体来说电池的失效/老化模式可以细分为 4 类：可用锂离子的损失（LLI）、正极活性材料损失（LAMPE）、负极活性材料损失（LAMNE）和电池动力学特性衰退即阻抗增加。因此，可采取原位观测方法从电池的电压电流测试数据出发，提取关键的特征参数（作为电池分类标准）并分析其随电池失效/老化的变化规律，从而建立电池外部特征参数与内部失效/老化状态之间的对应关系，进而基于容易测量的电压电流

数据实现电池失效/老化特征和机理的诊断。具体研究如下：基于电压电流测试数据的锂离子电池失效/老化分析方法为容量增量分析法（ICA）和差分电压分析法（DVA），通过对退役三元锂电池小倍率恒流充放电过程中的容量-电压曲线求导即可得到容量增量曲线（dQ/dV-V，IC 曲线），对电压-容量曲线求导即可得到微分电压曲线（dV/dQ-Q，DV 曲线），通过分析 IC 或 DV 曲线分别提取可以反映失效指数（LLI、LAM）的特征参数；为解耦失效指数 LAMPE 和 LAMNE，对退役三元锂电池进行破坏性拆解，取出正负电极极片，制作半电池，测试 OCV-SOC 曲线，基于电池的 ICA 和 DVA 分析方法，解耦 LAMPE 和 LAMNE 失效指数；通过数据分析和挖掘，建立三元电池失效指数与电池宏观物理量的多指标表征参数体系和特征参数与宏观物理量之间的映射关系模型。同时，进行电化学阻抗谱测试以获取退役三元锂电池的阻抗信息，根据电池欧姆内阻、SEI 膜阻、电化学极化和浓差极化对时间的响应不同，确定电池失效指数与内阻的关联。

同时，锂离子动力电池内部的电化学反应容易受到温度的影响，造成电池输出功率与容量的变化。为准确预估电池内部温度，为电池管理系统提供基础，也可以采用电化学阻抗谱方法对具有不同荷电状态（State of Charge，SOC）、不同健康状态（State of Health，SOH）的锂离子电池在较宽温度范围内进行测量和研究，从而提出基于电化学阻抗谱的电池内部温度在线估计方法。

10.4 电化学研究方法制备电极材料

电化学研究方法除了在表征电化学体系特征参数方面有应用之外，还经常被用于制备一些电极材料，如催化剂、电池材料等。经常利用循环伏安法电沉积制备 Pt 基合金催化剂。例如，利用循环伏安法在镍铬合金表面上沉积了球形铂颗粒，或分别用循环伏安法和恒电位法在玻碳电极表面制备纳米级铂，透射电子显微镜检测显示循环伏安法沉积的催化剂颗粒更小。研究表明，循环伏安电沉积通过电位循环扫描，负电位的沉积还原与正电位的氧化溶解同时存在，比恒电位更易修饰催化剂颗粒表面，催化剂活性更高。

作为一种重要的电极材料，MnO_2 由于具有价格低廉、比表面积大、来源广泛、对环境友好、电化学性能稳定、理论比电容高和可逆性高等优点，已广泛应用于中性锌锰干电池作为去极化剂及一次、二次碱锰和锂锰电池中。但是由于天然二氧化锰（Natural Manganese Dioxide，NMD）矿的电化学活性较差，而且近几年来二氧化锰矿产巨大的开采量导致其资源日益枯竭，化学电源工作者就更加注重对二氧化锰电极材料进行改性的研究。

研究者们利用循环伏安的电化学方法在石墨电极上沉积二氧化锰，并以扫描速度为例探讨了沉积条件对二氧化锰比电容的影响（图 10-4-1）。具体可以利用循环伏安方法在石墨电极上电沉积二氧化锰，根据 Mn（Ⅱ）的扩散系数计算了反应的摩尔电子转移数，并根据不同扫描速度电沉积二氧化锰的电化学反应数据推测了石墨电极上循环

伏安法沉积 MnO_2 的电化学反应机理。电化学测试表明制备二氧化锰的面积比电容随着扫描速度的增大而减小，而且电极材料具有较强的对氧还原反应的催化活性。

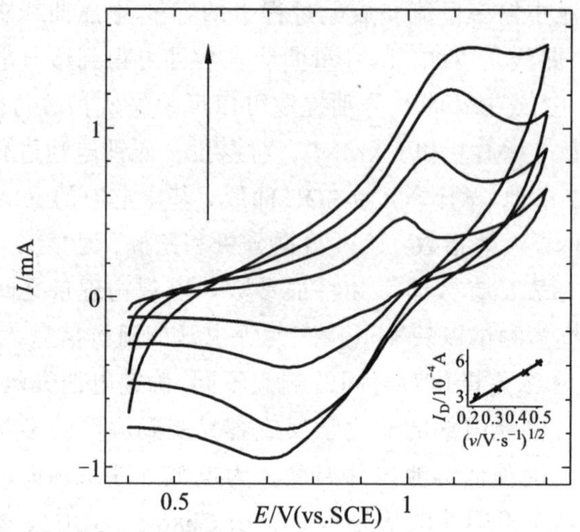

图 10-4-1　循环伏安法在石墨电极上制备二氧化锰伏安曲线

同时也可以通过利用包括电流阶跃、电位阶跃和恒电位在内的其他电化学研究方法得到形貌可控的二氧化锰。

参考文献

[1] 巴德 A J，福克纳 L R. 电化学方法：原理和应用[M]. 邵元华，朱果逸，董献堆，等，译. 北京：化学工业出版社，2005.

[2] 田召武. 电化学研究方法[M]. 北京：科学出版社，1984.

[3] 贾铮，戴长松，陈玲. 电化学测量方法[M]. 北京：化学工业出版社，2006.

[4] 高鹏，朱永明，于元春. 电化学基础教程[M]. 2 版. 北京：化学工业出版社，2019.

[5] 查全性. 电极过程动力学导论[M]. 3 版. 北京：科学出版社，2002.

[6] 曹楚南，张鉴清. 电化学阻抗谱导论[M]. 北京：科学出版社，2002.

[7] 陈佳琦，叶旭旭，廖玲文，等. 电化学测量中的欧姆电压降补偿问题[J]. 电化学，2021，27（3）：291-300.

[8] 韩联欢，何权烽，詹东平. 扬帆启航院电化学实验初步[J]. 电化学，2021，27（3）：311-315.

[9] 牛凯，李静如，李旭晨，等. 电化学测试技术在锂离子电池中的应用研究[J]. 中国测试，2020，46（07）：90-101.

[10] 肖伟强，朱荣杰，陈伟，等. 一种质子交换膜燃料电池的快速活化工艺[J]. 电源技术，2020，44（08）：1116-1118+1238.

[11] 曲涛，田彦文，翟玉春. 采用 PITT 与 EIS 技术测定锂离子电池正极材料 $LiFePO_4$ 中锂离子扩散系数[J]. 中国有色金属学报，2007（08）：1255-1259.

[12] 刘现青. 基于过渡金属的染料敏化太阳能电池对电极研究[D]. 开封：河南大学，2018.

[13] 张松. 基于钴基金属有机框骨架衍生纳米材料修饰活性炭空气阴极在微生物燃料电池中的性能研究[D]. 天津：天津大学，2019.

[14] 李潇龙. 由 MOF 制备氮掺杂多孔碳材料及其催化氧还原反应的性能研究[D]. 沈阳：辽宁大学，2017.

[15] 李雁飞. 阳极 H_2S 污染物对质子交换膜燃料电池性能的影响[D]. 北京：北京交通大学，2010.

[16] 邓炎平. 纳米多孔金电极的制备及应用[D]. 长沙：湖南师范大学，2008.

[17] 郑华均，马淳安. 光谱电化学原位测试技术的应用及进展[J]. 浙江工业大学学报，

2003，31（5）：501-507.

[18] YEAGER E, FURTAK T E, LIEWER K L, et al. Non-traditional approaches to the study of the solid-electrolyte interface[M]. Amsterdam: North-Holland Publishing Co, 1980.

[19] PARSONS R, KOLB D M, LYNCH D W. Electronic and molecular structures of electrode-electrolyte interfaces[M]. Amsterdam: Elsevier, 1983.

[20] GEWIRTH A A, NIECE B K. Electrochemical applications of in-situ scanning probe microscopy[J]. Chem Rev, 1997, 97: 1129-1162.

[21] BARD A J, ABRUNA H D, CHIDSEY C E, et al. The electrode/electrolyte interface a status report[J]. J Phys Chem, 1993, 97(28): 7147-7173.

[22] 朱自莹，顾仁敖，陆天虹. 拉曼光谱在化学中的应用[M]. 沈阳：东北大学出版社，1998.

[23] MACOMBER S H, FURTAK T E. Surface-enhanced Raman scattering magnified photochem icalactivation of the silver electrode in aqueous halide electrolytes[J]. Chem Phys Lett, 1982(90): 439-442.

[24] FLEISCHMANM M, TIAN Z Q, LI L J. Raman spectroscopy of adsorbates on thin film electrodes deposited on silver substrates[J]. J Electroanal Chem, 1987(217): 397-401.

[25] COTTON T M, FENG Q. A surface-enhanced resonance Raman study of the photoreduction ofmethylviologen on a P-InP sem iconductor electrode[J]. J Phys Chem, 1986(90): 983-987.

[26] TIAN Z Q, GAO J S, LI X Q, et al. Can Raman spectroscopy become a general technique for surface science and electro-chemistry[J]. J Raman Spectrosc, 1998(29): 703-707.

[27] GAO J S, TIAN Z Q. Surface Raman spectroscopic studies of ruthenium, rhodiu and palladium electrodes deposited on glassy carbon substrates[J]. Spectrochimica Acta, 1997(53): 1595-1602.

[28] CAI W B, REN W, LIU F M, et al, Investigation of surface-enhanced Raman scattering from platinum electrodes using a cenfocel Raman microscopy: dependence of surface roughening pretrement[J]. Surf Sci, 1998(406): 9-16.

[29] GOSZTOLA J, WEAVER M J. Electroinduced structural changes inmanganese dioxidemanganese hydroxide films as characterize by real-time surface-enhanced Raman spectoscopy[J]. J Electroanal Chem, 1989(271): 141-144.

[30] 曾跃，姚士冰，周绍民. 现场表面拉曼光谱研究 Ni-P 合金电沉积机理[J]. 物理化学学报，2000（2）：175-179.

[31] 李五湖，高劲松，钟起玲，等. 原位时间分辨拉曼光谱研究电化学氧化还和吸附过程[J]. 光电子激光，1994（5）5：311-315.

[32] MARTIN W, TIAN Y, XIAO J. Understanding diffusion and electrochemical reduction of Li^+ ions in liquid Lithium metal batteries[J]. Journal of The Electrochemical Society, 2021, 168: 060513.

[33] PARK J H, YOON H, CHO Y H et al. Investigation of Lithium ion diffusion of graphite anode by the galvanostatic intermittent titration technique[J]. Materials, 2021, 14: 4683-4693.

[34] 范文杰，徐广昊，于泊宁，等. 基于电化学阻抗谱的锂离子电池内部温度在线估计方法研究[J]. 中国电机工程学报，2021，41：3283-3293.

[35] 李亚军，王成，张华. 循环伏安电沉积制备 Pt-Fe 合金催化剂及其性能[J]. 材料保护，2017（06）：56-60.

电化学研究中常用的符号及其意义

符号	意义	常用单位
C	电容	F
C_{d}	双电层的微分电容	F，$F \cdot cm^{-2}$
C_{i}	双电层的积分电容	F，$F \cdot cm^{-2}$
C_{j}	物质 j 的浓度	$mol \cdot L^{-1}$，$mol \cdot cm^{-3}$
$C_{\mathrm{j}}(x, t)$	物质 j 在离电极表面为 x、时间为 t 时的浓度	$mol \cdot L^{-1}$，$mol \cdot cm^{-3}$
$C_{\mathrm{j}}(0, t)$	物质 j 在时间为 t 时电极表面的浓度	$mol \cdot L^{-1}$，$mol \cdot cm^{-3}$
D_{j}	物质 j 的扩散系数	$cm^2 \cdot s^{-1}$
E	相对于参比电极的电极电势	V
$E^{\ominus}$	（a）电极或电对的标准电势	V
	（b）半反应的标准电动势	V
$\Delta E^{\ominus}$	两个电对的标准电势差	V
$E^{\ominus}$	相对于电对标准电势差的电子能量	eV
$E^{\ominus}$	电极的形式电势	V
E_{eq}	电极的平衡电势	V
$E_{\mathrm{p/2}}$	线性扫描伏安法 $i=i_{\mathrm{p}}/2$ 处的电势	V
E_{pa}	阳极峰电势	V
E_{pc}	阴极峰电势	V
E_{λ}	循环伏安法的换向电势	V
e	（a）电子的电量	V
	（b）电路的电压	V
$\mathrm{erf}(x)$	x 的误差函数	无
$\mathrm{erfc}(x)$	x 的余误差函数	无
F	法拉第常数；1 mol 电子所带的电量	C
f	（a）F/RT	V^{-1}
	（b）旋转的频率	$r \cdot s^{-1}$

	（c）正旋振动的频率	s^{-1}
	（d）方波伏安法的频率	s^{-1}
	（e）滴定分数	无
g	（a）重力加速度	$cm \cdot s^{-2}$
	（b）吸附等温线的相互作用参数	$J \cdot cm^2 \cdot mol^{-2}$
h	普朗克常数	$J \cdot s$
h_{corr}	滴汞电极的校正汞柱高度	cm
I	交流电流幅值	A
$I(t)$	电流的卷积变换；电流的半积分	$C \cdot s^{-1/2}$
$\overline{I}$	平均电流的扩散电流常数	$\mu A \cdot s^{1/2} \cdot mg^{-2/3} \cdot mM^{-1}$
$(I)_{max}$	最大电流的扩散电流常数	$\mu A \cdot s^{1/2} \cdot mg^{-2/3} \cdot mM^{-1}$
I_p	交流电流幅值的峰值	A
i	电流	A
Δi	方波伏安法的微分电流$=i_F - i_r$	A
δi	示差脉冲伏安法的微分电流$=i(\tau)-i(\tau')$	A
$i(0)$	本体电解的初始电流	A
i_a	阳极分电流	A
i_c	（a）充电电流	A
	（b）阳极分电流	A
i_d	（a）扩散流量的电极	A
	（b）扩散极限电流	A
i_E	描述修饰电极表面电子扩散的特征电流	A
i_F	（a）法拉第电流	A
	（b）正向电流	A
i_m	迁移电流	A
i_P	描述主要反应物渗透进入修饰电极薄膜的特征电流	A
i_p	峰电流	A
i_{pa}	阳极峰电流	A
i_{pc}	阴极峰电流	A
i_r	反向阶跃电流	A
K	平衡常数	无
k	（a）均相反应速率常数	取决于级数
	（b）模拟迭代数	无
	（c）吸光系数	无
k_b	（a）氧化的异向速率常数	$cm \cdot s^{-1}$
	（b）“逆”反应均相速率常数	取决于级数

k_f	（a）还原的非均相速率常数	$cm \cdot s^{-1}$
	（b）“正”反应均相速率常数	取决于级数
m	滴汞电极的汞流速度	$mg \cdot s^{-1}$
$m(t)$	电流的卷积变换；电流的半积分	$C \cdot s^{-1/2}$
m_j	物质 j 的物质传递系数	$cm \cdot s^{-1}$
N	旋转环盘电极的收集效率	无
N_A	阿伏伽德罗常数	mol^{-1}
n	（a）电极反应中所涉及的电子数	无
	（b）半导体的电子密度	cm^{-3}
O	标准体系 $O+ne \rightleftharpoons R$ 的氧化形式；通常用来表示相应物质 O 的下标	
p	压力	Pa，atm
p_i	本征半导体的空穴密度	cm^{-3}
Q	电解时通过的电量	C
Q^0	根据法拉第定律，一组分完全电解所需的电量	C
Q_d	扩散组分的计时库仑效率	C
R	（a）气体常数	$J \cdot mol^{-1} \cdot K^{-1}$
	（b）电阻	Ω
	（c）多孔电极中电解物质的分数	无
	（d）反射率	无
R	标准体系 $O+ne^- \rightleftharpoons R$ 的还原形式，通常用于表示相应物质 R 的下标	Ω
R_B	电池的串联等效电阻	Ω
R_{ct}	电荷传递电阻	Ω
R_s	（a）溶液电阻	Ω
	（b）等效电路中的串联电阻	Ω
R_u	未补偿电阻	Ω
R_Ω	溶液欧姆电阻	Ω
r	距电极中心的径向距离	cm
r_c	毛细管半径	cm
r_0	电极半径	cm
r_1	旋转圆盘电极或旋转环盘电极的半径	cm
r_2	圆环电极的内径	cm
r_3	圆环电极的外径	cm
ΔS	化学过程的熵变	$kJ \cdot K^{-1}$，$kJ \cdot mol^{-1} \cdot K^{-1}$
$\Delta S^{\ominus}$	化学过程中的标准熵变	$kJ \cdot K^{-1}$，$kJ \cdot mol^{-1} \cdot K^{-1}$

$\Delta S \neq$	标准活化熵	$kJ \cdot mol^{-1} \cdot K^{-1}$
$S_\tau(t)$	$t=\tau$ 时上升的单位阶跃函数	无
T	绝对温度	K
t	时间	s
V	体积	cm^{-3}
v	（a）线性电势的扫描速度	$V \cdot s^{-1}$
	（b）多孔电极的比表面	$mol \cdot cm^{-3} \cdot s^{-1}$
	（c）异相反应速率	$mol \cdot cm^{-2} \cdot s^{-1}$
	（d）溶液流动的线速度，通常是位置的函数	$cm \cdot s^{-1}$
v_b	（a）“反向”均相反应速率	$mol \cdot cm^{-3} \cdot s^{-1}$
	（b）阳极异相反应速率	$mol \cdot cm^{-2} \cdot s^{-1}$
ω	带状电极的宽度	cm
ω_j	电子转移中物质 j 的功项	eV
x	距离，通常指距一个平板电极	cm
x_1	内海姆荷茨平面距离电极表面的距离	cm
x_2	外海姆荷茨平面距离电极表面的距离	cm
y	旋转圆盘电极或旋转环盘电极下方的距离	cm
Z	（a）阻抗	Ω
	（b）模拟的无量纲电流参数	无
Z_F	法拉第阻抗	Ω
Z_{Im}	阻抗的虚部	Ω
Z_{Re}	阻抗的实部	Ω
Z_W	Warburg 阻抗	Ω
z	（a）到圆盘电极或圆柱电极表面的垂直距离	cm
	（b）电解液中每个离子的电荷	无
z_j	以电子电荷为量纲的物质 j 的电荷	无
α	（a）传递（转移）系数	无
	（b）吸收系数	cm^{-1}
β	（a）扩展的电荷转移的距离因子	$(10^{-10}m)^{-1}$
	（b）旋转环盘电极的几何参数	无
	（c）$1-\alpha$	无
γ	（a）表面张力	$dyn \cdot cm^{-1}$
	（b）用于定义在球形电极上的阶跃实验的频率（时间）域的无量纲参数	无
Δ	椭圆参数	无

δ	$r_0\left(\frac{s}{D_0}\right)^{1/2}$，用于定义球形电极表面扩散	无
ε	（a）介电常数	无
	（b）光频率介电常数	无
	（c）孔率	无
ε_0	真空的介电常数	$C^2\cdot N^{-1}\cdot m^{-2}$
ζ	Zeta 电势	mV
η	过电势，$E-E_{eq}$	V
θ_j	物质 j 对界面的覆盖度分数	无
k	（a）溶液的电导率	$S\cdot cm^{-1}$，$\Omega^{-1}\cdot cm^{-1}$
	（b）反应的传递系数	无
	（c） r_0k_f/D_0，用于定义球形电极的动力学区域	无
	（d）双层厚度参数	cm^{-1}
	（e）修饰电极主体反应物的分配系数	无
Λ	溶液的当量电导	$cm^2\cdot\Omega^{-1}\cdot equiv^{-1}$
ξ	$\left(\frac{D_O}{D_R}\right)^{1/2}$	无
ρ	（a）电导率	$\Omega\cdot m$
	（b）粗糙因子	无
σ	（a）$\frac{nFv}{RT}$	S^{-1}
	（b）$\frac{1}{nFA\sqrt{2}}\left[\frac{\beta_O}{D_O^{\frac{1}{2}}}-\frac{\beta_R}{D_R^{\frac{1}{2}}}\right]$	$\Omega\cdot S^{-1}$
τ	（a）计时电势法的过渡时间	s
	（b）采样电流伏安法的采样时间	s
	（c）双阶跃实验的正向阶跃宽度	s
	（d）通常由实验性质定义的特征时间	s
	（e）在处理超微电极时，$4D_Ot/r_O^2$	无
Φ	一个相的功函	eV
ω	（a）旋转的角频率，$2\pi\times$转速	S^{-1}
	（b）正弦振荡的角频率，$2\pi f$	S^{-1}